无机化学探究式教学丛书

第 7 分册

酸碱理论及反应

主　编　李淑妮

副主编　王　颖　袁文玉

科　学　出　版　社

北　京

内 容 简 介

本书是“无机化学探究式教学丛书”第7分册。全书共5章，包括：电解质溶液基础，酸碱理论，酸碱强度，水溶液中弱酸、弱碱的解离平衡，酸碱滴定和误差基本概念。编写时力图体现内容和形式的创新，紧跟学科发展前沿。作为基础无机化学教学的辅助用书，本书的宗旨是以利于促进学生学科素养发展为出发点，突出创新思维和科学研究方法，以教师好使用、学生好自学为努力方向，以提高教学质量、促进人才培养为目标。

本书可供高等学校化学及相关专业师生、中学化学教师以及从事化学相关研究的科研人员和技术人员参考使用。

图书在版编目(CIP)数据

酸碱理论及反应 / 李淑妮主编. —北京：科学出版社，2023.11

(无机化学探究式教学丛书；第7分册)

ISBN 978-7-03-076942-8

Ⅰ. ①酸… Ⅱ. ①李… Ⅲ. ①酸碱平衡－高等学校－教材
Ⅳ. ①O646.1

中国国家版本馆CIP数据核字(2023)第214200号

责任编辑：陈雅娴 李丽娇 / 责任校对：杨 赛
责任印制：张 伟 / 封面设计：无极书装

科学出版社出版
北京东黄城根北街16号
邮政编码：100717
http://www.sciencep.com
河北鑫玉鸿程印刷有限公司印刷
科学出版社发行 各地新华书店经销
*
2023年11月第 一 版 开本：720 × 1000 1/16
2023年11月第一次印刷 印张：16 3/4
字数：338 000

定价：138.00元

(如有印装质量问题，我社负责调换)

“无机化学探究式教学丛书”

编写委员会

序

教材是教学的基石，也是目前化学教学相对比较薄弱的环节，需要在内容上和形式上不断创新，紧跟科学前沿的发展。为此，教育部高等学校化学类专业教学指导委员会经过反复研讨，在《化学类专业教学质量国家标准》的基础上，结合化学学科的发展，撰写了《化学类专业化学理论教学建议内容》一文，发表在《大学化学》杂志上，希望能对大学化学教学、包括大学化学教材的编写起到指导作用。

通常在本科一年级开设的无机化学课程是化学类专业学生的第一门专业课程。课程内容既要衔接中学化学的知识，又要提供后续物理化学、结构化学、分析化学等课程的基础知识，还要教授大学本科应当学习的无机化学中“元素化学”等内容，是比较特殊的一门课程，相关教材的编写因此也是大学化学教材建设的难点和重点。陕西师范大学无机化学教研室在教学实践的基础上，在该校及其他学校化学学科前辈的指导下，编写了这套“无机化学探究式教学丛书”，尝试突破已有教材的框架，更加关注基本原理与实际应用之间的联系，以专题设置较多的科研实践内容或者学科交叉栏目，努力使教材内容贴近学科发展，涉及相当多的无机化学前沿课题，并且包含生命科学、环境科学、材料科学等相关学科内容，具有更为广泛的知识宽度。

与中学教学主要“照本宣科”不同，大学教学具有较大的灵活性。教师授课在保证学生掌握基本知识点的前提下，应当让学生了解国际学科发展与前沿、了解国家相关领域和行业的发展与知识需求、了解中国科学工作者对此所作的贡献，启发学生的创新思维与批判思维，促进学生的科学素养发展。因此，大学教材实际上是教师教学与学生自学的参考书，这套“无机化学探究式教学丛书”丰富的知识内容可以更好地发挥教学参考书的作用。

我赞赏陕西师范大学教师们在教学改革和教材建设中勇于探索的精神和做

法，并希望该丛书的出版发行能够得到教师和学生的欢迎和反馈，使编者能够在应用的过程中吸取意见和建议，结合学科发展和教学实践，反复锤炼，不断修改完善，成为一部经典的基础无机化学教材。

中国科学院院士　郑兰荪

2020 年秋

丛书出版说明

本科一年级的无机化学课程是化学学科的基础和母体。作为学生从中学步入大学后的第一门化学主干课程，它在整个化学教学计划的顺利实施及培养目标的实现过程中起着承上启下的作用,其教学效果的好坏对学生今后的学习至关重要。一本好的无机化学教材对培养学生的创新意识和科学品质具有重要的作用。进一步深化和加强无机化学教材建设的需求促进了无机化学教育工作者的探索。我们希望静下心来像做科学研究那样做教学研究，研究如何编写与时俱进的基础无机化学教材，“无机化学探究式教学丛书”就是我们积极开展教学研究的一次探索。

我们首先思考，基础无机化学教学和教材的问题在哪里。在课堂上，教师经常面对学生学习兴趣不高的情况，尽管原因多样，但教材内容和教学内容陈旧是重要原因之一。山东大学张树永教授等认为：所有的创新都是在兴趣驱动下进行积极思维和创造性活动的结果，兴趣是创新的前提和基础。他们在教学中发现，学生对化学史、化学领域的新进展和新成就，对化学在高新技术领域的重大应用、重要贡献都表现出极大的兴趣和感知能力。因此，在本科教学阶段重视激发学生的求知欲、好奇心和学习兴趣是首要的。

有不少学者对国内外无机化学教材做了对比分析。我们也进行了研究，发现国内外无机化学教材有很多不同之处，概括起来主要有如下几方面：

(1) 国外无机化学教材涉及知识内容更多，不仅包含无机化合物微观结构和反应机理等，还涉及相当多的无机化学前沿课题及学科交叉的内容。国内无机化学教材知识结构较为严密、体系较为保守，不同教材的知识体系和内容基本类似。

(2) 国外无机化学教材普遍更关注基本原理与实际应用之间的联系，设置较多的科研实践内容或者学科交叉栏目，可读性强。国内无机化学教材知识专业性强但触类旁通者少，应用性相对较弱，所设应用栏目与知识内容融合性略显欠缺。

(3) 国外无机化学教材十分重视教材的“教育功能”，所有教材开篇都设有使用指导、引言等，帮助教师和学生更好地理解各种内容设置的目的和使用方法。另外，教学辅助信息量大、图文并茂，这些都能够有效发挥引导学生自主探究的作用。国内无机化学教材普遍十分重视化学知识的准确性、专业性，知识模块的逻辑性，往往容易忽视教材本身的“教育功能”。

依据上面的调研，为适应我国高等教育事业的发展要求，陕西师范大学无机化学教研室在请教无机化学界多位前辈、同仁，以及深刻学习领会教育部高等学校化学类专业教学指导委员会制定的“高等学校化学类专业指导性专业规范”的基础上，对无机化学课堂教学进行改革，并配合教学改革提出了编写“无机化学探究式教学丛书”的设想。作为基础无机化学教学的辅助用书，其宗旨是大胆突破现有的教材框架，以利于促进学生科学素养发展为出发点，以突出创新思维和科学研究方法为导向，以利于教与学为努力方向。

1. 教学丛书的编写目标

(1) 立足于高等理工院校、师范院校化学类专业无机化学教学使用和参考，同时可供从事无机化学研究的相关人员参考。

(2) 不采取“拿来主义”，编写一套因不同而精彩的新教材，努力做到素材丰富、内容编排合理、版面布局活泼，力争达到科学性、知识性和趣味性兼而有之。

(3) 学习“无机化学丛书”的创新精神，力争使本教学丛书成为“半科研性质”的工具书，力图反映教学与科研的紧密结合，既保持教材的“六性”(思想性、科学性、创新性、启发性、先进性、可读性)，又能展示学科的进展，具备研究性和前瞻性。

2. 教学丛书的特点

(1) 教材内容“求新”。“求新”是指将新的学术思想、内容、方法及应用等及时纳入教学，以适应科学技术发展的需要，具备重基础、知识面广、可供教学选择余地大的特点。

(2) 教材内容“求精”。“求精”是指在融会贯通教学内容的基础上，首先保证以最基本的内容、方法及典型应用充实教材，实现经典理论与学科前沿的自然结合。促进学生求真学问，不满足于“碎、浅、薄”的知识学习，而追求“实、深、厚”的知识养成。

(3) 充分发挥教材的“教育功能”，通过基础课培养学生的科研素质。正确、适时地介绍无机化学与人类生活的密切联系，无机化学当前研究的发展趋势和热点领域，以及学科交叉内容，因为交叉学科往往容易产生创新火花。适当增加拓展阅读和自学内容，增设两个专题栏目：历史事件回顾，研究无机化学的物理方法介绍。

(4) 引入知名科学家的思想、智慧、信念和意志的介绍，重点突出中国科学家对科学界的贡献，以利于学生创新思维和家国情怀的培养。

3. 教学丛书的研究方法

正如前文所述，我们要像做科研那样研究教学，研究思想同样蕴藏在本套教学丛书中。

(1) 凸显文献介绍，尊重历史，还原历史。我国著名教育家、化学家傅鹰教授曾经多次指出：“一门科学的历史是这门科学中最宝贵的一部分，因为科学只能给我们知识，而历史却能给我们智慧。”基础课教材适时、适当引入化学史例，有助于培养学生正确的价值观，激发学生学习化学的兴趣，培养学生献身科学的精神和严谨治学的科学态度。我们尽力查阅了一般教材和参考书籍未能提供的必要文献，并使用原始文献，以帮助学生理解和学习科学家原始创新思维和科学研究方法。对原理和历史事件，编写中力求做到尊重历史、还原历史、客观公正，对新问题和新发展做到取之有道、有根有据。希望这些内容也有助于解决青年教师备课资源匮乏的问题。

(2) 凸显学科发展前沿。教材创新要立足于真正起到导向的作用，要及时、充分反映化学的重要应用实例和化学发展中的标志性事件，凸显化学新概念、新知识、新发现和新技术，起到让学生洞察无机化学新发展、体会无机化学研究乐趣，延伸专业深度和广度的作用。例如，氢键已能利用先进科学手段可视化了，多数教材对氢键的介绍却仍停留在“它是分子间作用力的一种”的层面，本丛书则尝试从前沿的视角探索氢键。

(3) 凸显中国科学家的学术成就。中国已逐步向世界科技强国迈进，无论在理论方面，还是应用技术方面，中国科学家对世界的贡献都是巨大的。例如，唐敖庆院士、徐光宪院士、张乾二院士对簇合物的理论研究，赵忠贤院士领衔的超导研究，张青莲院士领衔的原子量测定技术，中国科学院近代物理研究所对新核素的合成技术，中国科学院大连化学物理研究所的储氢材料研究，我国矿物浮选的新方法研究等，都是走在世界前列的。这些事例是提高学生学习兴趣和激发爱国热情最好的催化剂。

(4) 凸显哲学对科学研究的推进作用。科学的最高境界应该是哲学思想的体现。哲学可为自然科学家提供研究的思维和准则，哲学促使研究者运用辩证唯物主义的世界观和方法论进行创新研究。

徐光宪院士认为，一本好的教材要能经得起时间的考验，秘诀只有一条，就是“千方百计为读者着想”[徐光宪. 大学化学, 1989, 4(6): 15]。要做到：①掌握本课程的基础知识，了解本学科的最新成就和发展趋势；②在读完这本书和做完每章的习题后，在潜移默化中学到科学的思考方法、学习方法和研究方法，能够用学到的知识分析和解决遇到的问题；③要易学、易懂、易教。朱清时院士认为最好的基础课教材应该要尽量保持系统性，即尽量保证系统、清晰、易懂。清晰、易懂就是自学的人拿来读都能够引人入胜[朱清时. 中国大学教学, 2006, (08): 4]。我们的探索就是朝这个方向努力的。

创新是必须的，也是艰难的，这套“无机化学探究式教学丛书”体现了我们改革的决心，更凝聚了前辈们和编者们的集体智慧，希望能够得到大家认可。欢迎专家和同行提出宝贵建议，我们定将努力使之不断完善，力争将其做成良心之作、创新之作、特色之作、实用之作，切实体现中国无机化学教材的民族特色。

“无机化学探究式教学丛书”编写委员会

2020 年 6 月

前　言

电解质、酸碱和溶剂的概念广泛存在于教学、科研、工业生产等各个领域。在化学反应中，大多数反应与酸碱有关。因此，掌握电解质的基本概念和性质，理清不同领域和过程使用的酸碱概念的本质，了解超强酸和超强碱的发展和应用等，可解释为什么酸碱催化、酸碱解离、酸碱强弱、非水溶剂等在化学反应中发挥着重要作用。

本分册立足于本科一年级基础无机化学中“酸碱概念和酸碱解离”教学内容，力图满足师生的教与学参考需求，还尽可能满足从事无机化学研究的科研人员作为参考。总体来说，本分册主要特点有：

(1) 酸碱体系也属于电解质溶液，然而实际电解质溶液的许多性质与理论有一定的偏差，这就需要考虑电解质溶液中活度与浓度之间的差别。因此，本分册对电解质溶液进行介绍，阐述活度和活度系数的意义，对理解电解质溶液的行为有一定帮助。

(2) 详细介绍酸碱理论的产生和发展过程，重点介绍使用范围广的酸碱质子理论以及酸碱电子理论。20 世纪 90 年代，随着欧拉因研究碳正离子化学获得 1994 年诺贝尔化学奖，超酸的研究也越来越广泛。因此，初步介绍超强酸的定义、类型和应用。同时，简单介绍超强碱的知识。

(3) 酸碱的强度是酸碱反应和应用的一个重要参数。本分册详细总结质子酸碱和电子酸碱的强度衡量，为更深入地学习酸碱知识打好基础。

(4) 误差和不确定度的评定对于分析结果的表述至关重要。因此，介绍误差基本概念以及不确定度的评定过程，使人们理解不确定度的提高对于准确测定的重要意义。

(5) 为了有利于教学使用和学生自学，精心设计、编写了思考题、例题和练习题，并配有丰富的彩图。所有习题和正文思考题均附有参考答案和提示。

本分册由陕西师范大学李淑妮担任主编，陕西师范大学王颖和袁文玉担任副主编。李淑妮、王颖和袁文玉合编 1～4 章，陕西师范大学刘伟与李淑妮合编第 5 章。本分册习题、专题的编写及统稿工作由李淑妮承担。

感谢科学出版社的支持，以及责任编辑认真细致的编辑工作。书中引用了较多书籍、研究论文的成果，在此对所有作者一并表示诚挚的感谢。

由于编者水平有限，书中疏漏和不足之处在所难免，敬请读者批评指正。

李淑妮

2023 年 1 月

目　录

学习要求

(1) 从最常见的**酸、碱、盐溶液**认识电解质溶液的概念及基本性质，厘清**酸碱平衡**与**电解质溶液**的关系。

(2) 了解各种**酸碱理论**的产生、发展和关系。在此基础上，深入认识酸碱在化学反应中的作用。

(3) 掌握**质子酸碱理论**和**电子酸碱理论**的内容，会用不同方法判断质子酸的酸性强弱规律，会用**软硬酸碱原理**解释一些化学反应的实质。

(4) 了解**超强酸**、**魔酸**和**超强碱**的定义、种类及它们在现代化学反应中的应用。

(5) 掌握弱酸、弱碱溶液 pH 的计算，会正确处理水溶液中弱酸、弱碱的解离平衡。

(6) 掌握缓冲溶液的原理、组成及计算，了解缓冲溶液的应用。

(7) 了解**酸碱滴定**的基础知识及其误差计算。

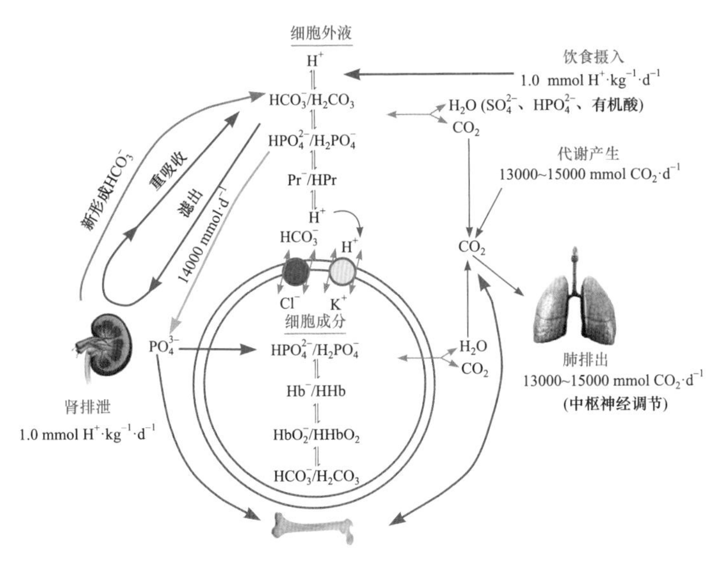

CO_2 在人体内的循环示意图

背景问题提示

(1) 针对**“碳中和”**，化学工作者的解决方案之一是用氨/胺类溶液以及 $KHCO_3$ 溶液作为**溶剂捕获** CO_2(Rochelle，2009)。从**酸碱理论**出发谈谈这一方案的可行性。

(2) 酸碱盐普遍存在于生物体、自然环境、工业生产的方方面面。从**酸碱代谢**、**电解质紊乱**等与人体息息相关的词语谈谈**电解质**和**酸碱**与人类生活的关系。

(3) 蜡烛能溶于酸吗？1994 年诺贝尔化学奖授予欧拉(G. A. Olah，1927—2017)，以表彰他在有机化学**碳正离子**研究方面的贡献。就此谈谈**魔酸**能溶解**蜡烛**的原因。

参考文献

Rochelle G T. 2009. Science，325(5948)：1652-1654.

第1章 电解质溶液基础

人们对酸碱的认识虽然很早，但早期对酸碱的定义仅限于感官认识。直到1884年阿伦尼乌斯(S. A. Arrhenius，1859—1927)提出电解质电离理论后，人们才逐渐认识酸碱的本质，进而利用H^+浓度表示溶液酸性强弱。为什么在水溶液中相同浓度的盐酸和乙酸酸性不同？为什么相同浓度的HCl和$HClO_4$在水中无法区分其酸强度，而在HAc中可以表现出不同的酸强度？酸解离的H^+在水中是否以裸露质子的形式存在？在HAc中加入相同浓度的NaAc和NaCl对HAc溶液的酸性是否有影响？要解决这些问题，需要先了解电解质溶液的基本性质。

1.1 电解质概念

电解质是在水及非水溶剂或在熔融状态下能够导电(自身电离成阳离子与阴离子)的化合物。非电解质是指在水溶液中或在熔融状态下都不能导电的化合物。非电解质大多是以共价键结合的化合物。除羧酸及其盐类、酚、胺等外，大多数有机化合物都是非电解质，如蔗糖、甘油、乙醇等；而在无机化合物中，只有部分非金属的卤化物和除水以外的其他非金属氧化物是非电解质。

电解质水溶液能导电的问题从19世纪初就被科学界关注。阿伦尼乌斯自1881年起进行电解质的相关研究，被称为“水溶液电解质解离概念之父”，并于1903年获得诺贝尔化学奖[1]。他在研究高度稀释的电解质水溶液的电导时，发现电解质分子会自动解离。1884年，他向乌普萨拉大学提交了一篇长约150页的博士毕业论文《电解质导电性的研究》[2]，首次提出了“固体结晶盐在溶解时会分解成成对的带电粒子”这一观点，并通过离子的概念解释了电解质溶液的导电机理。阿伦尼乌斯1887年发表《关于溶质在水中的解离》[3]的论文，认为酸、碱、盐在水溶液中可不借助电流的作用自动地部分解离为带不同电荷的离子。阿伦尼乌斯电离理论的基本观点是：电解质是溶于水能形成导电溶液的物质；电解质的部分分子在水溶液中解离成离子；溶液越稀，解离度越大。阿伦尼乌斯电离理论发表后，遭到大多数科学家的反对，得到范托夫(J. H. van't Hoff，1852—1911)和奥斯特瓦尔德(F. W. Ostwald，1853—1932)的支持后才获得科学界的认可。阿伦尼乌斯的电离学说是化学发展史上的重要里程碑，对认识溶液性质有重要作用。

阿伦尼乌斯

范托夫

奥斯特瓦尔德

1.1.1 强电解质与弱电解质

通常认为，强电解质(strong electrolyte)分子在溶液中完全电离为对应的正、负离子，弱电解质(weak electrolyte)分子在溶液中部分电离为对应的离子，这些离子在溶液中又能结合成分子。因此，弱电解质在水溶液中建立一种动态平衡，当温度一定时，解离平衡常数一定。强电解质与弱电解质不同，如将各种不同浓度(c)的强电解质的电离度(α)值代入一元酸的解离方程式：

$$K = \frac{c\alpha^2}{1-\alpha} \tag{1-1}$$

所得的解离平衡常数 K 值不是常数，而是随着浓度变化。

表 1-1 给出了电解质的解离平衡常数 K 随浓度的变化。可以看出，电解质浓度改变时，弱电解质如乙酸的 K 值没有显著改变，而强电解质如 NaCl 和 KCl 的 K 值有很大的变化。所以，对强电解质来说，解离平衡常数已无意义。

表 1-1　弱电解质与强电解质的解离平衡常数 K

摩尔浓度/($mol \cdot L^{-1}$)	电解质		
	CH_3COOH	NaCl	KCl
0.0001	1.31×10^{-5}	0.0123	0.0128
0.001	1.50×10^{-5}	0.0419	0.0456
0.01	1.83×10^{-5}	0.1358	0.1510
0.1	1.85×10^{-5}	0.4584	0.5349

需要指出的是，上述强电解质和弱电解质都是基于水溶液体系。同一种电解质在水溶液中是强电解质，在其他溶剂中可能表现为弱电解质。例如，LiCl 和

KCl 都是离子晶体，它们在水溶液中表现出强电解质的性质，而当溶于乙酸或丙酮时，则表现为弱电解质的性质。因此，强电解质和弱电解质的区分不能作为物质的类别，不是物质在本质上的一种分类，而仅是解离状态的分类。

强电解质在水溶液中完全解离(图 1-1)，甚至在晶体时，强电解质也以离子状态存在。溶液中强电解质离子间的相互作用，造成了其在电导率、渗透压、凝固点下降或沸点上升等表观上的不完全解离现象(实际溶液所表现出来的性质)。

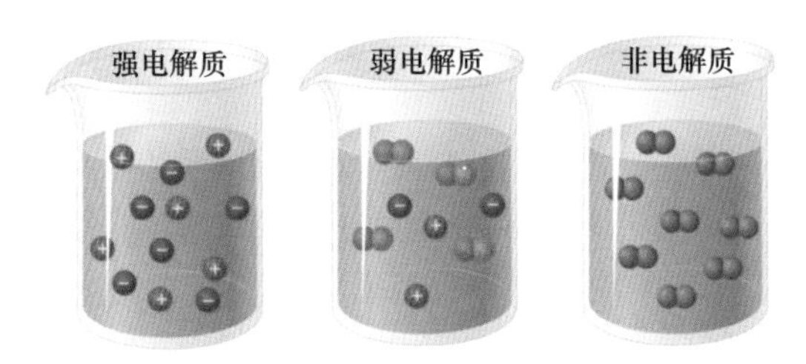

图 1-1　强电解质、弱电解质和非电解质示意图

绝大多数盐类、强酸、强碱等被认为是强电解质，如 NaCl、HCl、NaOH 等；而弱酸、弱碱以及少数的盐类等被认为是弱电解质，如 CH_3COOH、$NH_3 \cdot H_2O$、$HgCl_2$ 等。决定强、弱电解质的因素较多，键型、键能、溶解度、浓度和溶剂等都对电解质的解离有影响。

(1) 电解质的键型不同，解离程度不同。典型的离子化合物，如强碱[NaOH、KOH、$Ba(OH)_2$]、大部分盐类(NaCl、$CaCl_2$ 等)以及强极性化合物(如 HCl、H_2SO_4 等)，在极性水分子作用下能够全部解离，导电性强。弱极性键共价化合物，如 CH_3COOH、HCN、$NH_3 \cdot H_2O$ 等，在水中仅部分解离，导电性较弱。从结构的观点来看，强、弱电解质的区分是键型不同引起的。但仅从键型来区分强、弱电解质并不全面，部分强极性共价化合物也属于弱电解质(如 HF)。

(2) 相同类型的共价化合物由于键能不同，解离程度不同。例如，HF、HCl、HBr、HI 的键能依次减小，解离度依次增大，这里将从它们的电负性之差或气体分子的偶极矩来进一步说明。

从它们分子内核间距依次增大、键能依次减小来看，HF 的键能最大，在水溶液中解离最困难。再加上 HF 分子之间由于形成氢键而存在缔合作用，一部分 HF 离子化，解离为 H_3O^+和 F^-，F^-又很快与 HF 结合形成 HF_2^-、$H_2F_3^-$、$H_3F_4^-$ 等[4](图 1-2)，使得 HF 为弱酸，而 HCl、HBr、HI 均为强酸。从 HCl 到 HI，分子内的核间距依次增大，键能依次减小，解离度逐渐增大。但仅从键能大小区分强、弱电解质仍具有一定的局限性，有些键能较大的极性化合物也属于强电解质。例如，H—Cl 的键能($431.3\ kJ \cdot mol^{-1}$)比 H—S 的键能($365.8\ kJ \cdot mol^{-1}$)大，在水溶液中 HCl 却比 H_2S 容易解离。

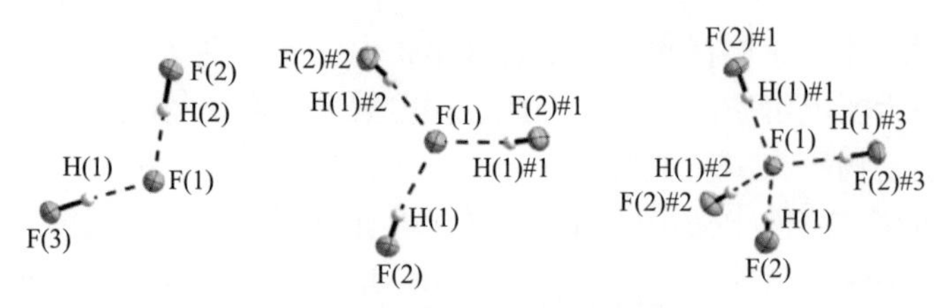

图 1-2 HF 在水中的解离示意图

(3) 电解质的溶解度也直接影响电解质溶液的导电能力。有些离子化合物如 $BaSO_4$、CaF_2 等，尽管溶于水时全部解离，但溶解度很小，使其水溶液的导电能力很弱，而它们在熔融状态时导电能力很强，因此仍属于强电解质。

(4) 电解质溶液的浓度不同，解离程度不同。溶液越稀，解离度越大。例如，有人认为盐酸和硫酸只有在稀溶液中才是强电解质，在浓溶液中则是弱电解质。由蒸气压的测定可知 10 $mol \cdot L^{-1}$ 的盐酸中有 0.3%是共价分子，因此 10 $mol \cdot L^{-1}$ 的盐酸中 HCl 是弱电解质。通常当溶质中以分子状态存在的部分少于千分之一时可认为是强电解质。

(5) 溶剂的性质也直接影响电解质的强弱。例如，对于离子化合物来说，水和其他极性溶剂的作用主要是削弱晶体中离子间的引力，使之解离。根据库仑定律，离子间的引力为

$$F = \frac{q_1 q_2}{4\pi\varepsilon_0 \varepsilon r^2} \tag{1-2}$$

式中，q_1、q_2 为离子的电量；r 为离子间距离；ε_0 为真空介电常数；ε 为溶剂的相对介电常数。从式(1-2)可以看出，离子间引力与溶剂的相对介电常数成反比。水的相对介电常数较大($\varepsilon = 78$)，NaCl、KCl 等离子化合物在水中易解离，表现出强电解质的性质。而乙醇和苯等相对介电常数较小(乙醇$\varepsilon = 27$，苯$\varepsilon = 2$)，离子化合物在其中难以解离，表现出弱电解质的性质。

思考题

1-1 根据电解质的定义判断氨气、氨水和液氨是不是电解质。

1.1.2 缔合式电解质和非缔合式电解质

根据溶液中电解质的实际存在形式，可将电解质分为缔合式(associated)电解质和非缔合式(non-associated)电解质两种[5]。

缔合式电解质：电解质溶液中离子间的强静电作用力使异号离子产生缔合。多数电解质都属于缔合式电解质，绝大部分电解质溶液存在离子缔合现象(极稀溶液时不明显)，即溶质的一部分正、负离子通过纯粹的静电吸引形成正、负离子缔

合物[也称离子对(ion pair)][6]。如果两种离子的价态相同，其缔合物是电中性的，但仍不能当作分子。

非缔合式电解质：这类物质在溶液中只以简单正、负离子形式存在，溶液中没有未解离的中性分子，没有正、负离子形成的缔合物。通常将卤酸和高卤酸归为非缔合式电解质。例如，HCl 和 $HClO_4$ 只有在很高浓度($6.0\ mol \cdot kg^{-1}$ 以上)才形成分子，而工作中很少用到这么高的浓度，因此可以看作非缔合式电解质。

非缔合式电解质虽然不多，但近代电解质溶液理论是从这里发展起来的，因此在理论上非常重要。

1.2 电解质溶液

1.2.1 电解质溶液的基本概念

1. 电解质溶液的定义

在电场作用下能导电的物质称为导体。导体大致上可分为电子导体(electronic conductor)、离子导体(ionic conductor)与混合导体(mixed conductor)。电子导体有金属、石墨等；离子导体是以水或有机物为溶剂的电解质溶液、熔融电解质与固体电解质等；混合导体如碱金属和碱土金属的液氨溶液等。电解质溶液属于离子导体，溶质溶解于溶剂后完全或部分解离为离子，溶质即为电解质。

2. 电解质溶液的分类

常见的阴阳离子与数量众多的溶剂一起可组成种类繁多的电解质溶液。按电解质溶液构成要素可以对电解质溶液进行分类，如图 1-3 所示。

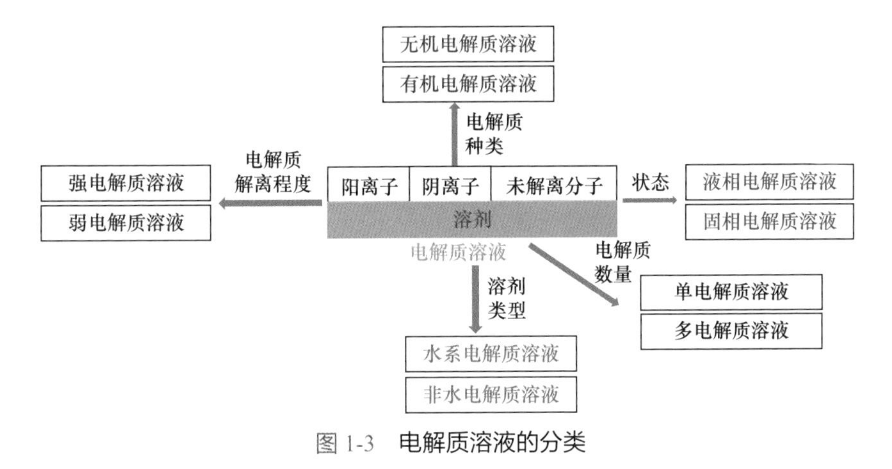

图 1-3 电解质溶液的分类

思考题

1-2 根据图 1-3，阐述电解质溶液分类的依据。

3. 电解质溶液应用

涉及电解质溶液的领域非常广泛，包括化学、化工、冶金、能源、生物、环境和地质等。对化学反应来说，相对气相或固相反应，发生在电解质溶液中的反应更快，更便于控制反应过程。所以，物质的制取、分离、提纯或除杂大多选择将反应控制在溶液特别是电解质溶液中完成。例如，在湿法冶金过程中，掌握多元复杂氯化物体系(含有 Cu、Zn、Ni、Li、Na、K、Rb、Mg、Ni 等离子)的性质变化规律，对于冶金学具有重要意义[7]。

(1) 在生理学中，电解质的主要离子有 Na^+、K^+、Ca^{2+}、Mg^{2+}、Cl^-、HPO_4^{2-}、HCO_3^- 以及 H^+和 OH^-等。人体血浆中主要的阳离子是 Na^+、K^+、Ca^{2+}、Mg^{2+}，对维持细胞外液的渗透压、体液的分布和转移起决定性作用；细胞外液中的阴离子以 Cl^-和 HCO_3^- 为主，二者除保持体液的张力外，还对维持酸碱平衡有重要作用。以钠、钾离子的作用为例，钠离子是细胞外液的主要电解质，钾离子是细胞内液的主要电解质，两者都是人体中尤为重要的电解质，涉及体液平衡和血压控制。所有已知的多细胞生命形式都需要细胞内和细胞外环境之间微妙而复杂的电解质平衡。钠钾泵(图 1-4)可以将细胞外相对细胞内浓度较低的钾离子送进细胞，并将细胞内相对细胞外浓度较低的钠离子送出细胞。钠、钾离子的浓度在细胞膜两侧也都是相互关联的。

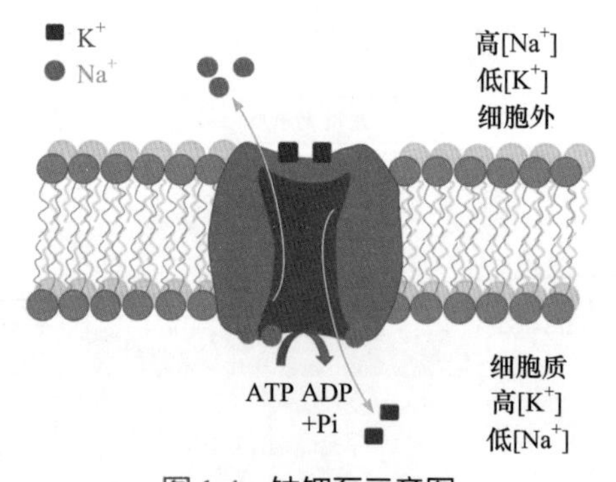

图 1-4 钠钾泵示意图

通常，体液中阴离子总数与阳离子总数相等，并保持电中性。当任何一种电解质数量改变时，就会出现电解质紊乱或电解质不平衡。例如，轻度低钠血症(血清钠浓度 120～135 mmol · L^{-1})可出现味觉减退、肌肉酸痛；中度低钠血症(血清钠浓度 115～120 mmol · L^{-1})有头痛、恶心、呕吐等症状；重度低钠血症(血清钠浓度＜

115 mmol · L^{-1})可出现昏迷、反射消失等。

(2) 电化学主要是研究电能和化学能之间的互相转化以及转化过程中相关规律的学科。化学能转变成电能通过原电池完成，电能转变成化学能需要借助电解池完成，电池与电解池都离不开电解质溶液。电化学工业利用电场的作用，使电解质溶液表现出特定的性质，如离子在外电场的作用下定向移动，在电极上发生化学反应等。这些性质是电化学工业制备物质和提纯的基础，如氯碱工业、电解铝、电解锰、金属电解精炼以及电镀等。

例如，电解氯化钠的水溶液(图 1-5)：

阴极产生氢气　　$2H_2O + 2e^- \longrightarrow 2OH^- + H_2$

阳极产生氯气　　$2NaCl \longrightarrow 2Na^+ + Cl_2 + 2e^-$

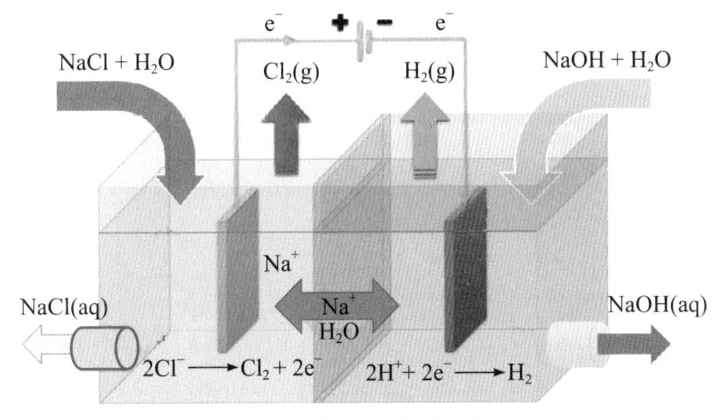

图 1-5　氯碱工业模型示意图[8]

(3) 电解质溶液对于化学工业具有重要意义。主要包括：环境方面，如气体处理、废水处理或化学废物处置；分离方面，如溶液结晶、萃取、蒸馏、海水淡化或生物分离；电化学应用方面，如腐蚀、电解、电池等；超临界技术方面，如超临界流体中的合成；能源生产方面，包括生产井的结垢、地热能的利用或抑制天然气水合物的形成。

氧化银纽扣电池因容量大、安全、放电电压稳定、使用寿命长等优点，广泛用作玩具、手表、医疗监视器等便携式电子产品的电源。典型的氧化银电池的组成包括：活性细锌粉为阳极、碱性电解质(KOH/NaOH)、氧化银(Ag_2O)与石墨混合作为阴极。在实际生产中，通常在阴极材料中加入 MnO_2，以减少贵金属银的使用。从废旧电池回收贵金属银时(图 1-6)，在进行预处理分离后，以酸浸的方式将 Mn、Zn 和 Ag 浸出，再通过控制电位的恒电位沉积方法，可使银几乎全部回收[9]。

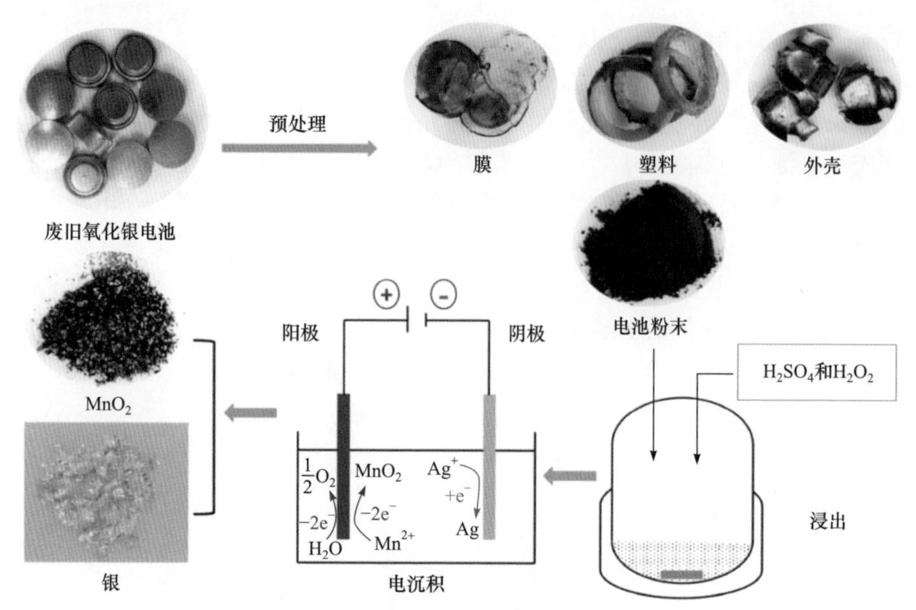

图 1-6 从废氧化银电池中回收银的浸出-电沉积过程示意图[9]

1.2.2 离子的溶剂化

电解质溶解于溶剂形成电解质溶液时，对电解质和溶剂同时产生影响。一方面，离子溶剂化减少溶液中自由分子的数量，同时增加离子的体积，因而改变电解质的性质；另一方面，带电离子的溶剂化往往破坏附近溶剂的结构。

1. 原水化数

固体中离子的大小可通过 X 射线晶体学测定，称为晶体学半径。然而，由于离子与溶剂分子间的偶极相互作用(图 1-7)，溶液中的离子半径测定不能采用这一方法。

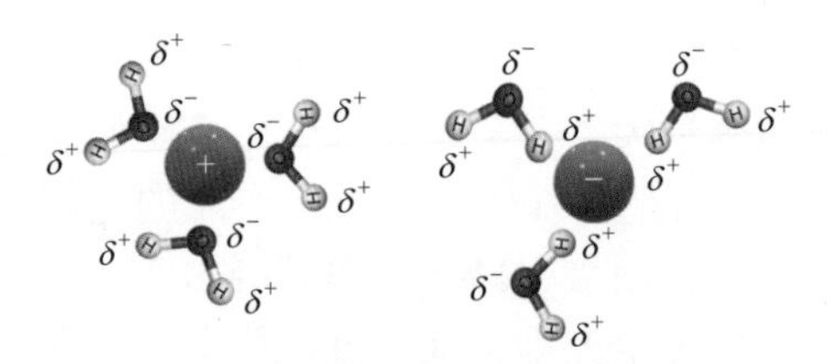

图 1-7 离子-水偶极相互作用

离子的溶剂化如图 1-8 所示，溶剂化层常用于描述离子周围的溶剂区域。第一溶剂化层(first solvation shell)是溶剂中分子最接近离子的区域。从距离离子的远近划分，还有第二溶剂化层(second solvation shell)、第三溶剂化层等。溶剂化层只描述了离子周围的溶剂区域，并未表示离子和溶剂之间的任何相互作用以及相互作用的强度。同样，它也没有提到溶剂的状态和结构。

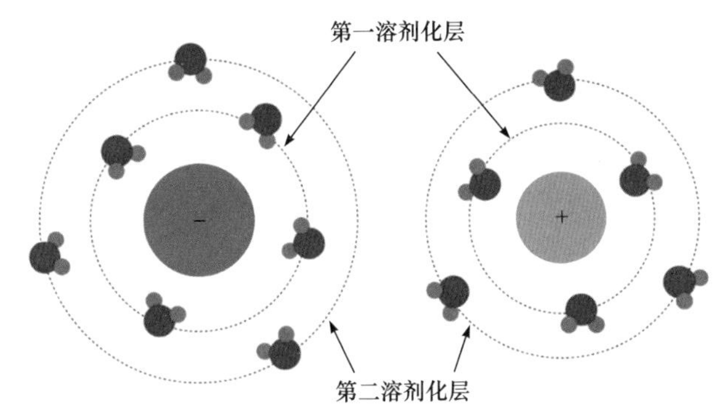

图 1-8 离子的溶剂化及溶剂化层示意图

根据离子与溶剂的作用力，可将溶剂化分子分为原溶剂化(primary solvation)和二级溶剂化(secondary solvation)。原溶剂化也称化学溶剂化，发生在第一溶剂化层，是最靠近离子的第一层溶剂。这些溶剂与离子有强相互作用，并与离子发生配位作用。因此，当离子移动时，溶剂可以与离子一起移动。这一层溶剂化分子的数目不随温度变化。水是最常用的溶剂，下面均以水为例讨论离子的溶剂化作用。通常所有的第一溶剂化层水分子都被认为是原水化分子，其数目称为原水化数(primary hydration number)。

第一层以外的水分子层可能也受到离子(特别是多价的单原子离子)的吸引，但是由于距离较远，吸引较弱。离子运动时，仅部分水分子与离子一起运动。这一层的水分子数随着温度和离子电荷与半径的变化而改变。温度上升时，这一层水分子的数目减少。离子电荷越高，半径越小，这一层的体积越大。离子的电场作用对第一层以外的水分子的作用称为二级水化(secondary hydration)或物理水化。二级水化区域中的水分子由于也受离子的作用，相对于整体溶剂而言，结构上发生了变化。

测定原水化数有多种方法[5,10]：离子淌度法、水化熵法、压缩系数法、统计力学计算法等。此外，还有许多根据溶液的物理性质来测定原水化数的实验方法，如扩散系数、介电常数、活度系数、盐效应、密度、水解、分布系数、电动势等。由于各种方法测得的原水化数都含有不同的二级水化分子数，因此不同方法测得的数值有差别，但其规律是一致的(表 1-2)。

表 1-2 不同的实验和计算方法得出的原水化数[5]

离子	离子淌度法	水化熵法	压缩系数法	统计力学计算法
H_3O^+	6.0	5	1～2	2.9
Li^+	3.1	5	5～6	6

续表

离子	离子淌度法	水化熵法	压缩系数法	统计力学计算法
Na^+	1.5	4	6～7	4.5
K^+	1.8	3	6～7	2.9
Rb^+	—	3	—	2.3
Cs^+	—	2	—	0
Mg^{2+}	14	13	16	—
Ca^{2+}	11.8	10	—	—
Al^{3+}	—	21	—	—
F^-	—	5	2	4.7
Cl^-	0.9	3	0～1	2.9
Br^-	0.6	2	—	2.4
I^-	0.2	1	0	0

2. 离子对水分子结构的影响

水分子的结构模型如图 1-9 所示[11-13]：一个中心水分子通过四个氢键和围绕着的四个水分子连接。两个氢键来自中心水分子的氧和两个邻近水分子的氢的作用，因此，在四个邻近水分子中，两个水的氢向外，另两个水的氢向内。

如果将四面体中心的水分子换成一个大小相同或稍小的正离子，如 Na^+，此时四面体形状没有改变，而水的结构会发生变化，即四个水分子的氢都向外，与纯水相比，其中两个水分子改变了定向。这就影响到第二层水分子的定向，扰乱原来水分子的结构，如果离子大小不合适，或配位数不是 4，水的四面体结构就会遭到破坏。例如，一个配位数为 6 的离子很可能和周围的水分子形成一个八面体，这就破坏了离子周围水分子的结构。

电解质水溶液是溶质离子或原子与水分子相互作用的结果，它们之间的作用是多方向的，而且非常复杂。有的水分子与离子结合形成水合离子，随着离子一起运动，甚至在电解质沉淀时也随离子一起沉淀下来，而有些水分子却并非如此。水分子作为偶极子，可在球形对称的离子电场力的作用下发生定向作用。由于离子电场力的作用范围仅是几个分子的距离，而且随着距离的增加其作用力迅速下降，因此离子周围水分子的排列呈现出如图 1-10 所示[14]的模式。A 层为第一水化层，B 层为第二水化层，C 层为体相水分子。B 层的水同时受到 A 层和 C 层的影响，成为竞争区域，故该区的水分子比 A 或 C 中的水分子更为混乱。

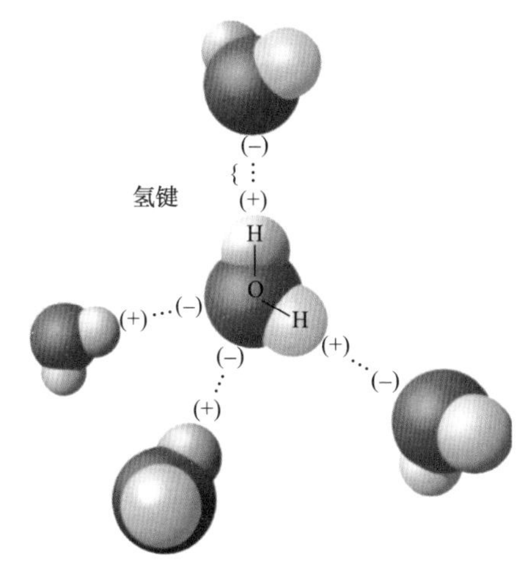

图 1-9　水分子的结构模型[11-13]

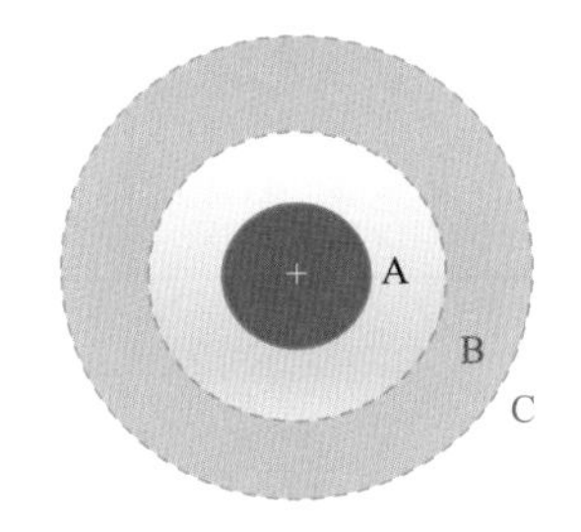

图 1-10　离子周围的水化层结构示意图[14]

电解质在溶剂中是导致溶液混乱还是有序，取决于 A 层和 B 层之间的平衡。如果 A 层占主导地位，相对于纯溶剂，电解质溶液的有序度增加，即结构增强，则该离子层称为结构增强层。相反，如果 B 层占主导地位，溶液相对于纯溶剂有序度降低，则该离子层称为结构破坏层。对于结构增强层来说，A 层水分子的有序度须大于中间区域 B 引起的混乱，因此要求离子必须高度极化，如半径小或电荷高的离子 Li^+、Mg^{2+}、Al^{3+}等。相反，极化作用不是很强的离子，如 Rb^+、Cs^+、Br^-、I^-等，则属于结构破坏层离子。

3. 离子对水的介电常数的影响

电解质溶液中，在离子电场力的作用下，离子周围的水偶极子发生定向作用。在离子诱导作用下，水分子产生了附加的偶极矩，即诱导偶极矩。这种附加的诱导作用导致了离子周围水的相对介电常数的变化。

电解质水溶液相对介电常数的实验结果表明[15]：在浓度不太高时，溶液相对介电常数ε随浓度的增加线性下降。

在 25℃下，溶液相对介电常数ε和浓度 c 的关系是

$$\varepsilon = \varepsilon_0 + 2\delta c \tag{1-3}$$

式中，$\varepsilon_0 = 78$，为纯水的相对介电常数；c 为浓度，$mol \cdot L^{-1}$；δ为常数，当盐的浓度小于 2 $mol \cdot L^{-1}$时，δ值在-15～-7 之间。表 1-3 是 25℃电解质水溶液的δ值。图 1-11 是 NaCl 溶液相对介电常数随浓度的变化关系。可以看出，随着 NaCl 浓度增加，溶液的相对介电常数减小。当浓度小于 2 $mol \cdot L^{-1}$时，溶液相对介电常数与浓度呈线性关系。

表 1-3 25℃电解质水溶液的δ值[15]

电解质	δ	电解质	δ	电解质	δ
HCl	−10	NaF	−6	$MgCl_2$	−15
LiCl	−7	KF	−6.5	$BaCl_2$	−14
NaCl	−5.5	NaI	−7.5	Na_2SO_4	−11
KCl	−5	KI	−8		
RbCl	−5	NaOH	−10.5		

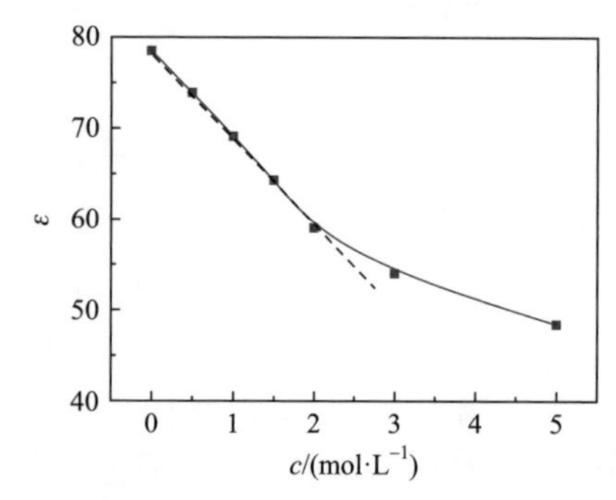

图 1-11 NaCl 溶液相对介电常数与浓度的关系[15]

1.2.3 水合离子的热力学性质

1. 溶解焓[16]

物质溶解于水通常经过两个过程：一个是溶质分子或离子的扩散过程，该过程为物理过程，需吸收热量；另一个是溶质分子或离子与水分子作用形成水合分子或水合离子的过程，该过程为化学过程，放出热量。溶解为恒压过程，溶解热等于系统的焓变(也称溶解焓)，用$\Delta_{sol}H_m$表示。

溶解焓与温度、压力、溶剂的种类、溶液的浓度等有关。热力学数据表中列出的溶解焓数值一般是在 298 K、100 kPa 压力下 1 mol 溶质的水溶液的数值。如果没有写出溶解终了的溶液浓度，则指无限稀释溶液。无限稀释溶液中再加入溶剂时不再有热效应产生。例如

$$HCl(g) + H_2O \longrightarrow HCl(aq) \qquad \Delta_{sol}H_m^{\ominus} = -74.84\ kJ \cdot mol^{-1} \tag{1-4}$$

$-74.84\ kJ \cdot mol^{-1}$ 则为 1 mol HCl(g)溶于大量水形成无限稀释溶液时的溶解焓。

表 1-4 列出了一些化合物的溶解焓[16]。

表 1-4 一些化合物的溶解焓 $\Delta_{sol}H_m^{\ominus}$ (kJ·mol^{-1})

阳离子	阴离子							
	OH^-	F^-	Cl^-	Br^-	I^-	CO_3^{2-}	NO_3^-	SO_4^{2-}
Li^+	−23.6	+4.7	−37.0	−48.8	−63.3	−17.6	−2.51	−30.2
Na^+	−44.5	+0.9	+3.9	−0.6	−7.5	−24.6	+20.5	−2.3
K^+	−57.6	−17.7	+17.2	+19.9	+20.3	−32.6	+34.9	+23.8
Rb^+	−62.3	−26.1	+17.3	+21.9	+25.1	−40.3	+36.5	+24.3
Cs^+	−71.6	−36.9	+17.8	+26.0	+33.4	−52.8	+40.0	+17.1
Ag^+	—	−20.3	+65.7	+84.5	+112	+41.8	+22.5	+17.6
NH_4^+	—	+5.0	+14.8	+16.8	+13.7	—	+25.7	+6.2
Mg^{2+}	+2.8	−17.7	−155	−186	−214	−25.3	−85.5	−91.2
Ca^{2+}	−16.2	+13.4	+82.9	−110	−120	−12.3	−18.9	−17.8
Sr^{2+}	46.0	+10.9	−52.0	−71.6	−90.4	−3.4	+17.7	−8.7
Ba^{2+}	−51.8	+3.8	−13.2	−25.4	−47.7	+4.2	+40.4	+19.4
Cu^{2+}	+48.1	−63.2	−51.5	−35.2	−26.4	−16.7	−41.8	−73.3
Zn^{2+}	+29.9	—	−71.5	−67.2	−55.2	−16.2	−83.9	−81.4
Cd^{2+}	—	−40.7	−18.4	−2.8	+14.0	—	−33.7	−53.7
Pb^{2+}	+56.1	+6.3	+25.9	+36.8	+64.8	+22.2	+37.7	+11.3
Al^{3+}	—	−209	−332	−360	−378	—	—	−318

2. 水合离子的标准摩尔生成焓和标准摩尔生成吉布斯自由能

离子的标准摩尔生成焓是指各反应物质均处于温度 T 时的标准状态下，从稳定单质生成 1 mol 溶于足够大量水中(无限稀释溶液)的离子时所产生的热效应。在热力学数据表中列有各种离子的标准摩尔生成焓 $\Delta_f H_m^{\ominus}(X^{\pm}, aq)$。例如，将 1 mol HCl(g) 在 298 K 时溶于大量水中，形成 $H^+(aq)$和 $Cl^-(aq)$，整个溶解过程放热 74.84 kJ · mol^{-1}。

由于溶液中的阴、阳离子是同时存在的，因此无法获得一种离子的标准摩尔生成焓。目前规定以 $H^+(aq)$为基准并指定其标准摩尔生成焓为零，即 298 K 时 $\Delta_f H_m^{\ominus}(H^+, aq) = 0\ kJ \cdot mol^{-1}$，则可以通过计算获得 $\Delta_f H_m^{\ominus}(Cl^-, aq) = -167.1\ kJ \cdot mol^{-1}$。

离子的标准摩尔生成吉布斯自由能 $\Delta_f G_m^{\ominus}(X^{\pm}, aq)$是指各反应物均处于温度 T 时的标准状态下，由指定的单质生成 1 mol 溶于足够大量水中的离子时的吉布斯自由能的变化。它与离子的标准摩尔生成焓相似，也无法单独测定。规定 $H^+(aq)$ 的标准摩尔生成吉布斯自由能等于零，进而可求出其他离子的标准摩尔生成吉布斯自由能。

3. 离子水合焓

水合焓定义为在 101.325 kPa 压力下，1 mol 气态离子溶于水，离子水合成为无限稀释溶液(离子之间无吸引作用)的能量变化。通常在热力学数据表中列出的是在 298 K 时的标准状态下的离子水合焓，称为标准摩尔水合焓，用 $\Delta_h H_m^\ominus$ 表示。

$$M^{n+}(g) \longrightarrow M^{n+}(aq) \qquad \Delta_h H_m^\ominus(M^{n+},g) \tag{1-5}$$

例如，对于离子晶体 AB，可通过图 1-12 的热力学循环了解离子晶体变成水合离子过程的能量变化。

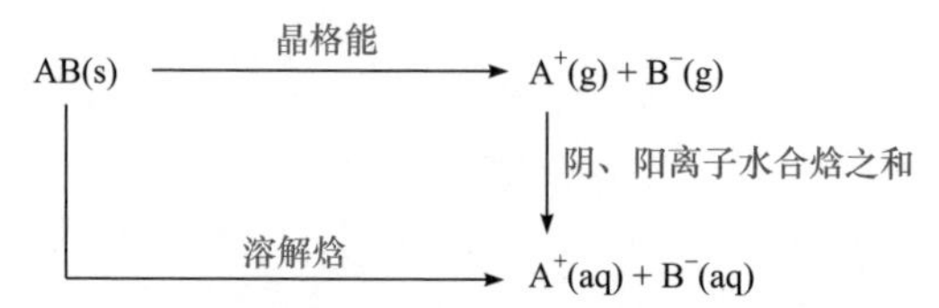

图 1-12 离子晶体变成水合离子过程的能量变化

离子水合焓无法单独测得。在循环中可得到阴、阳离子水合焓之和。因此，若能有一个比较可靠的标准摩尔水合焓数据，即可利用水合离子的标准摩尔生成焓及其他热化学数据，通过玻恩-哈伯热化学循环求得离子的标准摩尔水合焓 $\Delta_h H_m^\ominus$。

$$M^{n+}(g) + X^{n-}(g) \longrightarrow M^{n+}(aq) + X^{n-}(aq) \tag{1-6}$$

例如，已知 298 K 时水合 Mg^{2+}的标准摩尔生成焓 $\Delta_h H_m^\ominus(Mg^{2+}, aq) = -467\ kJ \cdot mol^{-1}$，求 $\Delta_h H_m^\ominus(Mg^{2+}, g)$。

可以设计一个生成 $Mg^{2+}(aq)$的反应：

$$Mg(s) + 2H^+(aq) \longrightarrow Mg^{2+}(aq) + H_2(g)$$

涉及的热化学循环如图 1-13 所示。

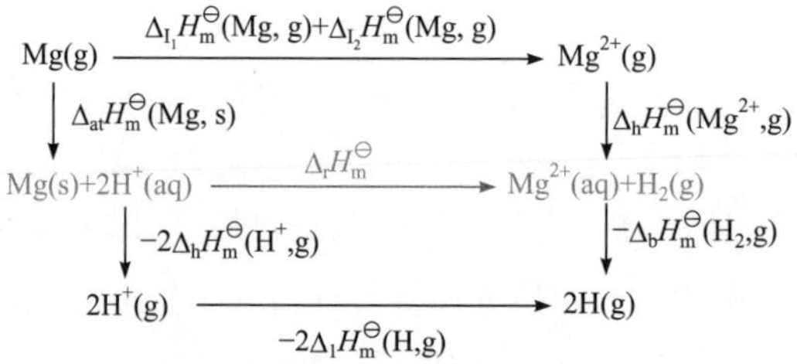

$$\begin{array}{ccc} Mg(g) & \xrightarrow{\Delta_{I_1}H_m^\ominus(Mg,g)+\Delta_{I_2}H_m^\ominus(Mg,g)} & Mg^{2+}(g) \\ \downarrow \Delta_{at}H_m^\ominus(Mg,s) & & \downarrow \Delta_h H_m^\ominus(Mg^{2+},g) \\ Mg(s)+2H^+(aq) & \xrightarrow{\Delta_r H_m^\ominus} & Mg^{2+}(aq)+H_2(g) \\ \downarrow -2\Delta_h H_m^\ominus(H^+,g) & & \downarrow -\Delta_b H_m^\ominus(H_2,g) \\ 2H^+(g) & \xrightarrow[-2\Delta_I H_m^\ominus(H,g)]{} & 2H(g) \end{array}$$

图 1-13 Mg^{2+}的水合焓计算涉及的热化学循环

$$\begin{aligned} \Delta_r H_m^\ominus &= \Delta_f H_m^\ominus(Mg^{2+},aq) - 2\Delta_f H_m^\ominus(H^+,aq) \\ &= \Delta_{at} H_m^\ominus(Mg, s) + \Delta_{I_1} H_m^\ominus(Mg, g) + \Delta_{I_2} H_m^\ominus(Mg, g) + \Delta_h H_m^\ominus(Mg^{2+}, g) \\ &\quad - 2\Delta_h H_m^\ominus(H^+, g) - 2\Delta_I H_m^\ominus(H, g) - \Delta_b H_m^\ominus(H_2, g) \end{aligned} \tag{1-7}$$

已知水合 Mg^{2+}的生成焓 $\Delta_f H_m^{\ominus}(Mg^{2+},aq)$ 为–467 kJ · mol^{-1}，H^+的水合焓 $\Delta_h H_m^{\ominus}(H^+,aq)$ 约为–1091 kJ · mol^{-1}[17-18]。

代入其他热力学数据：

$$-467-2\times 0 = 147.1 + 737+1450 + \Delta_h H_m^{\ominus}(Mg^{2+}, g) - 2\times(-1091) - 2\times 1312 - 436$$

计算出 $\Delta_h H_m^{\ominus}(Mg^{2+}, g) = -1923$ kJ · mol^{-1}。

离子的标准摩尔水合焓也可通过经验公式进行计算[19]：

$$\Delta_h H_m^{\ominus} = -\frac{700z^2}{r+0.85}\,\text{kJ}\cdot\text{mol}^{-1} \tag{1-8}$$

式中，z 为离子电荷；r 为离子半径，Å。

式(1-8)对于 8 电子构型阳离子的计算可以取得很好的结果，但是对于有 d 电子的离子，离子极化会导致有效离子半径变化，使水合焓计算结果出现偏差。对于 d 电子构型的离子，可用式(1-9)进行计算[19]：

$$\Delta_h H_m^{\ominus} = -\frac{930(z-0.2)^2}{r+1-0.5z}\,\text{kJ}\cdot\text{mol}^{-1} \tag{1-9}$$

式中，r 为阳离子的鲍林半径，Å。

表 1-5 列出了阳离子水合焓的实验值和用式(1-8)和式(1-9)计算得到的数值[19]。从结果可以看出，阳离子极化能力较弱的 8 电子构型离子，两个公式的计算结果都与实验值比较吻合。而对于极化能力较强的离子，如 H^+、Cu^+、Ag^+等，式(1-9)的计算结果更接近实验值。

表 1-5 部分阳离子水合焓的实验值和用式(1-8)和式(1-9)计算得到的数值(kJ · mol^{-1})

离子	$-\Delta_h H_m^{\ominus}$ (实验值)	$-\Delta_h H_m^{\ominus}$ [式(1-9)计算值]	$-\Delta_h H_m^{\ominus}$ [式(1-8)计算值]
H^+	1091	1190	820
Li^+	519(3)	540	480
Na^+	409(3)	410	390
K^+	322(3)	320	330
Rb^+	293(3)	300	300
Cs^+	264(3)	270	280
Cu^+	593(3)	570	390
Ag^+	473(10)	490	330
Au^+	615(10)	550	310
Fe^{2+}	1946(6)	1970	1740
Al^{3+}	4665(10)	4690	4670

阴离子的水合焓很难用实验方法测定。水合焓是气态离子形成水合离子过程的能量变化，虽然通过离子晶体的晶格能可估算气态阴离子的生成焓，但对于多

原子的阴离子，通过晶格能得到的数值并不准确。因此，以水合氢离子为基础得到的阴离子的水合焓数值并不多。

与阳离子水合焓的经验计算公式相似，对于简单阴离子，水合焓的经验计算表达式为[19]

$$\Delta_h H_m^\ominus = -\frac{700z^2}{r_c} kJ \cdot mol^{-1} \tag{1-10}$$

式中，z 为阴离子电荷；r_c 为阴离子的鲍林半径，Å。式(1-10)对于卤素阴离子具有很好的计算结果。

对于多原子阴离子，热力学半径[20]r_t 更能反映出其离子大小，计算表达式为[19]

$$\Delta_h H_m^\ominus = -\frac{700z^2}{r_t + 0.3} kJ \cdot mol^{-1} \tag{1-11}$$

式中，r_t 为阴离子的热力学半径，Å。

表 1-6 列出了部分阴离子水合焓的实验值、用式(1-10)计算简单阴离子 F^-、Cl^-、Br^-、I^-、S^{2-}和用式(1-11)计算复杂阴离子得到的数值[19]。由于实验测定的困难和复杂阴离子热力学半径的数值难以确定，因此阴离子水合焓的数据相对于阳离子来说要少很多。

表 1-6　部分阴离子水合焓实验值和计算值($kJ \cdot mol^{-1}$)

离子	$-\Delta_h H_m^\ominus$(实验值)	$-\Delta_h H_m^\ominus$(计算值)
F^-	515	520
Cl^-	381	390
Br^-	347	360
I^-	305	320
NO_2^-	405	380
NO_3^-	314	320
ClO_3^-	348	310
ClO_4^-	229	260
BrO_3^-	349	320
IO_3^-	326	330
OH^-	460	410
S^{2-}	1795	1520
SO_4^{2-}	1059	1080
CO_3^{2-}	1314	1300

4. 离子水合吉布斯自由能

离子水合吉布斯自由能是指离子在真空和水中的势能之差。玻恩的离子水化模型[21]提供了一种简单的计算离子水合吉布斯自由能的方法。按照玻恩的观点，离子水合过程包括三个步骤：①离子在真空中去电荷，能量为 ΔG_1；②将不带电的球体移入溶剂中，能量为 ΔG_2；③在溶剂中球体重新带电，能量为 ΔG_3。其中，ΔG_1 与 ΔG_3 为静电能，ΔG_2 为非静电能。玻恩的离子理想溶剂化过程能量计算公式为

$$\Delta G^{\ominus} = -\left(\frac{N_A e^2}{8\pi\varepsilon_0}\right)\frac{z^2}{r}\left(1-\frac{1}{\varepsilon}\right) \tag{1-12}$$

式中，N_A 为阿伏伽德罗常量；e 为单位电荷；ε_0 为真空介电常数；ε 为溶剂相对介电常数；z 为离子电荷；r 为离子半径。玻恩模型中，离子被认为是带点电荷的球体，溶剂是介电连续的。式(1-12)忽略了非静电能的贡献。

由玻恩公式计算得到的离子水合吉布斯自由能总是远大于实验值，这是由三方面的原因造成的：①离子半径的取值；②介电常数的取值；③忽略了非静电能。之后对玻恩方程的修正也主要是考虑这三方面因素。

Marcus[22]提出了一种水合离子模型，用于衡量水溶液中的离子半径。该模型指出，水溶液中的离子半径包括离子的晶体学半径和第一水合层的半径(图 1-14)。在离子的水合层中，水的结构发生了变化，同时其相对介电常数也受离子的影响。

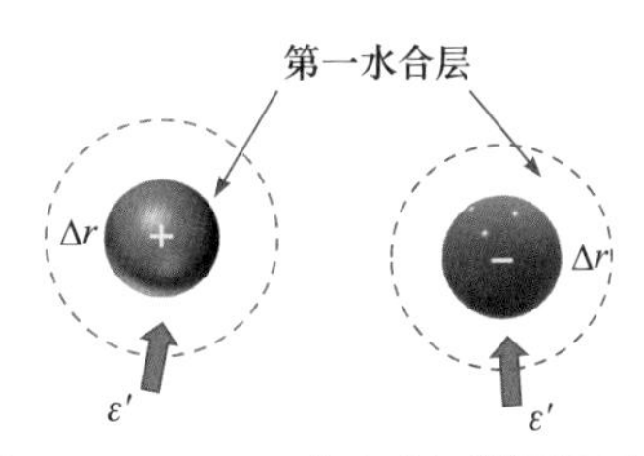

图 1-14　Marcus 水合离子模型示意图
ε'为水溶液的相对介电常数，Δr 为水合层厚度

离子在溶液中的半径数值可以通过溶液 X 射线衍射、中子衍射、扩展 X 射线吸收精细结构和电子衍射等方法确定。其中，$d_{离子\text{-}水}$ 表示离子的核与水中氧原子的核之间的距离，可通过实验确定。$r_{离子}$ 为离子的半径，$r_{水}$ 是液态水中 $d_{水\text{-}水}$ 距离的一半。水的半径的平均值 $r_{水} = 0.138$ nm。其关系为

$$r_{离子} = d_{离子\text{-}水} - r_{水} \tag{1-13}$$

表 1-7 给出了通过式(1-13)计算的离子半径数值。由表可知，对于绝大多数离子，计算的离子半径与鲍林的晶体学离子半径非常一致。离子与水之间的距离远大于离子的晶体学半径，说明了离子的水合作用。

表 1-7　离子的平均核间距

离子	$d_{离子-水}$ / nm	$r_{离子}$(计算值) / nm	$r_{离子}$(晶体学数值) / nm
H_3O^+	0.2755±0.0015	0.141±0.002	
Li^+	0.208±0.0060	0.071±0.008	0.074
Na^+	0.2356±0.0060	0.097±0.006	0.102
K^+	0.2798±0.0081	0.141±0.008	0.138
Rb^+	0.289	0.150	0.149
Cs^+	0.3139±0.0076	0.173±0.008	0.170
Ag^+	0.2417±0.0021	0.102±0.002	0.115
Mg^{2+}	0.2090±0.0076	0.070±0.004	0.072
Ca^{2+}	0.2422±0.0052	0.103±0.005	0.100
Fe^{2+}	0.2114±0.0010	0.072±0.001	0.078
Co^{2+}	0.2106±0.0022	0.072±0.002	0.075
Al^{3+}	0.1887±0.0015	0.050±0.002	0.053
Fe^{3+}	0.2031±0.0019	0.064±0.002	0.065
Th^{4+}	0.253	0.114	0.106
F^-	0.2630±0.0025	0.124±0.003	0.133
Cl^-	0.3187±0.0067	0.180±0.007	0.181
Br^-	0.3373±0.0054	0.198±0.005	0.196
I^-	0.3647±0.0036	0.225±0.004	0.220
ClO_4^-	0.370	0.241	0.240
SO_4^{2-}	0.3815±0.0071	0.242±0.007	0.230

Marcus[23]用水合层中的水分子数 n 来表示图 1-14 中水合层的厚度 Δr:

$$n = A|z|/r \tag{1-14}$$

式中，A 为拟合参数，等于 0.36 nm。水合层中一个水分子占据的体积为 $\pi d^3/6$，其中一个水分子的直径 $d = 0.276$ nm。则水化层体积为

$$n\pi d^3/6 = (4\pi/3)[(r+\Delta r)^3 - r^3] \tag{1-15}$$

联立式(1-14)、式(1-15)可求出水合层的厚度 Δr。

若不考虑气态溶质(如稀有气体)的电荷，非静电作用对水合自由能的贡献为

$$\Delta G_{非静电}(\text{kJ}\cdot\text{mol}^{-1}) = 41 - 87[(r+\Delta r)] \tag{1-16}$$

式中，r 和 Δr 的单位为 nm。

而静电作用的贡献不仅考虑了水合层的厚度，也考虑了电解质对溶液相对介电常数的影响：

$$\Delta G^{\ominus}_{\text{静电}}=\left(\frac{N_A e^2}{8\pi\varepsilon_0}\right)z^2\left(1-\frac{1}{\varepsilon'}\right)\frac{\Delta r}{r(r+\Delta r)}+\left(\frac{N_A e^2}{8\pi\varepsilon_0}\right)z^2\left(1-\frac{1}{\varepsilon}\right)\frac{1}{r+\Delta r} \tag{1-17}$$

在 298 K 时，将各常数代入式(1-17)，得到静电作用贡献的水合吉布斯自由能为

$$\Delta G_{\text{静电}}(\text{kJ}\cdot\text{mol}^{-1})=-64.5z^2\frac{0.44(\Delta r/r)+0.987}{r+\Delta r} \tag{1-18}$$

离子与周围水分子形成无限稀释水溶液时的水合吉布斯自由能为静电与非静电作用的共同贡献。表 1-8 给出了计算结果。

表 1-8 离子半径 r、水合层厚度 Δr、水合层中水分子数 n 以及水合吉布斯自由能

离子	r/nm	Δr/nm	n	$\Delta G_{\text{静电}}/(\text{kJ}\cdot\text{mol}^{-1})$	$\Delta G_{\text{计算}}/(\text{kJ}\cdot\text{mol}^{-1})$	$\Delta G_{\text{实验}}/(\text{kJ}\cdot\text{mol}^{-1})$
H^+	0.030	0.300	12.0	−1058	−1015	−1050
Li^+	0.069	0.172	5.2	−558	−510	−475
Cu^+	0.096	0.125	3.8	−456	−400	−525
Na^+	0.102	0.116	3.5	−440	−385	−365
Ag^+	0.115	0.097	3.1	−412	−350	−430
K^+	0.138	0.074	2.6	−372	−305	−295
NH_4^+	0.148	0.065	2.4	−372	−285	−285
Rb^+	0.149	0.064	2.4	−356	−285	−275
Cs^+	0.170	0.049	2.1	−328	−245	−250
Mg^{2+}	0.072	0.227	10.0	−2049	−1940	−1830
Cu^{2+}	0.073	0.224	9.9	−2030	−1920	−2010
Fe^{2+}	0.078	0.213	9.2	−1940	−1825	−1840
Al^{3+}	0.053	0.324	20.4	−5661	−5450	−4525
Cr^{3+}	0.062	0.296	17.4	−5007	−4965	−4010
Fe^{3+}	0.065	0.288	16.6	−4829	−4580	−4265
F^-	0.133	0.079	2.7	−380	−345	−465
OH^-	0.133	0.079	2.7	−380	−345	−430
NO_3^-	0.179	0.044	2.0	−317	−275	−300
Cl^-	0.181	0.043	2.0	−315	−270	−340
Br^-	0.196	0.035	1.8	−297	−250	−315
I^-	0.220	0.026	1.6	−272	−220	−275
ClO_4^-	0.250	0.019	1.4	−245	−180	−430
SO_4^{2-}	0.230	0.043	3.1	−1010	−1145	−1080
PO_4^{3-}	0.238	0.054	4.5	−2153	−2835	−2756

与 H^+水合焓的计算相似，水合氢离子的标准摩尔生成吉布斯自由能为 $-1056\ kJ \cdot mol^{-1}$。在此基础上，其他离子的水合吉布斯自由能可通过实验获得。

5. 离子水合熵

将 1 mol 离子从 1atm(1 atm = 1.01325×10^5 Pa)的标准气态溶入质量摩尔浓度为 $1\ mol \cdot kg^{-1}$ 的标准溶液时，其过程的熵变[24]定义为离子的水合熵

$$\Delta\overline{S}^{\ominus} = \overline{S}^{\ominus}(aq) - S^{\ominus}(g) \tag{1-19}$$

式中，$\overline{S}^{\ominus}(aq)$ 为标准水合偏摩尔熵，可通过下列反应的熵变获得：

$$X(ss) + z\,H^+(aq) \longrightarrow X^{z+}(aq) + (z/2)H_2(g)$$

X(ss)是标准态的纯物质(未解离)。对于水合离子，其理想状态的质量摩尔浓度为 $1\ mol \cdot kg^{-1}$。

根据统计力学萨库尔(O. Sackur)和特罗德(H. Tetrode)公式[25-26]，在 25℃和 1 atm 下，单原子气体的熵为

$$S^{\ominus}(g) = 6.864\lg M + 26.0\,(cal \cdot K^{-1}) \tag{1-20}$$

式中，M 为单原子气体的原子量，对于氢离子气体，$M = 1$；1cal = 4.184 J。

与水合焓和水合吉布斯自由能的计算相似，水合氢离子的熵 $S^{\ominus}(H^+,aq) = -5.5\ J \cdot K^{-1} \cdot mol^{-1}$。在此基础上，通过实验的方法可以得到其他离子的水合熵。例如，文献[24]、[27]中列出了常见阳离子和阴离子的水合熵，其结果显示离子水合熵均为负值，表明离子的电场作用限制了周围水分子的自由运动。对于同族离子，原子量增加，离子半径随之上升，离子和水分子间的静电作用变小，离子水合熵上升(负值减小)。对于原子量相近的离子，如 Na^+、Mg^{2+}和 Al^{3+}，随着电荷的增加，电场强度随之增大，更多水分子失去运动自由度，离子水合熵急剧降低。

1.3 非缔合式电解质理论

非缔合式电解质理论也称强电解质离子互吸理论，由德拜(P. J. W. Debye，1884—1966)和休克尔(E. A. A. J. Hückel，1896—1980)等建立。在离子处于平衡静态时，德拜-休克尔理论能够定量地表达稀释溶液的许多性质，如活度系数、凝固点降低、渗透压、稀释热等。在离子的动态状态方面，昂萨格(L. Onsager，1903—1976)等的理论能够定量说明稀释溶液的电导、黏度、扩散等微观性质。1973 年开始，皮策(K. S. Pitzer，1914—1997)等根据统计力学原理发展了德拜-休克尔理论，使电解质溶液理论可以用于 $6\ mol \cdot L^{-1}$ 的高浓度电解质溶液中，但高浓度溶液电导等仍然没有理论能圆满解释。

1.3.1 非缔合式电解质离子互吸理论

非缔合式电解质中没有正、负离子的缔合对，虽然真正的非缔合式电解质并不多，但绝大部分电解质溶液在稀溶液范围内缔合效应并不明显，因此非缔合式电解质理论也十分重要。

1. 德拜-休克尔理论

1921 年，路易斯(G. N. Lewis，1875—1946)等[28]首次凭经验描述了电解质溶液的热力学行为。1923 年德拜和休克尔将化学和物理学中的静电学结合，提出了强电解质离子互吸理论。该理论假设强电解质完全解离，因而又称为非缔合式电解质离子互吸理论。

德拜

休克尔

昂萨格

皮策

路易斯

该理论的基本假设是：任何浓度的电解质完全解离；离子为点电荷，电荷不发生极化，离子电场为球形对称；在离子间的相互作用中，只有库仑力起重要作用，其他分子间力都可以忽略；由离子相互作用而产生的吸引能小于它的热运动能；溶液的相对介电常数和溶剂的相对介电常数相等，即完全忽略加入电解质后溶剂相对介电常数的变化。

德拜和休克尔提出了离子氛的概念(图 1-15)，以一个阳离子作为中心离子，在其周围选取一个小的立方体空间，阴、阳离子间的静电吸引使得立方体内出现阴离子的概率比阳离子大，此小体积带部分负电荷。从统计力学出发，在阳离子周围存在一个球形对称的负电荷氛围，称为离子氛。离子氛的总电量与中心离子电量相等。同理，在一个阴离子周围也存在一个带正电的离子氛，即在强电解质溶液中，每一个中心离子周围都会形成一个带相反电荷的离子氛，同时每一个离子又对构成另一个或若干个其他离子的离子氛做出贡献。

离子氛及被它包围的中心离子呈电中性，因此溶液中各个离子氛之间无静电作用。德拜和休克尔通过离子氛模型，成功地将电解质溶液离子间复杂的相互作用简化为各中心离子与其周围离子氛的静电引力。

2. 德拜-休克尔-昂萨格理论

1927 年，昂萨格在德拜和休克尔提出的离子氛模型的基础上，将德拜-休克尔理论应用到外加电场作用下的电解质溶液，认为：中心离子运动速率降低所导致的摩尔电导率下降的现象，是由于离子的运动受到摩擦力(friction force)、阻滞力(retardation force)和电泳力(electrophoresis force)(图 1-16)。

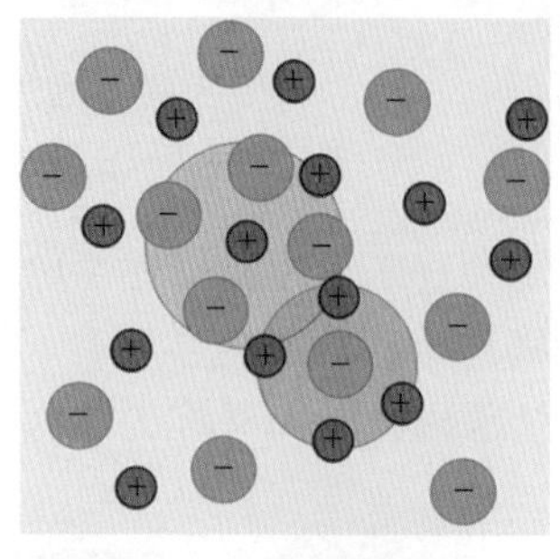

图 1-15　离子氛模型

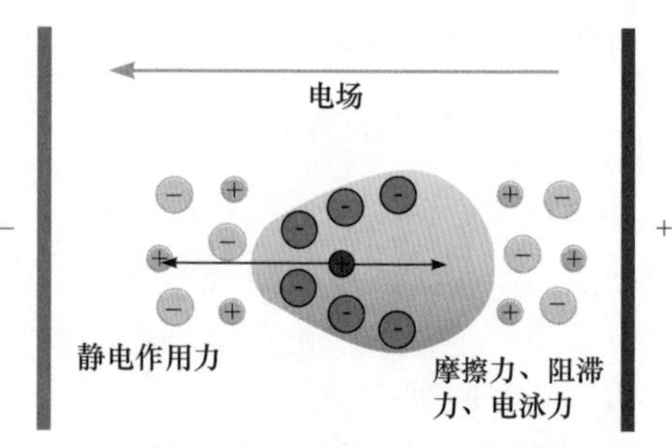

图 1-16　外电场下的离子氛模型

阻滞力：在外电场作用下，中心离子和相应离子氛的迁移方向相反，在运动中旧的离子氛受到破坏，新的离子氛又要形成，这一过程无法立即完成。因此，运动的中心离子的后面总有一些反号的过剩电荷，使得它的移动要受到由此产生的库仑力的阻碍作用。

电泳力：溶液中的全部离子是溶剂化的，在外加电场作用下，中心离子与反电荷的离子氛都要带着溶剂化分子一起反方向移动，从而增加了黏滞力，即额外摩擦力，也称电泳力。电泳力阻碍了离子的运动，导致离子的迁移速率和摩尔电导率降低，这种阻碍作用称为电泳效应。

1.3.2　离子溶剂化理论

溶剂化是指溶质分子或离子周围被溶剂分子层牢固包围的现象。溶剂分子层是溶质和溶剂分子间相互作用力的结果。水溶液中，溶剂化也称水化。图 1-17 展示了离子和偶极溶剂分子之间的相互作用[29]。

德拜-休克尔理论中的溶剂分子被看作不变的连续介质，不仅忽略了离子本身的结构、离子水化作用、溶剂化等对离子间的相互作用的影响，也忽略了离子间静电作用和介质相对介电常数的影响。这些作用在稀溶液中的影响可以忽略，但对于高浓度溶液，一方面溶剂化既改变了溶质的浓度，也改变了离子的性质；另一方面，溶质也影响溶剂性质。因此对高浓度电解质溶液，溶剂和溶质同样重要。

从 1948 年起，斯托克斯(R. H. Stokes，1918—2016)和罗宾逊(R. A. Robinson，1904—1979)将溶剂化理论应用到单一电解质水溶液[30]。他们认为溶液中离子与一部分溶剂紧密结合，形成水合离子。在稀溶液中，被离子水合的水很少，随着浓度增大，水合水的比例逐渐增大。与离子紧密结合的水合水不能当作自由溶剂对待，因此水合作用会增大离子的有效浓度，当这一倾向大于离子互吸作用时，活

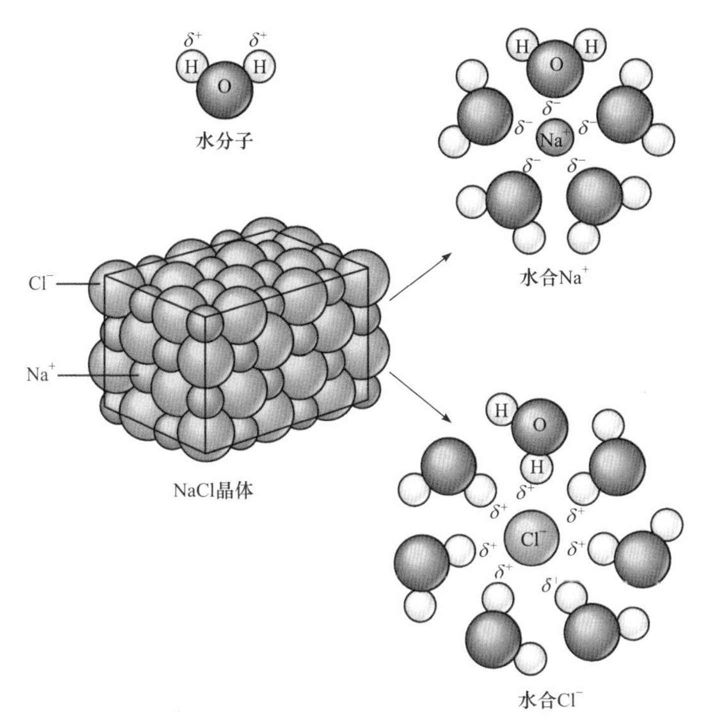

图 1-17　离子在偶极分子溶剂中的溶剂化

度系数将由减小转为增大。该模型通过关联活度系数得到水化数，具有清晰的物理意义，但假设离子水化数与离子浓度无关，因此只适用于稀溶液。1973 年，斯托克斯和罗宾逊进一步提出离子逐级水化理论[31]，假定水溶液中离子的平均水化数随离子浓度而变化，离子浓度增加，水分子数减少，离子水化数也随之减少。该理论可适用于高浓度的电解质溶液，但较为复杂。

将离子水化理论应用到强电解质溶液中，水活度的计算结果与实验结果相符合，但对于弱电解质、非电解质和存在缔合的电解质溶液，该理论应用较少[32]。

1.4　离子缔合

离子缔合(ionic association)是指两个异号电荷离子相互接近至某一距离形成离子对的过程。离子对是由两个溶剂化异号电荷离子以库仑力相互吸引所形成的。电导、溶剂蒸气压、拉曼光谱和核磁共振等都证明，即使是强电解质，在低介电常数溶剂中也存在离子缔合[33]。1926 年，卜耶隆(N. J. Bjerrum，1879—1958)[34]提出了离子缔合理论。该理论假定：两个带相反电荷的离子彼此接近到某一临界距离，它们之间的库仑吸引能大于热运动能时，便形成离子对。这样的离子对具有一定的稳定性，溶剂分子的碰撞不足以破坏该离子对。如果这两个离子来自对称的(1∶1 或 2∶2 价)电解质，形成的离子对没有净电荷，只有偶极矩，则不能导电。如果离子来自非对称的(1∶2 或 1∶3 价)电解质，则形成新的缔合离子。该离子仍能导电，也能与不同电荷的离子相互作用，但其电导和相互作用力比分开的正、负离子小。因此，对于对称的或非对称的电解质溶液，离子缔合都会降低溶液电导。除浓度外，溶剂的介电常数、离子半径等因素也会对离子对的形成产生影响。溶剂的相对介电常数和离子半径越小，离子间的互吸作用越强，生成离子对的可能性越大。

根据离子溶剂化的程度不同，离子之间除形成离子对外，三个离子还可缔合成三离子物，更多离子可缔合成离子簇团。通常，离子对可分为三类(图 1-18)。

(1) 接触的离子对：正、负离子通过静电引力作用直接接触。

(2) 共用溶剂的离子对：正、负离子通过共用溶剂分子结合。

(3) 溶剂分隔的离子对：每个离子有自己的溶剂化层，水合的正、负离子被一个或多个溶剂分子分开。

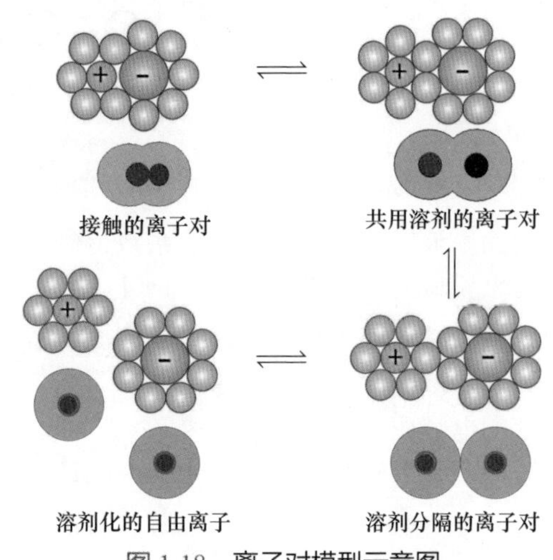

图 1-18　离子对模型示意图

尽管水的相对介电常数很大，但水中的离子仍会发生缔合现象。根据卜耶隆的理论，正、负离子互相接近发生缔合时，离子间的平均距离 q 可通过下式计算：

$$q = \frac{\left|z_+ z_-\right| e^2}{2\varepsilon_r k_B T} \tag{1-21}$$

式中，z_+、z_-分别为正、负离子的价态；e 为单位电荷的电量；ε_r 为相对介电常数；k_B 为玻尔兹曼常量；T 为热力学温度。对于 25℃的水，$q = 3.57|z_+z_-|$。卜耶隆假定：当正、负离子间距小于 q 时，它们形成未解离的离子对；反之，它们是自由离子。离子对不是分子，因为纯粹的静电力不能形成分子，一个电解质可以有百分之百

的离子化，但不一定能完全解离[35]。电导实验证明，高价盐在低介电常数溶剂中普遍存在离子对，与卜耶隆离子缔合理论非常吻合。

该理论也存在明显的缺点。首先，缔合作用力完全是静电作用力，它不能形成共价键分子，那么对于溶液中的阴、阳离子来自共价键分子(如酸和许多有机碱)，该理论就不再适用；其次，正、负离子不一定存在物理接触，尤其是在高价电解质中；此外，卜耶隆理论中，q 被认为是离子缔合或是自由离子的一个突变点，这与正、负离子形成离子对(或相反)是一个连续过程相矛盾[35]。

为了克服上述缺点，也有一些新的离子缔合的理论，主要有 Lee-Wheaton 理论[36-38]和 Fuoss 理论[39-40]，这两个理论均为考虑离子缔合的电导理论，克服了卜耶隆理论的缺点，也更适用于较高浓度的电解质溶液。

1.5 电解质的活度

实际溶液与理想溶液的性质是有偏差的。在实际溶液中，各物质可以相互影响。偏摩尔自由能 $\left(\dfrac{\partial G}{\partial n_i}\right)_{T,p,n_{j,i}}$ 表示在定温定压下 n_j 一定时自由能随组分物质的量的变化率，称为 i 组分的化学势，用μ_i表示。

路易斯用下面的公式定义活度：

$$\mu_i = \mu_i^{\ominus} + RT\ln a_i \tag{1-22}$$

式中，a_i 为 i 组分的活度，$\mu_i^{\ominus}$ 为组分 i 在温度 T 下的标准化学势，即 $a_i = 1$ 时μ_i的值。

活度可以表示出离子间相互作用对离子化学作用能力的影响。因此，活度可以描述为：在被研究的溶液体系中，某一组分的活度是该组分在化学反应中起作用的有效浓度或表观浓度。例如，0.1 $mol \cdot kg^{-1}$ 的 HCl 溶液中，H^+和 Cl^-的活度等于 0.0814 $mol \cdot kg^{-1}$。也就是说，H^+和 Cl^-对于化学反应的作用，好似它们的浓度不是 0.1 $mol \cdot kg^{-1}$，而是 0.0814 $mol \cdot kg^{-1}$。

浓度通常可以采用的单位有质量摩尔浓度(m)、摩尔浓度(c)和摩尔分数(x)。对于电解质水溶液的热力学计算，常采用的单位是质量摩尔浓度 m($mol \cdot kg^{-1}$)，在无相变的条件下，其与温度和压力无关。这三种浓度单位之间的换算关系如下(d 为溶液密度)：

$$m = \frac{c}{d - 0.001cM_B} \qquad m = \frac{1000x_B}{x_A M_A} \tag{1-23}$$

$$x_B = \frac{0.001cM_A}{d + 0.001c(M_A - M_B)} \qquad x_B = \frac{0.001mM_A}{1 + 0.001mM_A} \tag{1-24}$$

$$c = \frac{md}{1 + 0.001mM_B} \qquad c = \frac{1000dx_B}{x_AM_A + x_BM_B} \tag{1-25}$$

1.5.1 活度和活度系数

活度与离子浓度的比率称为活度系数，即在被研究的溶液体系中，某一组分的活度可定义为它的浓度乘以活度系数。当浓度用不同方式表示时，活度系数分别用f、γ或y表示，即

$$a_x = x \cdot f \tag{1-26}$$

$$a_m = m \cdot \gamma \tag{1-27}$$

$$a_c = c \cdot y \tag{1-28}$$

溶质 i 的化学势与浓度的表示方法无关，由以上关系可得这三种活度系数之间的关系：

$$\frac{y}{\gamma} = \frac{md_A}{c} \tag{1-29}$$

和

$$\frac{f}{\gamma} = 1 + 10^{-3}mvM_A \tag{1-30}$$

式中，d_A为纯溶剂 A 的密度；M_A为纯溶剂 A 的分子量；v 为 1 mol 物质在溶液中所产生离子的物质的量(例如，对于 $CaCl_2$，$v = 3$ mol)。若溶质的浓度很小，f、γ、y的数值相同。对于很浓的溶液，必须对这三种浓度表示的活度系数加以区别。

溶液中电解质离子与溶剂形成溶剂化离子，使其活度降低，但由于电解质存在，溶液的相对介电常数减小，当电解质浓度达到某一极限($m > 3\ \text{mol} \cdot \text{kg}^{-1}$)时，相对介电常数的变化和溶剂本身活度的变化会使活度系数上升。因此，电解质的活度可以大于它的浓度，活度系数大于 1。

平均活度 $a_\pm$和平均活度系数$\gamma_\pm$分别用电解质各离子活度或活度系数的几何平均值求得。若

$$M_mN_n \rightleftharpoons mM^{n+} + nN^{m-}$$

则电解质的平均活度为

$$a_\pm^{m+n} = a_+^m a_-^n \tag{1-31}$$

或

$$a_\pm = (a_+^m a_-^n)^{\frac{1}{m+n}} \tag{1-32}$$

而平均活度系数为

$$\gamma_{\pm} = (\gamma_{+}^{m} \gamma_{-}^{n})^{\frac{1}{m+n}} \tag{1-33}$$

表 1-9 列出了 298 K 时水溶液中电解质的平均活度系数$\gamma_{\pm}$值。

表 1-9　298 K 时水溶液中电解质的平均活度系数$\gamma_{\pm}$值

$m/(\mathrm{mol \cdot kg^{-1}})$	HCl	NaCl	KCl	HBr	NaOH	H_2SO_4
0.001	0.966	0.966	0.966	—	—	—
0.005	0.30	0.928	0.927	0.930	—	0.643
0.01	0.906	0.903	0.903	0.906	0.899	0.545
0.05	0.833	0.821	0.816	0.838	0.805	0.341
0.10	0.798	0.778	0.770	0.805	0.759	0.266
0.50	0.769	0.679	0.652	0.790	0.681	0.155
1.00	0.811	0.650	0.607	0.871	0.667	0.130
2.00	1.011	0.670	0.577	—	0.685	0.125

数据来源：Latier W M. 1938. The Oxidation States of the Elements and Their Potentials in Aqueous Solution. New York: Prentice Hall, Inc.; Harned H S, Owen B B. 1943. The Physical Chemistry of Electrolytic Solutions. New York: Reinhold Publishing Corporation.

活度和活度系数既与离子浓度有关，又与离子价态有关。为了表示活度系数与浓度的关系，尤其是有其他电解质存在时，路易斯引入了离子强度的概念。离子强度是溶液中存在的离子所产生的电场强度的量度，用 I 表示。其定义是：存在于溶液中的每一种离子的浓度(m)与离子电荷数(z)的平方乘积所得各项之和的一半，即

$$I = \frac{1}{2}\sum_{i} m_i z_i^2 \tag{1-34}$$

路易斯从大量实验结果发现，在具有相同离子强度的稀溶液中，强电解质的活度系数大致相同。

1.5.2　活度系数理论

电解质溶液的活度系数理论非常多，本节简要介绍应用最为广泛的德拜-休克尔理论和皮策理论中的活度系数表达方式。

1. 德拜-休克尔理论

这个理论假定离子间相互作用力主要是静电库仑引力，离子在静电引力下的分布遵从玻尔兹曼公式。根据该理论，离子平均活度系数表述如下[32,41-42]

$$\lg\gamma_{\pm}=\frac{-A|z_{+}\cdot z_{-}|\sqrt{I}}{1+aB\sqrt{I}} \tag{1-35}$$

式中，a为离子的最近距离，Å。a可以近似地看作正、负离子的有效半径之和，并假设正、负离子是直径为a的圆球，a又称为离子的平均直径。

$$A=\frac{1.8246\times10^{6}}{(\varepsilon T)^{3/2}} \tag{1-36}$$

$$B=\frac{50.29}{(\varepsilon T)^{1/2}} \tag{1-37}$$

式中，ε为溶剂的相对介电常数；T为热力学温度。在25℃的水溶液中，$\varepsilon = 78$，可得$A = 0.5115$，$B = 0.3291$。式(1-35)称为德拜-休克尔的半经验公式。式中a值尚未准确测出，一般认为离子的平均直径约为 0.3 nm，在高度稀释的溶液中，$aB\sqrt{I}\ll1$，可以忽略，可得到德拜-休克尔的极限公式：

$$\lg\gamma_{\pm}=-A|z_{+}\cdot z_{-}|\sqrt{I} \tag{1-38}$$

根据式(1-38)，可计算出水溶液中单个离子的活度系数。表1-10给出了298 K时水溶液中部分离子的活度系数。在稀溶液中，即当$I<0.01\ \mathrm{mol\cdot kg^{-1}}$时，无需考虑离子大小，活度系数可按极限公式计算。应指出，活度和活度系数均随温度有微小的变化。例如，1 $\mathrm{mol\cdot kg^{-1}}$氯化钠溶液$a_{\pm}$在0℃时为0.64，在25℃时为0.68(达到最大值)，而在100℃时为0.62。

表1-10　298 K时水溶液中部分离子的活度系数

离子	离子强度/ $\mathrm{mol\cdot kg^{-1}}$			
	0.005	0.01	0.05	0.1
H^{+}	0.934	0.914	0.854	0.825
Li^{+}, $C_6H_5COO^{-}$	0.930	0.907	0.834	0.796
Na^{+}, IO_3^{-}, HSO_3^{-}	0.927	0.904	0.817	0.770
K^{+}, Cl^{-}, Br^{-}, I^{-}, NO_3^{-}, NO_2^{-}	0.925	0.899	0.807	0.754
Rb^{+}, Cs^{+}, NH_4^{+}, Ag^{+}	0.925	0.897	0.802	0.745
Mg^{2+}, Be^{2+}	0.755	0.690	0.517	0.446
Ca^{2+}, Cu^{2+}, Zn^{2+}, Ni^{2+}, Co^{2+}	0.748	0.676	0.484	0.402
Sr^{2+}, Ba^{2+}	0.743	0.669	0.465	0.377
SO_4^{2-}, CrO_4^{2-}	0.740	0.660	0.445	0.351
Al^{3+}, Fe^{3+}, Cr^{3+}	0.540	0.445	0.242	0.180
PO_4^{3-}	0.505	0.395	0.162	0.095

很多学者对德拜-休克尔公式进行改进，以扩大其浓度适用范围。例如，古根海姆(E. A. Guggenheim，1901—1970)[43]在德拜-休克尔公式的基础上，假定 $Ba = 1$ 并增加一个线性浓度项 bI，浓度范围可扩大至 0.1 mol · kg^{-1} 左右。B 为调节参数，该项可认为是除库仑力外的其他作用力的修正项。

$$\lg\gamma_{\pm} = \frac{-A\left|z_{+}\cdot z_{-}\right|\sqrt{I}}{1+\sqrt{I}} + bI \tag{1-39}$$

2. 皮策理论

德拜-休克尔理论简单，参数意义清晰，但其浓度适用范围有限，且仅适用于单一电解质水溶液体系。1973 年，皮策[44-45]在德拜-休克尔公式的基础上增加了第二位力系数和第三位力系数的经验表达，提出了扩展的德拜-休克尔公式，但此公式仅适用于 6 mol · kg^{-1} 的溶液体系。后来，皮策连续发表论文[46-50]，从过量吉布斯自由能出发，导出了渗透系数和活度系数的计算公式，并回归了 280 多种单一电解质水溶液及部分混合电解质水溶液的参数，得到的计算结果与实验值非常吻合，适用的浓度范围也很广。这也是目前使用最广泛和最成功的描述电解质水溶液的热力学模型之一[33]。

在皮策理论中，电解质体系的非理想行为可用活度系数、渗透系数或过量吉布斯自由能描述。以质量摩尔浓度为单位的 1∶1 型电解质的过量吉布斯自由能(G^{E})可用下式表达：

$$G^{\mathrm{E}}/(n_{\mathrm{w}}RT) = f^{\mathrm{Gx}} + 2m^{2}B^{\mathrm{Gx}} + 2m^{3}C^{\mathrm{Gx}} \tag{1-40}$$

其中

$$f^{\mathrm{Gx}} = -4A_{\varphi}I\cdot\ln(1+bI^{1/2})/b \tag{1-41}$$

$$B^{\mathrm{Gx}} = \beta^{(0)} + 2\beta^{(1)}[1-\mathrm{e}^{-\alpha I^{1/2}}(1+\alpha I^{1/2})]/\alpha^{2}I \tag{1-42}$$

$$C^{\mathrm{Gx}} = 0.5C^{\varphi} \tag{1-43}$$

平均活度系数($\gamma_{\pm}$)的计算公式如下：

$$\ln\gamma_{\pm} = f^{\gamma} + mB^{\gamma} + m^{2}C^{\gamma} \tag{1-44}$$

其中

$$f^{\gamma} = -A_{\varphi}[I^{1/2}/(1+bI^{1/2}) + 2\ln(1+bI^{1/2})/b] \tag{1-45}$$

$$B^{\gamma} = 2\beta^{(0)} + 2\beta^{(1)}/\alpha^{2}I[1-\mathrm{e}^{-\alpha I^{1/2}}(1+\alpha I^{1/2}-\alpha^{2}I/2)] \tag{1-46}$$

$$C^{\gamma} = 1.5C^{\varphi} \tag{1-47}$$

由渗透系数与过量吉布斯自由能的关系可得渗透系数的表达式为

$$\varphi - 1 = f^{\varphi} + mB^{\varphi} + m^{2}C^{\varphi} \tag{1-48}$$

其中，第一项为长程静电项，表示为

$$f^{\varphi}=-A_{\varphi}[I^{1/2}/(1+bI^{1/2})] \tag{1-49}$$

$$B^{\varphi}=\beta^{(0)}+\beta^{(1)}\exp(-\alpha I^{1/2}) \tag{1-50}$$

式中，n_w为溶剂(水)的质量，kg；R 和 T 分别为摩尔气体常量和热力学温度；m 为电解质在溶剂中的质量摩尔浓度；I 为溶液离子强度，$I=\frac{1}{2}\sum m_i z_i^2$，其中 z_i 为离子 i 的价态；A_φ 为渗透系数的德拜-休克尔系数，由溶剂的性质和温度决定，对于 1∶1 电解质，$A_{\varphi}=1.4006\times10^6 d^{1/2}/(\varepsilon_r T)^{3/2}\mathrm{kg}^{1/2}\cdot\mathrm{mol}^{-1/2}$，其中 d 和ε_r分别为溶剂密度和相对介电常数；$\beta^{(0)}$、$\beta^{(1)}$、C^{φ}为模型参数，前两者表示二元离子相互作用参数，后者表示三元离子相互作用参数，它们可通过实验数据回归得到，单位分别为 $\mathrm{kg\cdot mol^{-1}}$、$\mathrm{kg\cdot mol^{-1}}$ 和 $\mathrm{kg^2\cdot mol^{-2}}$。

皮策理论应用广泛，但也有如下缺点：①对于两组分和三组分离子相互作用，它同时需要二元和三元参数；②由于皮策理论的经验性，不能很好地表示二元、三元参数与温度之间的关系；③皮策理论以质量摩尔浓度为单位，仅适用于稀的、中等溶解度的电解质溶液。

思考题

1-3　根据德拜-休克尔理论，电解质的活度系数随离子强度的增大而减小。请思考电解质的活度系数随浓度的变化关系。

1.6　电解质溶液的电导

电解质溶液导电主要依靠离子的定向运动，也称为离子导体。电解质溶液能够导电传递电荷，主要是由于它能解离，解离后的正、负离子在电场的作用下定向运动，正离子移向阴极，而负离子移向阳极，并且在两极分别进行还原与氧化反应。可见，电解质溶液必须在电场的作用下才能导电，且离子做定向移动与发生电极反应同时发生。一般而言，阴离子在阳极上失去电子发生氧化反应，失去的电子经外线路流向电源正极；阳离子在阴极上得到外电源负极提供的电子发生还原反应，进而整个电路有电流通过。回路中的任一截面，无论是金属导线、电解质溶液，还是电极与溶液之间的界面，在相同时间通过的电量相等。

电解质溶液中的离子在没有外力的作用时，时刻都在进行着杂乱无章的热运动，在一定时间间隔内，粒子在各方向上的总位移为零；在外力作用下，离子沿着某一方向移动的距离将比其他方向大，因此产生了一定的净位移。如果离子是在外电场力作用下发生的定向移动，称为电迁移(electromigration)。离子的电迁移不但是物质的迁移，也是电荷的迁移，所以离子的电迁移可以在溶液中形成电流。正、负离子沿着相反的方向迁移，但其导电效果相同，即正、负离子沿着同一方向导电。电解质溶液的导电过程必须既有电解质溶液中离子的定向迁移过程，又有电极上物质发生化学反应的过程，两者缺一不可。

1.6.1 电导和电导率

表征电解质溶液导电性质的物理量有电导、电导率、摩尔电导率等。物体导电的能力通常用电阻(resistance，单位为欧姆，Ω)R 来表示，而对于电解质溶液，其导电能力则用电阻的倒数，即电导(electric conductance)G 来表示，$G = 1/R$。电导的单位为 S(西门子)或 Ω^{-1}。根据欧姆定律及电导与电阻的相关关系可得

$$G = R^{-1} = \frac{I}{U} \tag{1-51}$$

式中，U 为外加电压，V；I 为电流，A。

电导率(conductivity)κ 是电阻率(resistivity)的倒数，即

$$\kappa = \frac{1}{\rho} \tag{1-52}$$

电导率 κ 是电解质溶液导电能力的量度，单位为 $\Omega^{-1} \cdot m^{-1}$。

电解质溶液电导的大小与两个因素有关，一是单位体积内的离子数，二是离子运动的速度。凡是与这两个因素有关的都将影响溶液的导电能力，归纳起来主要有以下几方面：

(1) 电解质的影响。不同的电解质即使在相同的条件下也有不同的导电能力，这是因为电解质不同，离子所带电荷不同，离子的半径不同，离子水化程度也不同。一般来说，离子所带电荷越多，离子的半径越小，电导率越大；离子的水化能力越强，水化后的离子半径越大，电导率越小。

(2) 温度的影响。温度越高，溶液的导电能力越强。温度越高，不仅离子运动速度越快，而且溶液的黏度越低，离子的水化程度下降，电导率增大；反之，降低温度，电导率降低。一般情况下，温度每升高 1 K，溶液的电导率增加 2%～2.5%。

(3) 浓度的影响。同一种溶液，浓度不同，电导率不同(图 1-19)。由图可知，在浓度较低的范围内，电导率随浓度增高而增大，当浓度增至某一值时，电导率出现极大值，继续增加浓度，电导率下降。大多数强电解质都具有类似的变化规律。在达到极大值以前，电导率随浓度的增加而增大，这是由于溶液中浓度较低，离子间的距离较大，离子之间的静电作用力较小，增加浓度使得离子数目增多，电导率增大；达到极大值后，继续增加浓度，离子之间的距离减小，静电作用起主要作用，降低了离子的运动速度，故继续增大浓度会使电导率下降。对于 KCl 等饱和溶解度较小的盐，其溶液的电导率主要受浓度影响。对于弱电解质溶液，

如 CH_3COOH，因浓度增加其解离度下降，使得粒子数目变化不大，所以其溶液电导率随浓度变化不显著。

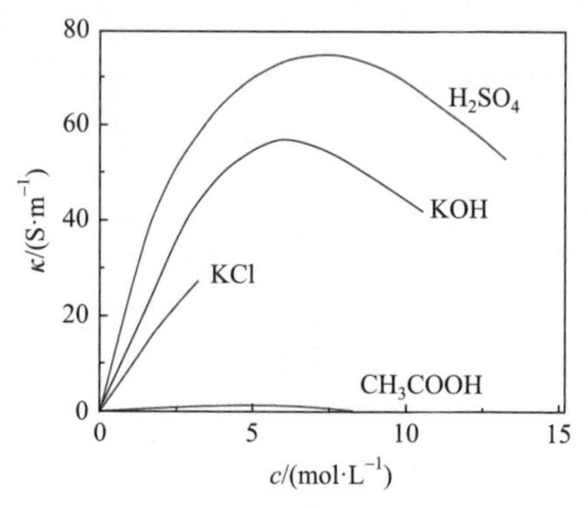

图 1-19　电解质电导率随浓度的变化

1.6.2　摩尔电导率

为了比较不同类型电解质的导电能力，引入了摩尔电导率这一概念[51-52]。摩尔电导率(molar conductivity)Λ_m是指将含有1 mol电解质的溶液置于相距为单位距离的电导池的两个平行电极之间时的电导。虽然对不同的电解质均取 1 mol，但所取溶液的体积 V_m将随浓度而改变。设 c 是电解质溶液的浓度(单位为 $mol\cdot m^{-3}$)，含 1 mol 电解质的溶液的体积 V_m则等于 $1/c$。摩尔电导率 Λ_m 与电导率 κ 之间的关系为

$$\Lambda_m = \kappa V_m = \frac{\kappa}{c} \tag{1-53}$$

式中，κ 的单位为 $S\cdot m^{-1}$，c 的单位为 $mol\cdot m^{-3}$，摩尔电导率 Λ_m 的单位为 $S\cdot m^2\cdot mol^{-1}$。

假定电解质均是 1 mol，对于弱电解质，如 1 mol HAc，HAc 部分解离，参与导电的 H^+和 Ac^-的数目 $n = c\alpha V$(α为解离度)。而对于强电解质，如 1 mol HCl，电解质全部解离，参与导电的 H^+和 Cl^-数目均是 1 mol。电导率和摩尔电导率与浓度的关系总结如表 1-11 所示[53]。

表 1-11　电导率和摩尔电导率与浓度的关系

两者关系	κ 与 c 的关系($V = 1\ m^3$ 单位立方体溶液)		Λ_m 与 c 的关系(电解质物质的量 $n = 1$ mol)	
电解质	强电解质	弱电解质	强电解质	弱电解质
参与导电离子数	$n = cV = c$ mol 随 c 增大而增多	$n = c\alpha V = c\alpha$ mol	$n = cV = 1$ mol c 下降，V 增大，反之亦然	$n = c\alpha V = \alpha$ mol

续表

两者关系	κ 与 c 的关系(V = 1 m³ 单位立方体溶液)		Λ_m 与 c 的关系(电解质物质的量 n = 1 mol)	
离子间相互作用	当 c 增加到一定程度，在 V = 1 m³ 立方体溶液中，离子间相互作用力明显增大，离子定向迁移速率降低	c 增大，α降低，则 $c\alpha$变化不大。离子间相互作用不显著	c 下降，V 增大(随浓度变化，离子间距离发生变化)，离子间距离增大，彼此间的作用力减小，离子定向迁移速率加快。不同价型的电解质离子间引力不同，变化程度不同	随 c 降低，α增大，当 $c \to 0$ 时，$\alpha \to 1$，导电离子数急剧增多。离子间相互作用不显著
结果	开始随 c 增大而增大，一定程度后开始降低	随 c 变化不大	随 c 降低而增大，一定程度后接近一定值	在低浓度范围内增加很多

κ 随浓度的变化是在 1 m³ 的立方体溶液中参与导电离子数目以及离子间相互作用的结果；Λ_m 是 1 mol 电解质中参与导电的离子数目以及离子之间相互作用的结果。因此，当浓度降低时，粒子之间相互作用力减弱，正、负离子的运动速率增加，摩尔电导率增加。当浓度降低到一定程度后，强电解质的摩尔电导率值几乎保持不变。一些电解质在水溶液中的摩尔电导率随浓度的变化如图 1-20 所示[52]。

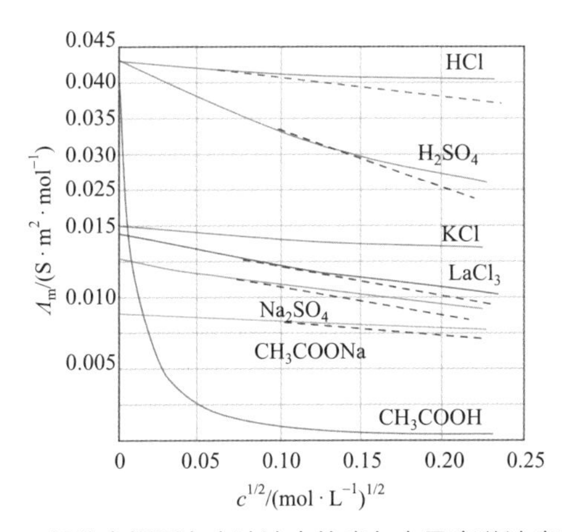

图 1-20　**部分电解质在水溶液中的摩尔电导率随浓度的变化**

由图 1-20 可以看出：①摩尔电导率随浓度的降低而增加，当浓度降低到一定程度后，强电解质的摩尔电导率值接近一定值，而弱电解质的值仍在继续变化。②由于不同价态的电解质离子之间的吸引力不同，同一浓度区间内，浓度降低会影响静电引力，各电解质 Λ_m 值的变化程度也不同。

科尔劳施(F. Kohlrausch，1840—1910)根据实验结果发现，如以 c 的值为横坐标，以 Λ_m 的值为纵坐标作图，则在浓度极低时，强电解质的 Λ_m 与 c 几乎呈线性关系，这种函数关系的单调性有利于讨论不同类型不同浓度的电解质溶液的导电能力。

溶液电导的数据应用很广泛[52]。例如，可以用于检验水的纯度。水微弱的解离使其具有一定的导电能力。理论上纯水的电导率应为 $5.5\times10^{-6}\,\mathrm{S\cdot m^{-1}}$，普通蒸馏水的电导率约为 $1\times10^{-3}\,\mathrm{S\cdot m^{-1}}$，去离子水的电导率小于 $1\times10^{-4}\,\mathrm{S\cdot m^{-1}}$。在半导体工业或涉及电导测量的研究中，需要高纯度的水，即电导水，水的电导率要求小于 $1\times10^{-4}\,\mathrm{S\cdot m^{-1}}$。所以只需测定水的电导率即可判断其纯度是否符合要求。另外，通过电导的数值还可测定弱电解质的解离常数、难溶盐的溶解度等。

1.7 离子在溶液中的迁移

电解质溶液的摩尔电导率和离子摩尔电导率都与离子的电迁移有关。离子的电迁移反映了离子在电场作用下的运动特性。

离子在电场中运动的速率除了与离子的本征属性(包括离子半径、离子水化程度、所带电荷等)和溶剂的性质(如黏度等)有关外，还与电场的电位梯度(electric potential gradient) $\mathrm{d}E/\mathrm{d}l$ 有关。电位梯度越大，离子运动的驱动力也越大，离子运动速率[52]可写作：

$$r_+ = u_+\frac{\mathrm{d}E}{\mathrm{d}l} \qquad r_- = u_-\frac{\mathrm{d}E}{\mathrm{d}l} \tag{1-54}$$

系数 u_+和 u_-相当于单位电位梯度($1\,\mathrm{V\cdot m^{-1}}$)时离子的运动速率，称为离子迁移率(ionic mobility)，又称离子淌度。当长度单位为 m 时，离子迁移率单位为 $\mathrm{m^2\cdot s^{-1}\cdot V^{-1}}$。离子迁移率与温度、浓度等因素有关。

由于正、负离子移动速率不同，所带电荷不等，因此它们在迁移时分担的电荷量比例也不同。可以用离子迁移数来衡量迁移电荷量的不同。离子迁移数(ion transference number)t 定义为：当电流通过溶液时，阳离子或阴离子穿过某参考平面时(图 1-21)所带电流的百分数。

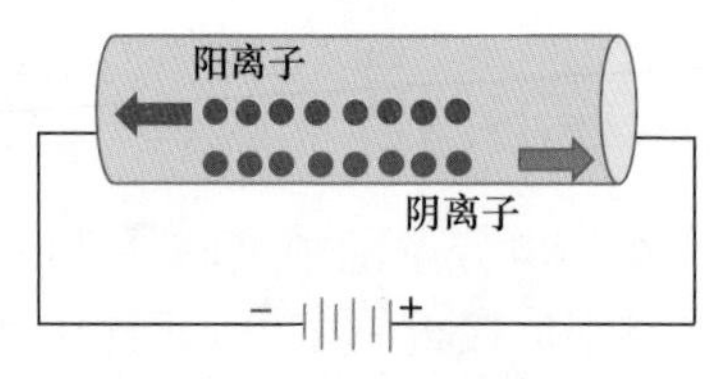

图 1-21　离子的电迁移

因而，迁移数可以表示为

$$t_i = \frac{i_i}{i} = \frac{c_i z_i u_i}{\sum_j c_j z_j u_j} \tag{1-55}$$

式中，t_i 为离子 i 的迁移数；i_i 为离子 i 所带的电流；c_i 为离子 i 的摩尔浓度，$\text{mol}\cdot\text{L}^{-1}$；$z_i$ 为离子 i 所带电荷；u_i 为离子 i 的迁移率，$\text{m}^2\cdot\text{s}^{-1}\cdot\text{V}^{-1}$。$t_i$ 的值可为正、负或零。

对所有离子来说，正离子的总迁移数等于负离子的总迁移数，即

$$\sum t_i = \sum t_+ + \sum t_- = 1 \tag{1-56}$$

在不同浓度的溶液中，由于离子间的相互作用、离子水化、离子缔合等作用不同，迁移数与浓度的变化关系也就不同。例如，在非缔合的 1∶1 型电解质水溶液中，离子的迁移数与浓度的关系如下：

(1) 若阳离子的极限迁移数 $t_+^0 \approx 0.5$，阳离子的迁移数 t_+ 随浓度的变化很小，如 K^+在 KCl 水溶液中。

(2) 若 $t_+^0 < 0.5$，t_+ 随浓度增加而减小，如 Li^+在 LiCl 水溶液中。

(3) 若 $t_+^0 > 0.5$，t_+ 随浓度增加而增大，如 H^+在 HCl 水溶液中。

在弱电解质溶液中，迁移数随浓度的变化远小于强电解质。

表 1-12 为 0.01 $\text{mol}\cdot\text{kg}^{-1}$ 溶液中离子迁移数与温度的变化关系。从表中可以看出，KCl 中 K^+的迁移数随温度的升高变化很小，所以可选作盐桥中的电解质以消除电池的液接电势。但氯化钠与盐酸中的阳离子的迁移数随温度的变化有明显的改变，Na^+的迁移数随温度的升高而增大。若离子(如 H^+)的迁移数大于 0.5，迁移数随温度的升高而减小。

表 1-12　温度对 **0.01 mol · kg⁻¹** 溶液中阳离子迁移数的影响

温度/℃	HCl	NaCl	KCl
0	0.845	0.387	0.493
18	0.833	0.397	0.496
30	0.822	0.404	0.498
50	0.801		

当溶液中有几种电解质同时存在时，溶液中所有离子的迁移数之和应等于 1。例如，向 HCl 溶液中加入 KCl，有

$$t_{H^+} + t_{K^+} + t_{Cl^-} = 1 \tag{1-57}$$

然而，溶液中 H^+的摩尔电导率比 K^+或 Cl^-大得多，HCl 中 H^+的迁移数也会远大于 Cl^-的迁移数。假设 HCl 的浓度为 $10^{-3}\,\text{mol}\cdot\text{L}^{-1}$，KCl 的浓度为 $1\,\text{mol}\cdot\text{L}^{-1}$，虽然

$$u_{K^+} = 6\times10^{-8}\,\text{m}^2\cdot\text{s}^{-1}\cdot\text{V}^{-1} \qquad u_{H^+} = 30\times10^{-8}\,\text{m}^2\cdot\text{s}^{-1}\cdot\text{V}^{-1}$$

实测的 $t_{K^+}/t_{H^+}=200$ 。也就是说，尽管 H^+的迁移率远大于 K^+，但在混合溶液中，H^+的迁移数仅为 K^+的 1/200。所以，电解质的某种离子迁移数总是受到其他电解质的影响。当其他电解质的含量非常大时，可使某种离子的迁移数减小至趋近于零。这种现象在电化学研究中有十分重要的意义。

1.8 锂离子电池中的电解质溶液

锂离子电池具有能量密度大、放电电压高、循环寿命长、易于维护保养等优点，目前已经占据移动电子设备领域的大部分市场份额。2019 年诺贝尔化学奖授予古迪纳夫(J. B. Goodenough，1922—2023)、惠廷厄姆(S. Whittingham，1941—)和吉野彰(Akira Yoshino，1948—)，以表彰他们在锂离子电池领域的贡献。

电解质是锂离子电池(图 1-22)的关键材料之一，被称为锂离子电池的“血液”，它的作用是在电池中正、负极之间传导电子，也是锂离子电池具有高电压、高比能量等优点的重要保证。

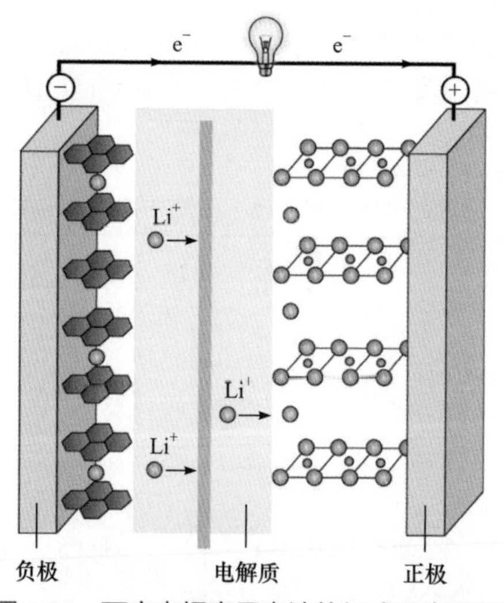

图 1-22 可充电锂离子电池的组成示意图[54]

锂离子电池电解液是电池中离子传输的载体[55-57]，一般由高纯度的有机溶剂、电解质锂盐和添加剂等原料在一定条件下、按一定比例配制而成，如图 1-23 所示。

电解质锂盐为电解液提供了大量的 Li^+载体，使得正、负极间 Li^+的迁移更加平稳快速。电解质的选用对锂离子电池的性能影响非常大，一方面需具有好的化学稳定性，尤其是在较高的电位下和较高温度环境中不易发生分解；另一方面需

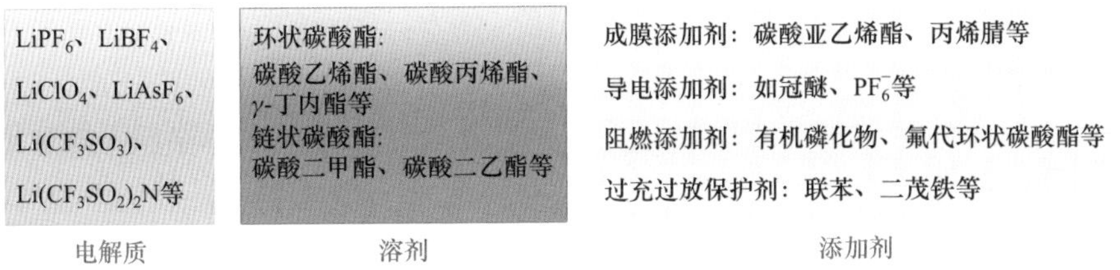

电解质	溶剂	添加剂
$LiPF_6$、$LiBF_4$、$LiClO_4$、$LiAsF_6$、$Li(CF_3SO_3)$、$Li(CF_3SO_2)_2N$等	环状碳酸酯: 碳酸乙烯酯、碳酸丙烯酯、γ-丁内酯等 链状碳酸酯: 碳酸二甲酯、碳酸二乙酯等	成膜添加剂: 碳酸亚乙烯酯、丙烯腈等 导电添加剂: 如冠醚、PF_6^-等 阻燃添加剂: 有机磷化物、氟代环状碳酸酯等 过充过放保护剂: 联苯、二茂铁等

图 1-23 锂离子电池电解液的构成

具有较高的离子电导率，且对阴、阳极材料必须是惰性的。由于锂离子电池充放电电位较高且阳极材料嵌有化学活性较大的锂，因此电解质必须采用有机化合物且不能含水。但有机物离子电导率低，一般需在有机溶剂中加入可溶解的导电盐以提高离子电导率。锂离子电池电解液对锂盐的要求主要有：①在有机溶剂中具有较高的溶解度；②阴离子具有较好的氧化稳定性；③易解离，使电解液具有较高的离子电导率；④对集流体无腐蚀性；⑤分解产物毒性低，环境友好；⑥易于制备和纯化，成本较低。目前广泛使用的电解质锂盐主要有 $LiClO_4$、$LiPF_6$、$LiAsF_6$、$LiBF_4$ 等无机盐类以及 $Li(CF_3SO_3)$、$Li(CF_3SO_2)_2N$ 等有机盐类。

溶剂对锂盐溶解和离子运动具有重要作用。常用的无水溶剂有环状碳酸酯、链状碳酸酯、羧酸酯类等。溶剂选择通常要考虑：①熔沸点，在电池的工作温度范围内需尽量处于液态；②电化学窗口，溶剂的氧化电位应高于正极完全脱锂的电位，还原电位低于负极完全嵌锂的电位；③锂盐稳定性和溶解度；④相对介电常数，高介电常数溶剂的分子极性大，有利于锂盐解离为自由移动的阴、阳离子，但熔沸点和黏度通常也较高，对电解液的低温性能不利。目前报道的锂离子电池电解液的溶剂主要有酯类(碳酸酯、低级羧酸酯)、醚类、砜类及酰胺类等。醚类的氧化电位较低(通常小于 4.3 V *vs.* Li^+/Li)，一般只用于 Li-S 等低电位体系或锂一次电池中。砜类电化学稳定性较高，可用于高电位电池体系，但熔点普遍较高。碳酸酯系列溶剂包括碳酸乙烯酯(EC)、碳酸二甲酯(DMC)、碳酸二乙酯(DEC)和碳酸甲乙酯(EMC)等。目前，商用锂离子电池仍然主要采用碳酸酯基电解液，其主要含有两类碳酸酯：一类是环状碳酸酯，如 EC，相对介电常数高，能够提供较高的离子电导率，但熔点较高，常温下为固体，存在电解液黏度高和易凝固等问题；另一类是低极性、低黏度的链状碳酸酯，如 DMC、DEC 和 EMC 中的一种或几种，其具有较低的凝固点，可以降低电解液体系的黏度，拓宽液态温度范围。但常用的碳酸酯基电解液工作温度范围仍较窄，低于−20℃后电解质溶液黏度显著增大甚至凝固，电导率下降明显，高于 50℃后 $LiPF_6$ 分解加剧，产生的 PF_5 为强路易斯酸，易引起 EC 的开环分解。此外，链状碳酸酯一般为低闪点溶剂，在高温下溶剂的蒸气压增大，存在安全隐患。

添加剂可有效提高电池的循环性能和寿命。添加剂种类繁多，可以是锂盐、溶剂甚至高分子聚合物，按照功能将添加剂分为：①成膜添加剂；②导电添加剂；③锂盐稳定剂；④过充过放保护剂；⑤阻燃添加剂；⑥其他添加剂，如 Li^+ 络合剂、集流体抗蚀剂等，可提高负极和正极与电解液的相容性、电解液的稳定性以及电池体系的安全性。

思考题

1-4　水对于各种类型的盐类都有非常好的溶解性，溶解后的离子会与水分子形成溶剂化的外壳结构，同时水溶液具有安全、无毒和高电导率的优势。查阅资料分析在锂离子电池中使用水为溶剂的可能性，即水系锂离子电池的前景。

历史事件回顾

1　电解质溶液体系活度系数的主要测定方法简介

通过测定活度系数，可以计算溶液的其他相关热力学性质，进而了解溶液体系中电解质结构和溶剂结构。目前主要的测定方法如下。

1. 电动势法

电动势法是研究电解质溶液的基本手段之一。用电动势法测定溶液中某种电解质的活度系数时应构成一个以此溶液为电解液的可逆电池(图 1-24)。

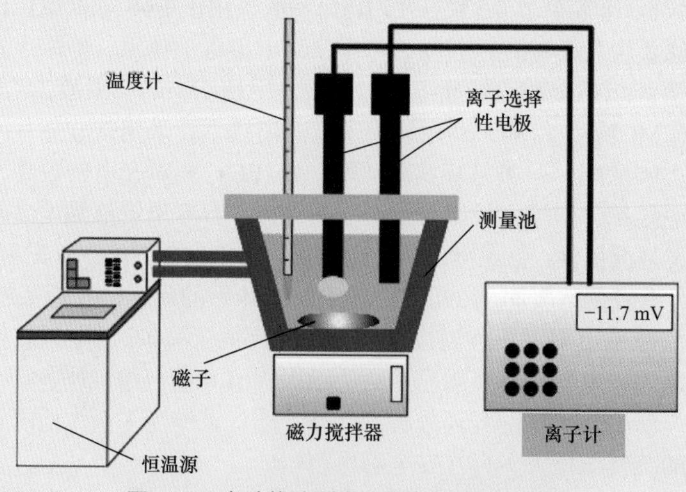

图 1-24　电动势法测定活度系数装置示意图

对于任一强电解质溶液 MX，可组成原电池如下：

$$(-)M^{z+}\text{电极}|MX\ \text{溶液}|X^{z-}\text{电极}(+)$$

通过测量原电池的平衡电动势，根据能斯特方程来计算溶液的离子活度。能斯特方程为

$$E(M^{z+}/X^{z-}) = E^{\ominus}(M^{z+}/X^{z-}) - RT\ln a(M^{z+})/zF$$

式中，$E(M^{z+}/X^{z-})$为待测溶液的电动势；$E^{\ominus}(M^{z+}/X^{z-})$为标准电动势；$R$ 为摩尔气体常量，8.314 $J \cdot K^{-1} \cdot mol^{-1}$；$T$ 为待测溶液的热力学温度；$a(M^{z+})$为离子活度；z 为转移电子数；F 为法拉第常量，96485 $C \cdot mol^{-1}$。

例如，在 HCl 溶液中，要测定 HCl 的活度系数$\gamma_{\pm}$，可以构成如下可逆电池：

$$\text{Pt, } H_2(p)\big|HCl(m)\big|AgCl, Ag$$

此电池的电动势为

$$E(p) = E^{\ominus} - \frac{RT}{F}\ln\frac{a_{H^+}a_{Cl^-}}{(p/p^{\ominus})^{1/2}} \tag{1 58}$$

p 为 H_2 的分压力。式(1-58)也可以写为

$$E = E^{\ominus} - \frac{RT}{F}\ln a_{H^+}a_{Cl^-} = E(p) - \frac{RT}{2F}\ln p \tag{1-59}$$

当 $p = 100$ kPa 时，因 $a_{H^+}a_{Cl^-} = (\gamma_{\pm}m_{\pm})^2$，故式(1-59)可写为

$$E + \frac{2RT}{F}\ln m_{\pm} = E^{\ominus} - \frac{2RT}{F}\ln\gamma_{\pm} \tag{1-60}$$

式中，$m_{\pm} = (m_{H^+} \cdot m_{Cl^-})^{1/2}$，只要 $E^{\ominus}$ 被确定，则可通过测量此电池的电动势来确定溶液中 HCl 的$\gamma_{\pm}$。

电动势法起源较早，主要特点是测定快速和准确，适用于稀溶液和浓度为 10^{-5}～10^{-4} $mol \cdot L^{-1}$ 的极稀溶液。它的应用主要受到电极技术发展的限制，一是对于某些测定的溶液，难以得到符合实验要求的可靠可逆电极；二是在多组分溶液中，有些可逆电极特别是离子选择性电极，可能不只对某一种离子响应，要想测定溶液中某种盐的平均离子活度系数，则需要对该盐阳离子和阴离子进行选择系数的校正；对于离子选择性电极，通常涉及某种离子的活度系数，即利用活度系数已知的离子进行标准校正的问题。

2. 溶解度法

测定原理：在一定温度和压力下，若溶液为某种盐 $M_{\nu+}A_{\nu-}$所饱和，根据平衡热力学原理，盐在溶液中的化学势μ_i与固体盐的化学势 μ_s 相等：

$$\mu_i = \mu_s \tag{1-61}$$

由于盐在溶液中的化学势与阴、阳离子化学势是线性组合的，故

$$\mu_s = \mu_i = \nu_+\mu_+ + \nu_-\mu_- \tag{1-62}$$

将阴、阳离子的化学势代入式(1-62)得

$$\mu_s = \mu_i = \nu_+(\mu_+^\ominus + RT\ln a_+) + \nu_-(\mu_-^\ominus + RT\ln a_-) \tag{1-63}$$

在一定温度和压力下，固体的化学势是一个常数，因此

$$\nu_+ \ln a_+ + \nu_- \ln a_- = 常数$$

令

$$K_{th} = a_+^{\nu_+} \cdot a_-^{\nu_-} \tag{1-64}$$

将阴、阳离子的活度系数用质量摩尔浓度与相应的活度系数的乘积表示，可得

$$K_{th} = m_+^{\nu_+} \cdot m_-^{\nu_-} / (m^\ominus)^\nu \cdot \gamma_+^{\nu_+} \cdot \gamma_-^{\nu_-} \tag{1-65}$$

$$K_{sp} = m_+^{\nu_+} \cdot m_-^{\nu_-} / (m^\ominus)^\nu$$

K_{sp}是用质量摩尔浓度表示的溶度积，由式(1-64)得

$$K_{sp} \cdot \gamma_\pm^\nu = K_{th} \tag{1-66}$$

K_{th}是热力学溶度积。

例题 1-1

25℃时，Ag_2CrO_4在水中的溶解度是 8.00×10^{-5} mol · kg^{-1}，在 0.04 mol · kg^{-1} $NaNO_3$溶液中的溶解度是 8.84×10^{-5} mol · kg^{-1}。计算 0.04 mol · kg^{-1} $NaNO_3$溶液中 Ag_2CrO_4的平均活度系数。

解 设在 $Ag_2CrO_4 = 2Ag^+ + CrO_4^{2-}$ 的饱和溶液中，Ag_2CrO_4的质量摩尔浓度为 m 时，用活度表示的 Ag_2CrO_4的溶度积为

$$\begin{aligned} K_{sp} &= [a(Ag^+)]^2 \cdot a(CrO_4^{2-}) = (2\gamma_+ m / m^\ominus)^2 \cdot (\gamma_- m / m^\ominus) \\ &= 4\gamma_+^2\gamma_-(m / m^\ominus)^3 \\ &= 4\gamma_\pm^3(m / m^\ominus)^3 \end{aligned}$$

溶解过程没有其他电解质共存时，由于离子的浓度很低，$\gamma_\pm \approx 1$，得

$$K_{sp} = 4 \times (8.00 \times 10^{-5})^3 = 2.0 \times 10^{-12}$$

在 0.04 mol · kg^{-1} $NaNO_3$溶液中

$$K_{sp} = 2.0 \times 10^{-12} = 4\gamma_\pm^3 (8.84 \times 10^{-5})^3$$

$$\gamma_\pm = 0.9$$

3. 电导法

电导法是通过测定电解质溶液的电导率得到溶质的活度系数。其公式如下：

$$\lg \gamma_{\pm} = -|z_{+}z_{-}| \frac{A(\lambda - \lambda_{0})}{B_{1} \cdot \lambda_{0} + B_{2}} \tag{1-67}$$

其中

$$A = \frac{1.8246 \times 10^{6}}{(\varepsilon T)^{3/2}} \tag{1-68}$$

$$B_{1} = \frac{2.801 \times 10^{6} \cdot (z_{+}z_{-}) \cdot q}{(\varepsilon T)^{3/2} \cdot (1 + \sqrt{q})} \tag{1-69}$$

$$B_{2} = \frac{41.25 \times (|z_{+}| + |z_{-}|)}{\eta (\varepsilon T)^{1/2}} \tag{1-70}$$

$$q = \frac{|z_{+} \cdot z_{-}|}{|z_{+}| + |z_{-}|} \cdot \frac{L_{+}^{0} + L_{-}^{0}}{|z_{-}| \cdot L_{+}^{0} + |z_{+}| \cdot L_{-}^{0}} \tag{1-71}$$

式中，ε 为溶剂的相对介电常数；η 为溶剂的黏度；λ_0 为电解质溶液无限稀释的摩尔电导率；L_{+}^{0} 、L_{-}^{0} 为正、负离子无限稀释摩尔电导率。

电导法简单、快速，但由于是建立在德拜-休克尔公式的基础上，因此只适用于低浓度的电解质溶液和 1∶1 型电解质溶液体系。

4. 等压法

具有相同溶剂及不同化学势的溶液处于一个封闭的体系内，通过溶剂的转移交换，最终达到化学势一致。将组成不同的溶液分别放入敞口的等压样品杯中(图 1-25)，同时保持较好的热接触，等压样品杯中溶剂通过共同的气相进行转移交换，直至各个等压样品杯中溶液具有相同的平衡蒸气压，此时各等压样品杯中的溶液达到热力学平衡，所有等压样品杯中溶剂的活度和化学势也相等[58]。由于各溶液达到化学平衡时蒸气压相等，溶剂的活度相等，因此在等压法实验中要精确知道至少一种溶液的浓度及其溶剂活度，将此溶液作为参考溶液，其余溶液的溶剂活度可以通过计算同时参与平衡时参考溶液中溶剂的活度获得。当参考溶液与等压杯中被测溶液达到等压平衡时，各溶液中溶剂活度相等，表示为

$$a_{\mathrm{s}} = a_{\mathrm{s}}^{*} \quad 即 \quad \ln a_{\mathrm{s}} = \ln a_{\mathrm{s}}^{*} \tag{1-72}$$

$$\phi = -(m_{\mathrm{s}} / \sum v_{i} m_{i}) \ln a_{\mathrm{s}} \text{，其中 } m_{\mathrm{s}} = 1000 / M_{\mathrm{s}} \tag{1-73}$$

$$\ln a_{\mathrm{s}} = -(\sum v_{i} m_{i} / m_{\mathrm{s}}) \phi \tag{1-74}$$

$$\ln a_{\mathrm{s}}^{*} = -(\sum v^{*} m^{*} / m_{\mathrm{s}}) \phi^{*} \tag{1-75}$$

整理后得到平衡时溶剂活度及溶液渗透系数计算式：

$$a_s = \exp(-\phi^* M_s v^* m^* / 1000) \tag{1-76}$$

$$\phi = v_i^* m_i^* \phi^* \Big/ \sum v_i m_i \tag{1-77}$$

式中，*代表参考溶液；v 为溶质完全电离所形成的离子总数；m 为平衡时溶液的质量摩尔浓度；ϕ 为渗透系数；M_s 为溶剂的分子量。因此，只要测得参考溶液和待测溶液达到等压平衡时的质量摩尔浓度，就可以通过计算获得待测溶液的渗透系数及溶剂活度。

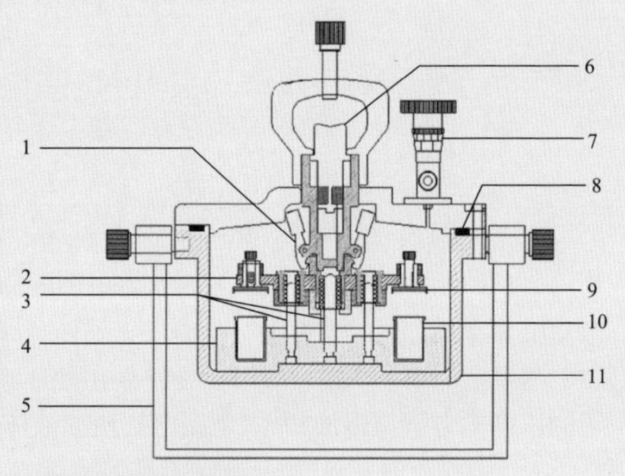

图 1-25　等压实验装置示意图[59]

1. 磁力加盖系统；2. 支撑圆盘；3. 不锈钢柱；4. 传热板；5. 支撑架；6. 磁力加盖按钮；7. 高真空微调阀；8. 硅橡胶圈；9. 等压样品杯杯盖；10. 等压样品杯；11. 等压箱箱体

对于单电解质，根据吉布斯-杜亥姆方程，可以得出溶质的平均活度系数表达式

$$\ln \gamma_{\pm} = \phi - 1 + \int_0^m \frac{\phi - 1}{m} \mathrm{d}m \tag{1-78}$$

等压实验一般采用 NaCl、$CaCl_2$ 和 H_2SO_4 溶液作为参考样品，其中 NaCl 水溶液使用最为广泛。NaCl 溶液的渗透系数已知，可用于水活度不低于 0.75 的测量中。298 K 时在等压实验中 NaCl 参考溶液放置于两个平行等压样品杯中，每个不同浓度的未知待测样(如 KCl)放置于两个平行等压样品杯中。通过称量等压样品杯中溶液平衡前后质量的变化，计算出参比样品及待测样品达到等压平衡后的浓度。

等压法对于高浓度特别是浓度大于 1 mol · kg^{-1} 溶液体系而言简便、可靠，但对浓度低于 1 mol · kg^{-1} 溶液体系误差较大，且难以测定浓度低于 0.1 mol · kg^{-1} 的溶液体系。

5. 蒸气压法

当溶液中的电解质(如 HCl)具有适当挥发性时，可以直接测定与溶液达平衡的气相中溶质或溶剂的分压，以确定溶液中电解质的活度。

当溶液和其蒸气达平衡时，若气相为理想的，由相平衡的条件可得

$$\mu_2(T) + RT\ln p_2 = \mu_2^{\ominus}(T, p) + RT\ln a_2 \text{ 或 } a_2 = Kp_2 \tag{1-79}$$

式中，a_2 为溶液中电解质的(总)活度；K 为与温度或压力有关的常数。压力对 K 的影响很小，所以用任何方法确定了常数 K 之后，都可以从定温 p_2 的测定确定 a_2。对于强电解质溶液，式(1-79)可改为

$$K = \frac{a_2}{p_2} = \frac{(\gamma_{\pm}m_{\pm})^{\nu}}{p_2} = \frac{\gamma_{+}^{\nu_+}\gamma_{-}^{\nu_-}m_{+}^{\nu_+}m_{-}^{\nu_-}}{p_2} \tag{1-80}$$

当 $\nu_+ = \nu_- = 1$ 时

$$K = \frac{\gamma_+\gamma_- m_2^2}{p_2} = \frac{\gamma_{\pm}^2 m_2^2}{p_2} \tag{1-81}$$

K 的确定，可由 $m \to 0$ 时，$\gamma_+ \to 1$，$\gamma_- \to 1$，得

$$K = \lim_{m_2 \to 0} \frac{m_2^2}{p_2} \tag{1-82}$$

但由式(1-82)使用作图外推法确定 K 值是不成功的，因为在 m_2 很小时，p_2 难以准确测定。因此，在实际工作中可以利用其他方法测定某一个浓度下的 a_2，再测定此温度和浓度下的 p_2，用式(1-80)算出 K。

当溶液中只含有一种电解质时，也可以根据吉布斯-杜亥姆方程从溶剂分压力 p_2 的测定计算电解质的活度。设气体处于理想状态，对溶剂(第一组分)有

$$a_1 = \frac{p_1}{p_1^*} \quad (f_1 = p_1, f_1^* = p_1^*) \tag{1-83}$$

式中，p_1^* 为给定温度下纯溶剂的蒸气压。由吉布斯-杜亥姆方程得出的可知 a_1 和 a_2 应满足：

$$\frac{1000}{M_1}\mathrm{d}\ln a_1 + m\,\mathrm{d}\ln a_2 = 0 \tag{1-84}$$

若已知电解质在一个浓度时的活度，可算出电解质溶液在其他浓度时的活度。

饱和蒸气压法的特点是操作简单、测定快速，适用于测定较高浓度溶液体系。它可分为静态法、动态法及饱和气流法。静态法是直接测定某一固定温度下溶液的饱和蒸气压，为了提高实验精度，过程中要求通过冷却→脱气步骤彻底排除气相中的空气成分，且由于溶剂的蒸气压变化对温度很敏感，必须严格控制实验过程的温度，保证控温精准。动态法是测定不同外部压力下溶液的沸点，求得不同温度下溶液的饱和蒸气压，该方法与静态法相比，不需要脱气过程，但仍需要严格控制温度、气流速度和精确测定气流所带走的溶剂蒸气的质量。饱和气流法是

在溶液表面通入干燥惰性气体，调节气体流速，使之能被溶液的蒸气饱和，然后对气流中的蒸气进行含量分析，以此来计算溶液的蒸气压。

6. 凝固点降低法

测定原理：当溶液冷却时，开始析出晶体的温度为溶液的凝固点。在凝固点时，纯固态溶剂的化学势 $\mu_A^*(s)$ 与在溶液相中溶剂的化学势 $\mu_A^*(l)$ 相等

$$\mu_A(s) \approx \mu_A(l) = \mu_A^*(l) + RT\ln x_A \tag{1-85}$$

在溶液中溶质的摩尔分数为 x_B，对实际溶液需用 a_A 代替 x_A：

$$\ln a_A = [\mu_A(l) - \mu_A^*(l)]/RT = \Delta_r G_{熔,m}(T)/RT \tag{1-86}$$

式中，$\Delta_r G_{熔,m}(T)$ 为 1 mol 纯溶剂凝固时摩尔吉布斯自由能的变化。

将式(1-86)对 dT 微商，得

$$\frac{d\ln a_A}{dT} = -\frac{1}{R}\frac{d}{dT}[\Delta_r G_{熔,m}(T)]/T = \Delta_r H_{熔,m}(T)/RT^2 \tag{1-87}$$

$$dT \approx -d\Delta T(\Delta T = T_1 - T) \tag{1-88}$$

故 $$d\ln a_A = -[\Delta H_{熔,m}(T)/RT^2]d\Delta T \approx -[\Delta H_{熔,m}(T)/RT_f^{\ 2}]d\Delta T \tag{1-89}$$

将凝固点下降常数 $K_f = RT_f^2 M_{A,m}/\Delta H_{熔,m}$ 代入得

$$d\ln a_A = -M_{A,m}/K_f d\Delta T \tag{1-90}$$

式中，$M_{A,m}$ 为溶剂的摩尔质量。

由吉布斯-杜亥姆方程 $n_A d\mu_A + n_B d\mu_B = 0$ 得

$$RT(n_A d\ln a_A + n_B d\ln a_B) = 0 \quad (\mu = \mu^\ominus + RT\ln a) \tag{1-91}$$

$$d\ln a_A = -(n_B/n_A)d\ln a_B \tag{1-92}$$

$$d\ln a_B = (n_A M_{A,m}/n_B K_f)d\Delta T \tag{1-93}$$

如溶液的质量摩尔浓度为 m_B，对于 1 kg 溶剂

$$n_A = 1\ kg/M_A \tag{1-94}$$

式中，M_A 为溶剂的摩尔质量，$g \cdot mol^{-1}$。

将 $n_A/n_B = 1/M_{A,m}m_B$ 代入式(1-93)，得

$$d\ln a_B = (1/m_B K_f)d\Delta T \tag{1-95}$$

故可由凝固点降低值计算溶质的活度，进而求得电解质的平均活度系数。

另外，萃取法、沸点升高法等也可以用于电解质溶液活度系数的测量。活度

系数测定的不同方法各有特点。电动势法需要找到符合实验要求的可靠的可逆电极，凝固点降低法和沸点升高法需要额外的焓变和热容数据，溶解度法和萃取法只用于研究特殊溶液体系。因此，在进行活度系数和渗透系数测定方法的选择时，要遵循简单性、可靠性、准确性、广泛性等原则。

参 考 文 献

[1] Nobel Prize Outreach. The Nobel Prize in Chemistry 1903. (2022-07-06). https://www.nobelprize.org/prizes/chemistry/1903/summary/[2022-12-06].
[2] Arrhenius S. Recherches sur la conductibilité galvanique des électrolytes. Stockholm: Physical Institute of the Swedish Academy of Science, 1884.
[3] Arrhenius S. Z Phys Chem, 1887, 1: 631.
[4] Harmon K M, Madeira S L, Carling R W. Inorg Chem, 1974, 13(5): 1260.
[5] 黄子卿. 电解质溶液理论导论. 北京: 科学出版社, 1983.
[6] 杨家振, 孙柏, 宋彭生. 化学通报, 1995, (5): 62.
[7] Majima H, Awakura Y. Metall Trans B, 1981, 12(1): 141.
[8] Budiarto T, Esche E, Repke J U, et al. Procedia Eng, 2017, 170: 473.
[9] Wang Z, Peng C, Yliniemi K, et al. ACS Sustain Chem Eng, 2020, 8(41): 15573.
[10] Bockris J O M, Saluja P. J Phys Chem, 1972, 76(16): 2298.
[11] Dennison D M. Phys Rev, 1921, 17(1): 20.
[12] 邓耿, 尉志武. 科学通报, 2016, 61(30): 3181.
[13] Symons M. Nature, 1972, 239(5370): 257.
[14] Frank H S, Wen W Y. Discuss Faraday Soc, 1957, 24: 133.
[15] Hasted J, Ritson D, Collie C. J Chem Phys, 1948, 16(1): 1.
[16] 唐宗薰. 无机化学热力学. 北京: 科学出版社, 2010.
[17] Mejıas J, Lago S. J Chem Phys, 2000, 113(17): 7306.
[18] Halliwell H, Nyburg S. Trans Faraday Soc, 1963, 59: 1126.
[19] Smith D W. J Chem Educ, 1977, 54(9): 540.
[20] Kapustinskii A. Quart Rev Chem Soc, 1956, 10(3): 283.
[21] Born M. Z Phys, 1920, 1(1): 45.
[22] Marcus Y. Pure Appl Chem, 1987, 59(9): 1093.
[23] Marcus Y. Faraday Trans, 1991, 87(18): 2995.
[24] Marcus Y, Loewenschuss A. Ann Rep Sec C Phys Chem, 1984, 81: 81.
[25] Sackur O. Ann Phys, 1911, 341(15): 958.
[26] Tetrode H. Ann Phys, 1912, 344(11): 255.
[27] Schmid R, Miah A M, Sapunov V N. Phys Chem Chem Phys, 2000, 2(1): 97.
[28] Lewis G N, Randall M. J Am Chem Soc, 1921, 43(5): 1112.
[29] Reichardt C. Solvents and Solvent Effects in Organic Chemistry. Weinheim: WILEY-VCH Verlag GmbH & Co. KGaA, 2006.
[30] Robinson R R A, Stokes R R H. Electrolyte Solutions. 2nd ed. London: Butterworth, 1965.

[31] Stokes R H, Robinson R A. J Solution Chem, 1973, 2(2-3): 173.
[32] 覃东棉, 刘桂华, 李小斌, 等. 材料导报, 2010, (13): 107.
[33] 李以圭, 陆九芳. 电解质溶液理论. 北京: 清华大学出版社, 2005.
[34] Bjerrum N J. Mat Fys Medd. K Dan Vidensk Selsk, 1926, 7: 1.
[35] 黄子卿. 化学通报, 1964, (9): 1.
[36] Lee W H, Wheaton R J. Faraday Trans 2, 1978, 74: 743.
[37] Lee W H, Wheaton R J. Faraday Trans 2, 1978, 74: 1456.
[38] Lee W H, Wheaton R J. Faraday Trans 2, 1979, 75: 1128.
[39] Fuoss R M. J Phys Chem, 1978, 82(22): 2427.
[40] Fuoss R M. J Phys Chem, 1975, 79(5): 525.
[41] Scatchard G. J Am Chem Soc, 1958, 80(14): 3805.
[42] Debye P, Hückel E. Phys Z, 1923, 24: 185.
[43] Fowler R, Guggenheim E. Statistical Thermodynamics. New York: Cambridge University Press, 1939.
[44] Pitzer K S. J Phys Chem, 1973, 77(2): 268.
[45] Pitzer K S, Mayorga G. J Phys Chem, 1973, 77(19): 2300.
[46] Pitzer K S, Roy R N, Silvester L F. J Am Chem Soc, 1977, 99(15): 4930.
[47] Pitzer K S, Simonson J M. J Phys Chem, 1986, 90(13): 3005.
[48] Clegg S L, Pitzer K S. J Phys Chem, 1992, 96(8): 3513.
[49] Clegg S L, Pitzer K S, Brimblecombe P. J Phys Chem, 1992, 96(23): 9470.
[50] Pitzer K S, Kim J J. J Am Chem Soc, 1974, 96(18): 5701.
[51] 陈平初, 李武客. 大学化学, 2005, (5): 38.
[52] 傅献彩, 沈文霞, 姚天扬, 等. 物理化学(下册). 5 版. 北京: 高等教育出版社, 2006.
[53] 何强, 苏梦瑶, 孙彦璞. 化学教育(中英文), 2018, 39(18): 69.
[54] Goodenough J B. Nat Electron, 2018, 1(3): 204.
[55] 张立恒, 谢朝香, 罗英, 等. 电池, 2020, 50(3): 284.
[56] 浦文婧, 芦伟, 谢凯, 等. 材料导报, 2020, 34(7): 7036.
[57] 夏兰, 余林颇, 胡笛, 等. 化学学报, 2017, 75(12): 1183.
[58] Pitzer K S. Activity Coefficients in Electrolyte Solutions. Boca Raton: CRC Press, 1991.
[59] 胡满成, 唐静, 翟全国, 等. 用于测定溶液体系热力学性质的等压装置: CN201310185 102.0. 2013-09-04.

第2章

酸碱理论

酸和碱在生活中普遍存在，既有天然存在的化合物，也有大量的合成化合物。在工业中，酸是一种基本试剂。例如，硫酸是工业上使用最广泛的酸，也是世界上生产最多的工业化学品，主要用于化肥、洗涤剂、电池、染料的生产，以及除杂等处理加工手段。三酸两碱(硝酸、硫酸、盐酸、氢氧化钠、碳酸钠)的基础化工产业在现代化工业的发展中发挥了至关重要的作用，其生产规模和生产量常是国际上衡量一个国家无机化工水平的标志之一。

食物中也存在大量的酸。例如，酒石酸是一些常见食物(未成熟的芒果和罗望子)的重要成分；柑橘、柠檬和其他柑橘类水果中含有柠檬酸；草酸存在于番茄、菠菜中，特别是在杨桃和大黄中，大黄叶子和未成熟的杨桃有毒是因为含有高浓度的草酸。抗坏血酸(维生素 C)是人体必需的维生素。酸在人体中也发挥着重要的作用。例如，胃中的盐酸通过分解食物来帮助消化；氨基酸和脂肪酸是人体组织生长和蛋白质修复所必需的；核酸对于制造 DNA 和 RNA 至关重要，碳酸对维持体内 pH 平衡发挥着重要作用(图 2-1)。

通常情况下，海水呈弱碱性。二氧化碳溶于水后会增强海水酸度[1-2]，使 pH 降低(7.8 是个关键点)，有孔虫类等海洋生物的钙化物甲壳可能因此被破坏，其生存受到严重影响。

早期人们对酸碱的认识和定义经历了一个很长的时期。后来，阿伦尼乌斯提出的解离概念使人们从化学观点认识到酸和碱，被认为是现代酸碱理论的开端[3-8]。

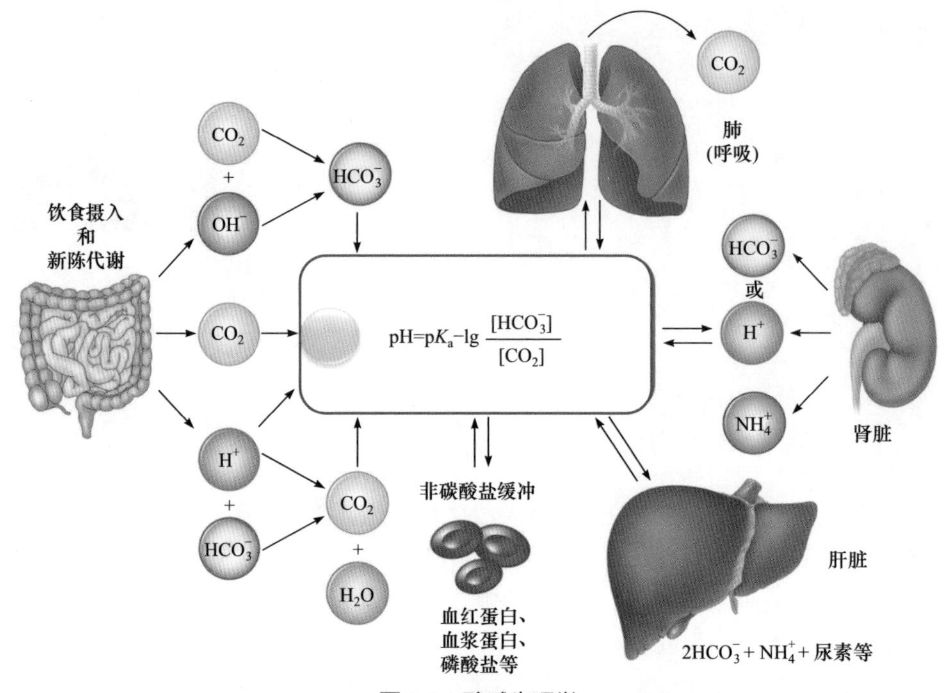

图 2-1　**酸碱生理学**

2.1　常见酸碱理论概述

酸碱理论的发展可以追溯到 17 世纪。17 世纪前，人们凭借日常生活中经常与酸碱接触的经验理解酸碱类物质，此时人们对酸碱的认识十分模糊。17 世纪末，英国化学家波义耳(R. Boyle，1627—1691)根据实验总结出酸碱理论[9-10]：凡是物质的水溶液能溶解某些金属，与碱接触会失去原有的特性，且能使石蕊试液变红的物质称为酸；凡物质的水溶液有苦涩味，能腐蚀皮肤，与酸接触后失去原有特性，且能使石蕊试液变蓝的物质称为碱。波义耳的酸碱定义在当时能够很好地说明酸碱概念，但仍有很多不完善之处，易与盐混淆。例如，氯化铁溶液符合酸的定义但它不是酸。碳酸钾也符合波义耳碱的定义，但它也不是碱。

18 世纪末，法国化学家拉瓦锡(A. L. Lavoisier，1743—1794)根据他的“燃素”学说，认为所有的酸都含有“酸素”——氧，当时的化学家普遍接受了这种“酸素”观点[11]。英文 oxygen 是从希腊语 oxy(酸)和 genna(产生)而来的，即构成酸的物质。但后来人们发现，盐酸这一最重要的酸并不含有氧。1815 年，英国化学家戴维(H. Davy，1778—1829)以盐酸中不含氧的实验事实证明拉瓦锡的看法是错误的[9-10]。戴维提出判断一种物质是不是酸，要看它是否含有氢。然而，很多有机化合物和氨都含有氢，但并不是酸。1838 年德国化学家李比希(J. Liebig，1803—1873)

提出含有能被金属置换的氢的化合物是酸，碱是能够中和酸并产生盐的物质[12-13]。但这一定义不能解释强酸和弱酸。此定义一直被人们沿用了 50 多年，而在此过程中，人们对碱的认识仍停留在原有的观点，即“碱是能中和酸生成盐的物质”。

19 世纪 80 年代，德国物理化学家奥斯特瓦尔德和瑞典化学家阿伦尼乌斯提出了电解质的解离理论，在此基础上，人们才从化学观点认识到酸和碱的特征，建立了现代酸碱理论。

波义耳　　拉瓦锡　　戴维　　李比希

2.1.1 酸碱解离理论

1. 理论的提出和内容

1884 年，阿伦尼乌斯从化学的观点提出了酸碱概念的解离理论(ionization theory)[14]，认为：①酸是能在水溶液中解离产生 H^+的物质，碱是能在水溶液中解离产生 OH^-的物质，酸碱中和反应就是 H^+和 OH^-结合生成 H_2O 的过程。②由于水溶液中的氢离子和氢氧根离子的浓度可测，该理论第一次定量描写酸碱的性质和它们在化学反应中的行为，指出各种酸碱的解离度可以大不相同，有的达到 90%以上，有的只有 1%，于是有强酸和弱酸、强碱和弱碱之分。③阿伦尼乌斯还指出，多元酸和多元碱在水溶液中分步解离，能解离出多个氢离子的酸是多元酸，能解离出多个氢氧根离子的碱是多元碱，它们在解离时都是分步进行的。该理论解释了许多实验事实，如强酸解离度大，产生 H^+多，因此与金属反应能力强。反之，弱酸解离度小，与金属反应能力弱。

2. 理论的优缺点

该理论使人们对酸碱物质组成有了本质认识，另外，利用测量的 H^+浓度、酸碱电离平衡常数 K_a 或 K_b 可以对酸碱强弱进行量化比较。酸碱解离理论的最大缺点是将酸碱的性质限制在水溶液中，又将碱限制为氢氧化物。例如，它不能回答无水氯化氢算不算酸等问题，也不能说明发生在其他非水质子溶剂(如液氨、液态氟化氢)和非质子溶剂(如液态二氧化硫、液态四氧化二氮)中的酸碱反应问题，更无法阐述根本不存在溶剂的酸碱反应体系，如 BaO(s)与液态或气态 SO_3 反应生成

$BaSO_4$(s)等。酸碱解离理论只承认能提供水溶性的 OH^-的物质是碱，而不承认 CN^-、F^-、CO_3^{2-} 以及 NH_3 等也是碱。因此，酸碱解离理论在说明氨水的碱性时，错误地认为氨水中存在弱电解质“氢氧化铵”。实际上，在氨水中，$NH_3 \cdot H_2O$ 是一个以氢键结合的配合物。

2.1.2 酸碱溶剂理论

1. 理论的提出和内容

1905 年，美国化学家富兰克林(E. C. Franklin，1862—1937)在研究液氨中的酸碱反应时，根据液氨与水的相似性，提出了与阿伦尼乌斯水中酸碱理论相似的溶剂理论(theory of solvent system)[15]。1925 年，格尔曼(A. F. O. Germann，1886—1976)在研究液态光气 $COCl_2$ 时，将酸碱理论推广到非质子溶剂[16]。其论点是：凡能生成和溶剂正离子相同的正离子的物质为酸，能生成与溶剂负离子相同的负离子的物质为碱。

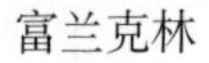

富兰克林

格尔曼

溶剂理论比解离概念范围要广，水只是众多溶剂中的一种。例如在水中，NH_3 是碱，HAc 是酸。因为它们分别在水中会产生(通过解离或反应)溶剂水的特征阴离子 OH^-和特征阳离子 H_3O^+。

$$H_2O + H_2O \rightleftharpoons \underset{\text{特征阳离子}}{H_3O^+} + \underset{\text{特征阴离子}}{OH^-} \tag{2-1}$$

$$NH_3 + H_2O \rightleftharpoons NH_4^+ + OH^- \tag{2-2}$$

反应中产生了溶剂 H_2O 的特征阴离子 OH^-，所以 NH_3 是碱。

$$HAc + H_2O \rightleftharpoons Ac^- + H_3O^+ \tag{2-3}$$

反应中产生了溶剂 H_2O 的特征阳离子 H_3O^+，所以 HAc 是酸。

水溶液中，中和反应的实质是：

$$OH^- + H_3O^+ = 2H_2O \tag{2-4}$$

在液氨中，能产生 NH_4^+ 的是酸，产生 NH_2^- 的都是碱。

$$NH_3 + NH_3 \rightleftharpoons NH_4^+ + NH_2^- \tag{2-5}$$

$$HAc + NH_3 = NH_4^+ + Ac^- \tag{2-6}$$

$$H^- + NH_3 = NH_2^- + H_2 \tag{2-7}$$

所以，HAc 是酸，H^-是碱。

在液氨中，所有的铵盐(如 NH_4Cl)都能产生溶剂 NH_3 的特征阳离子 NH_4^+，均为酸。所有的氨基盐(如 $NaNH_2$)都能产生溶剂 NH_3 的特征阴离子 NH_2^-，均为碱。两者的反应实质是：

$$NH_4^+ + NH_2^- = 2NH_3 \tag{2-8}$$

因此，在不同溶剂中有许多不同的酸和碱。酸碱中和反应的实质是溶剂的特征阳离子和特征阴离了结合生成溶剂分子，因而酸碱溶剂理论可看作酸碱解离理论在其他溶剂中的扩展。

溶剂理论可以将酸碱概念扩展到完全不涉及质子的溶剂体系中，因为一些非质子体系也会发生解离，如四氧化二氮(N_2O_4)、三氯化锑($SbCl_3$)、光气($COCl_2$)都可以解离：

$$N_2O_4 \rightleftharpoons NO^+ + NO_3^- \tag{2-9}$$

$$2SbCl_3 \rightleftharpoons SbCl_2^+ + SbCl_4^- \tag{2-10}$$

$$COCl_2 \rightleftharpoons COCl^+ + Cl^- \tag{2-11}$$

那么，在非质子溶剂中也可以发生酸碱反应。例如，在液态 SO_2 溶剂中，可用 Cs_2SO_3 滴定氯化亚砜 $SOCl_2$，这是由于 SO_2 按下式自解离：

$$2SO_2 \rightleftharpoons SO^{2+} + SO_3^{2-} \tag{2-12}$$

Cs_2SO_3 和 $SOCl_2$ 在 $SO_2(l)$中分别按下式解离：

$$Cs_2SO_3 \rightleftharpoons 2Cs^+ + SO_3^{2-} \tag{2-13}$$

$$SOCl_2 \rightleftharpoons SO^{2+} + 2Cl^- \tag{2-14}$$

因此，两者可进行酸碱中和反应和滴定：

$$Cs_2SO_3 + SOCl_2 = 2CsCl + 2SO_2 \tag{2-15}$$

2. 理论的优缺点

酸碱溶剂理论发展了阿伦尼乌斯的酸碱解离理论，在解释许多非水溶剂中的酸碱反应非常有用，但该理论的最大缺陷是只适用于能发生自解离的溶剂体系，实际上有不少的物质在苯、氯仿、烃类、醚类等溶剂中也能表现出酸碱行为，如发生中和反应、使指示剂变色、具有催化效应等，但在这些溶剂中几乎不存在自由离子。因此，溶剂理论只在特殊溶剂体系中比较适用。

思考题

2-1 为什么有机胺和酰胺在液氨中为酸?

例题 2-1

列表说明溶剂 H_2O、NH_3、SO_2、$COCl_2$ 和 BrF_3 体系中的酸、碱关系。

解

溶剂	阳离子	阴离子	典型的酸	典型的碱	中和反应
H_2O	H^+	OH^-	HCl	NaOH	$HCl + NaOH = H_2O + NaCl$
NH_3	NH_4^+	NH_2^-	NH_4Cl	KNH_2	$NH_4Cl + KNH_2 = 2NH_3 + KCl$
SO_2	SO^{2+}	SO_3^{2-}	$SOCl_2$	Na_2SO_3	$SOCl_2 + Na_2SO_3 = 2SO_2 + 2NaCl$
$COCl_2$	$COCl^+$	Cl^-	$AlCl_3$	KCl	$COCl^+ + AlCl_4^- + KCl = COCl_2 + KAlCl_4$
BrF_3	BrF_2^+	BrF_4^-	SbF_5	KF	$KF + BrF_4 + BrF_2^+ + SbF_5 = KSbF_6 + 2BrF_3$

2.1.3 酸碱质子理论

1923 年，丹麦化学家布朗斯特(J. N. Brønsted，1879—1947)[17]和英国化学家劳里(T. M. Lowry，1874—1936)[18]几乎同时独立提出了他们的酸碱定义(Brønsted-Lowry theory)：任何可以作为质子给予体的物质为酸，任何可以充当质子接受体的物质为碱。即酸是质子给予体，碱是质子接受体。酸失去一个质子后生成它的共轭碱(conjugate base)，碱结合一个质子后生成它的共轭酸(conjugate acid)。酸与共轭碱、碱与共轭酸构成共轭酸碱对，即

$$\underset{\text{酸}}{A} \rightleftharpoons \underset{\text{碱}}{B} + H^+ \tag{2-16}$$

式中，A 为 B 的共轭酸，B 为 A 的共轭碱，A-B 称为共轭酸碱对。该理论也被称为酸碱质子理论。表 2-1 列出了部分共轭酸碱对。

布朗斯特

劳里

表 2-1　共轭酸碱对

共轭酸相对强度	酸(共轭酸)		碱(共轭碱)	共轭碱相对强度
	$HClO_4$		ClO_4^-	
	H_2SO_4		HSO_4^-	
非常强	HI		I^-	非常弱
	HBr		Br^-	
	HCl		Cl^-	
	HNO_3		NO_3^-	
强	H_3O^+		H_2O	
	Cl_3CCOOH		Cl_3CCOO^-	
	HSO_4^-		SO_4^{2-}	
弱	H_3PO_4		$H_2PO_4^-$	
	HNO_2		NO_2^-	
	HF	$\underset{+H^+}{\overset{-H^+}{\rightleftharpoons}}$	F^-	
	HCOOH		$HCOO^-$	
	CH_3COOH		CH_3COO^-	弱
	H_2CO_3		HCO_3^-	
	H_2S		HS^-	
	NH_4^+		NH_3	
	HCN		CN^-	强
	HS^-		S^{2-}	
	H_2O		OH^-	
	NH_3		NH_2^-	
非常弱	H_2		H^+	非常强
	CH_4		CH_3^-	

根据质子理论，酸碱中和反应是两个共轭酸碱对的相互作用，即质子从一种酸$_1$转移到另一种碱$_2$生成共轭碱$_1$和共轭酸$_2$的过程。例如，下列酸碱反应：

$$H_2O(酸_1) + NH_3(碱_2) \rightleftharpoons OH^-(碱_1) + NH_4^+(酸_2) \tag{2-17}$$

$$HNO_3(酸_1) + H_2O(碱_2) \rightleftharpoons NO_3^-(碱_1) + H_3O^+(酸_2) \tag{2-18}$$

$$HAc(酸_1) + NH_3(碱_2) \rightleftharpoons Ac^-(碱_1) + NH_4^+(酸_2) \tag{2-19}$$

式中，下角标相同的酸碱具有共轭关系。正反应表示质子由酸$_1$向碱$_2$的转移，逆反应表示质子由酸$_2$向碱$_1$转移。这样，酸碱中和反应仅是质子的转移，不再有盐的概念，解离理论中的盐在质子理论中都是离子酸或离子碱。

与酸碱解离理论相比，质子理论最大的优点是扩大了酸和碱的范围，酸可以是分子酸(如 HCl、H_2SO_4、HNO_3、H_2O)，也可以是多元酸式阴离子(如 HSO_4^-、HPO_4^{2-}、$H_2PO_4^-$、HCO_3^-)和正离子(如 H_3O^+、NH_4^+、$[Cr(H_2O)_6]^{3+}$)。同理，碱除了分子碱(如 NH_3、H_2O、胺)外，还有弱酸的酸根阴离子(如 Ac^-、S^{2-}、HPO_4^{2-}、$H_2PO_4^-$)和阳离子碱(如$[Al(H_2O)_5(OH)]^{2+}$、$[Cu(H_2O)_3(OH)]^+$)。一种物质是酸还是碱，取决于它参与的反应。既可为酸又可为碱的物质称为两性物质(amphoteric substance)。例如，H_2O、$H_2PO_4^-$、HPO_4^{2-} 等既可以是质子接受体，也可以是质子给予体，具有酸碱两性。

阴离子或阳离子水解的本质就是酸碱反应。例如，NH_4Cl 溶于水时，发生的反应为

$$NH_4^+ + H_2O \rightleftharpoons NH_3 \cdot H_2O + H^+$$

0.1 mol · L^{-1} NH_4Cl 溶液的 pH 约为 5.1，显示出酸性。

$AlCl_3$ 溶于水时，发生的反应为

$$[Al(H_2O)_6]^{3+} + H_2O \rightleftharpoons H_3O^+ + [AlOH(H_2O)_5]^{2+} \quad K = 1.4 \times 10^{-5}$$

0.1 mol · L^{-1} $AlCl_3$ 水溶液的 pH 为 2.9，具有较强的酸性。

酸碱质子理论的优点是扩大了酸碱反应的范围，不再限定以水为溶剂，解决了非水溶液或气体间的酸碱反应，并将在水溶液中进行的解离、中和、水解等反应统一概括为质子传递式的酸碱反应。例如，下列反应都是质子理论范畴内的酸碱反应：

$$NH_4^+ + NH_2^- \rightleftharpoons 2NH_3(\text{液氨中})$$

$$HCl(g) + NH_3(g) \rightleftharpoons NH_4^+Cl^-(s)(\text{气相反应})$$

$$2NH_4NO_3(l) + CaO(s) \rightleftharpoons Ca(NO_3)_2(s) + 2NH_3(g) + H_2O(g)(\text{固液相反应})$$

质子理论只限于质子的给出和接受，所以作为酸的物质必须含有氢，质子理论不能解释不含氢的化合物的反应。虽然该理论也大大扩充了碱的范围，但仍将碱的概念限制在接受质子的基础上。

例题 2-2

指出下列各式中的布朗斯特酸及其共轭碱。

(1) $HSO_4^- + H_2O \rightleftharpoons H_3O^+ + SO_4^{2-}$

(2) $PO_4^{3-} + H_2O \rightleftharpoons HPO_4^{2-} + OH^-$

(3) $H_2Fe(CO)_4 + CH_3OH \rightleftharpoons [FeH(CO)_4]^- + CH_3OH_2^+$

解 HSO_4^-、HPO_4^{2-}、$H_2Fe(CO)_4$ 给出了质子，为酸；SO_4^{2-}、PO_4^{3-}、$[FeH(CO)_4]^-$ 为共轭碱。

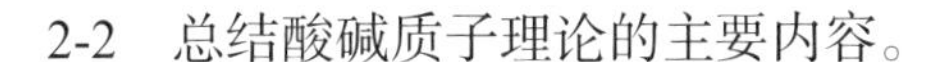

思考题

2-2　总结酸碱质子理论的主要内容。

2.1.4 酸碱电子理论

1. 理论的提出和内容

1923 年,美国化学家路易斯提出了更为广泛的酸碱定义——路易斯酸(Lewis acid)和路易斯碱(Lewis base),即酸碱电子理论(electronic theory of acids and bases)[19-20]。路易斯的酸碱电子理论提出:路易斯酸是电子对的接受体,路易斯碱是电子对的给予体。酸碱反应的实质是通过配位键形成酸碱加合物或配合物,即

$$A + B\text{:} \rightleftharpoons A\text{:}B\ (A \leftarrow B)$$

酸　碱　　酸碱加合物(配合物)

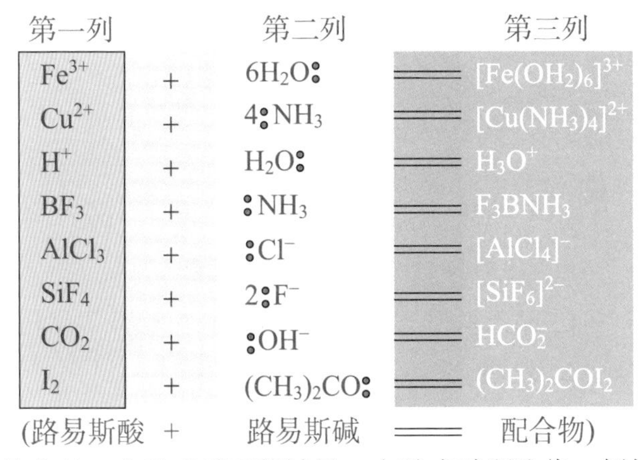

酸碱配合物中的一个酸或碱可能被另一个酸或碱所取代,例如

$$[Al(H_2O)_6]^{3+} + 6F^- \longrightarrow [AlF_6]^{3-} + 6H_2O$$

两种无水氧化物生成盐的反应可以看作路易斯酸和碱生成加合物的过程。例如,CaO 与 SiO_2 反应,可以看作 SiO_2 作为酸与 O^{2-}作为碱的反应:

$$SiO_2 + O^{2-} \longrightarrow SiO_3^{2-}$$

路易斯碱显然包括了布朗斯特碱,布朗斯特碱能接受质子,正是因为它具有一对或多对未共用电子对。但是路易斯酸不局限于质子酸,即它不必含有质子,只要求可接受电子对,如 BF_3、SO_3 等都是路易斯酸。按上述定义,路易斯酸必须能接受电子对,路易斯碱不能失去其电子,因此路易斯酸必须具有空的低能级

轨道和配位位置用以与路易斯碱形成配位共价键。路易斯碱必须具有一对 σ 非键电子或 π 键电子。可作路易斯碱的物种有阴离子，具有 σ 孤对电子的分子(如 CO、NH_3、H_2O 等)，含有 π 键的分子(如乙烯、乙炔等)。含有可用于成键的未被占据的价轨道的正离子(如 Ni^{2+}、Cu^{2+}、Fe^{3+}、Al^{3+}等)都是酸，含有价层未充满的原子的化合物(如 BF_3、$AlCl_3$ 等)和含有价层可扩展的原子的化合物(如 $SnCl_4$ 可利用外层空 d 轨道)也是酸。

例如，SiF_4(路易斯酸)与两个 F^-(路易斯碱)键合形成配合物$[SiF_6]^{2-}$(图 2-2)。

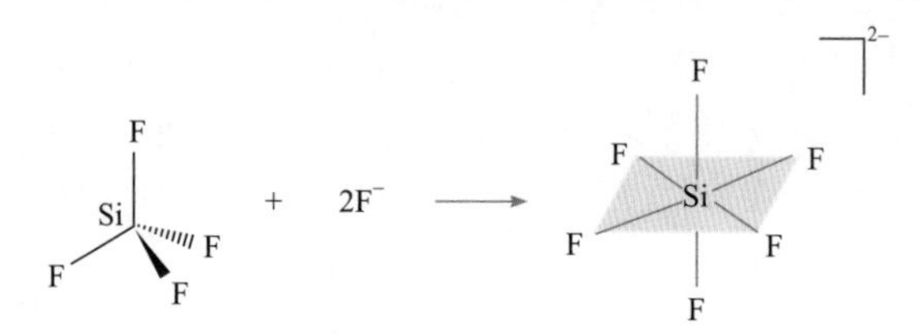

图 2-2　$[SiF_6]^{2-}$的键合过程

CO_2 能接受 OH^-中 O 原子上的孤对电子形成 HCO_3^-，因而 CO_2 是路易斯酸(图 2-3)。

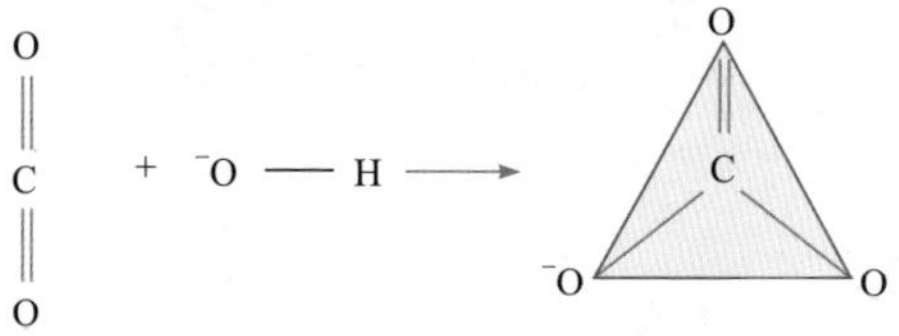

图 2-3　CO_2 与 OH^-的键合

路易斯碱与平面三角形构型的路易斯酸 BF_3 作用，会发生结构的变化(图 2-4)。

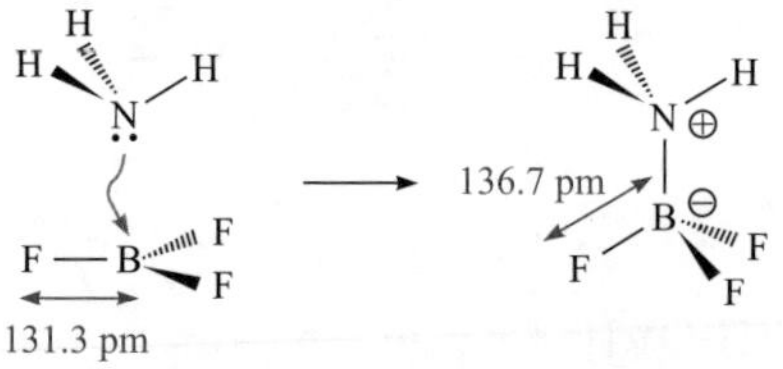

图 2-4　路易斯碱与路易斯酸作用的结构变化

金属阳离子与配体形成配合物是显示路易斯酸性的重要特征，这部分内容可以参阅配位化合物相关内容。

2. 理论的优缺点

路易斯酸碱电子理论摆脱了体系必须具有某种离子或元素和溶剂的限制，而立论于物质的普遍组分及电子的接受以说明酸碱反应，这是该理论的最大优点，因而路易斯酸碱电子理论被广泛应用。

化学、化学工业和生物学中能遇到很多路易斯酸碱反应。例如，水泥是将石灰石($CaCO_3$)和某些铝硅酸盐(如黏土、页岩或砂)一起磨细，然后在水泥转窑中于1500℃加热制成的。石灰石加热分解生成石灰(CaO)，后者与铝硅酸盐反应生成熔融的硅酸钙和铝酸钙(如 Ca_2SiO_4、Ca_3SiO_5 和 Ca_3AlO_6)。

$$2CaO(s) + SiO_2(s) = Ca_2SiO_4(s)$$

在工业上，烟道气中的二氧化碳可用液体胺洗涤去除。

$$2RNH_2(l) + CO_2(g) + H_2O(l) = (RNH_3)_2CO_3(s)$$

一氧化碳对动物的毒性是路易斯酸碱反应的一个例子。正常情况下，O_2 与血红蛋白中的 Fe(Ⅱ)结合，实现氧气在体内的储存和释放。CO 与 Fe(Ⅱ)的结合能力远强于 O_2，其配位作用几乎不可逆(图 2-5)。

$$Hb\text{-}Fe^{II} + CO = Hb\text{-}Fe^{II}CO$$

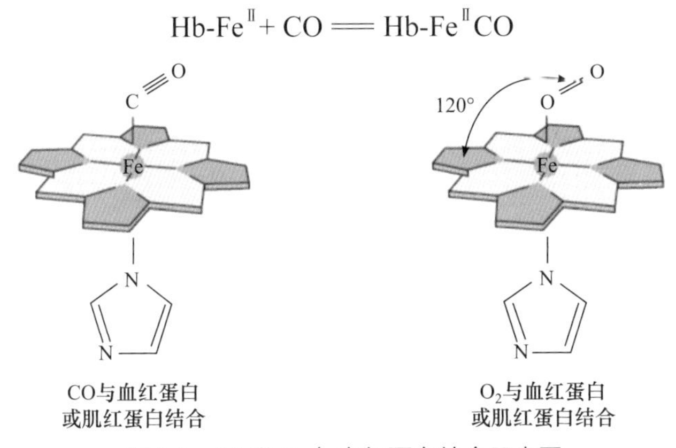

图 2-5　CO 和 O_2 与血红蛋白结合示意图

例题 2-3

指出下列反应中的路易斯酸和碱。

① $BrF_3 + F^- \longrightarrow [BrF_4]^-$

② $(CH_3)_2CO + I_2 \longrightarrow (CH_3)_2CO\text{-}I_2$

③ $KH + H_2O \longrightarrow KOH + H_2$

解　① 酸(BrF_3)与碱(F^-)加合。

② 丙酮是碱而 I_2 是酸，前者 O 上的一对孤对电子进入 I_2 分子的空的反键轨道中。

③ 离子型氢化物(KH)提供碱(H^-)与水中的酸(H^+)结合形成 H_2 和 KOH。固态 KOH 可看作碱(OH^-)与非常弱的酸(K^+)形成的化合物。

思考题

2-3　含 π 键的配体如 CO、苯、乙烯、乙炔等称为 π 酸配体。从路易斯酸碱的概念分析这类配体的酸碱性。

2.1.5　酸碱氧离子理论

鲁克斯-佛罗德理论是鲁克斯(H. Lux，1904—1999)于 1939 年提出[21]，佛罗德(H. Flood，1905—2001)于 1947 年发展的一种酸碱理论[22]。该理论将碱定义为 O^{2-} 给予体，酸定义为 O^{2-} 接受体，酸和碱之间的反应是 O^{2-} 转移的反应。因此，这个理论又被称为酸碱的氧离子理论。下面是几个酸碱反应的例子：

$$Ba^{2+}O^{2-}(s) + SO_2(l或g) \xrightarrow{O^{2-}} Ba^{2+}SO_3^{2-}$$

$$Ca^{2+}O^{2-}(s) + SiO_2(s) \xlongequal{熔融} Ca^{2+}SiO_3^{2-}$$

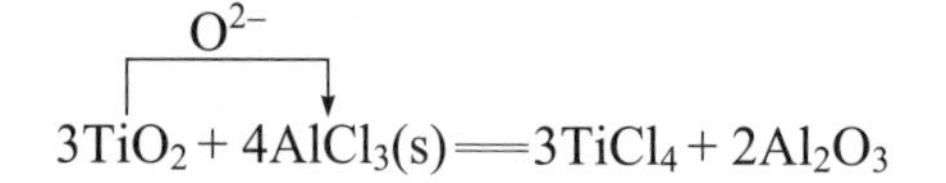

$$3TiO_2 + 4AlCl_3(s) = 3TiCl_4 + 2Al_2O_3$$

鲁克斯

佛罗德

事实上，该理论的酸、碱可归入路易斯酸、碱的范畴，只要将氧离子的提供者看成是电子给予体，而将氧离子的接受者看成是电子接受体即可。

乌萨诺维奇

2.1.6　酸碱正负离子理论

1938 年苏联化学家乌萨诺维奇(M. I. Usanovich，1894—1981)提出了范围更广的酸碱理论，即正负离子理论(positive-negative ion theory)[23]。该理论认为，任何能中和碱形成盐并放出正离子或结合负离子(电子)的物质为酸，任何能中和酸放出阴离子(电子)或结合阳离子的物质为碱。这个定义可包容前面讨论的所有酸碱的定义，因此也常被称为广义酸碱理论(generalized/unified theory of acids and bases)。它的优点是能包括涉及任意数目(单电子、双电子、多电子)的电子转移的反应，即不必局限于一对电子对的接受的反应。根据这个定义，氧化还原反应也被看成酸碱的反应过程。表 2-2 列出了一些正负离子理论中酸碱中和反应的实例。

表 2-2　正负离子理论的一些酸碱反应

酸 + 碱 ⟶ 盐	解释说明
$CO_2 + Na_2O \longrightarrow Na_2CO_3$	Na_2O 放出负离子 O^{2-}，是碱；CO_2 结合负离子 O^{2-}，是酸
$Fe(CN)_2 + 4KCN \longrightarrow K_4[Fe(CN)_6]$	KCN 放出负离子 CN^-，是碱；$Fe(CN)_2$ 结合负离子 CN^-，是酸
$Cl_2 + 2Na \longrightarrow 2NaCl$	Na 放出电子，是碱；Cl_2 结合电子，是酸
$AgNO_3 + NaCl \longrightarrow AgCl\downarrow + NaNO_3$	NaCl 放出负离子 Cl^-，是碱；$AgNO_3$ 结合负离子 Cl^-，是酸

前面介绍的各种酸碱理论都有其优缺点及其适用范围。阿伦尼乌斯的解离理论适用于水溶液中的 H^+ 和 OH^- 的反应；布朗斯特和劳里的质子理论则除了适用于水溶液体系外，还特别适合于涉及质子转移的酸碱反应；路易斯电子理论无论在无机化学中还是在有机化学中都有广泛的应用，它适合于讨论含有或可以形成配位共价键的任何物种，以及任何其他类型的富电子和缺电子物种之间的反应；溶剂体系理论适合讨论非水溶剂中的反应；鲁克斯-佛罗德理论特别适用于高温下氧化物之间的反应；乌萨诺维奇的正负离子理论则几乎适用于所有无机反应。各理论之间既相互联系又有区别。对于不同情况下的反应，应选用适当的理论来说明。这些理论没有对错之分，只有使用便利性上的差别。例如，在处理水溶液体系中的一般酸碱反应问题时，可应用质子理论或阿伦尼乌斯理论；处理配位化学中的问题时，则往往要借助路易斯酸碱电子理论。

值得注意的是，并非酸碱定义的范围越宽越好。一般认为，凡酸和碱都应该具备方便应用的一些共同特征：①酸碱反应能迅速完成；②一种酸或碱能从化合物中置换出另一种较弱的酸或碱；③借助指示剂，酸和碱可相互滴定；④在催化反应中，能用作酸碱催化剂。

思考题

2-4　试分析酸碱理论有无可能走向统一。

2.2　非水溶剂简介

水以外的溶剂称为非水溶剂(non-aqueous solvent)。化学反应大多数在溶液中进行，水是其中最常用的溶剂。除水以外，还有其他一些溶剂，如液氨、硫酸、四氯化碳、苯以及各种非金属卤化物等。由于溶剂特性的差异，在非水溶剂中可以得到与在水中不同的反应结果。许多不能在水中发生的化学反应，在非水溶剂中却可以发生或向相反的方向进行；非水溶剂在制备无水盐、制备某些异常氧化态的特殊配合物、改变反应速率、改进工艺、提高产率等方面都具有重要的意义。

有机化学工作者很早就用非水溶剂进行各种有机合成工作，发展了大量的有机、无机非水溶剂，如液态 HF 在有机合成中得到广泛应用；生物化学工作者也常用一些非水溶剂作为某些生物化学反应的介质；对于活泼性强、不能用电解盐的水溶液制取的金属，冶金工作者发展了高温熔盐电解方法。

根据溶剂是否含有质子，可将常用的非水溶剂分为质子溶剂和非质子溶剂。表 2-3 列出了常见的几种极性质子溶剂的性质。

表 2-3　几种极性质子溶剂的性质

溶剂	化学式	沸点/℃	相对介电常数	密度/(g · mL^{-1})	偶极矩/D
甲酸	HCO_2H	101	58	1.21	1.41
正丁醇	$CH_3CH_2CH_2CH_2OH$	118	18	0.810	1.63
异丙醇	$(CH_3)_2CH(OH)$	82	18	0.785	1.66
硝基甲烷	CH_3NO_2	101	35.87	1.1371	3.56
乙醇	CH_3CH_2OH	79	24.55	0.789	1.69
甲醇	CH_3OH	65	33	0.791	1.70
乙酸	CH_3CO_2H	118	6.2	1.049	1.74
水	H_2O	100	80	1.000	1.85

2.2.1　非水质子溶剂

基于酸碱质子理论，溶剂水既可以是酸，也可以是碱；基于溶剂理论，在水中能产生 H_3O^+的物质为酸，能产生 OH^-的物质为碱；基于酸碱电子理论，大多数非水溶剂要么是电子对给予体，要么是电子对接受体，因而在非水介质中进行的反应必然与水溶液中进行的反应存在差异，溶剂的酸碱性对化学反应也会产生影响。在常见溶剂中，只有饱和烃没有明显的酸碱性。因此，可以将非水质子溶剂分为酸性溶剂、碱性溶剂和两性溶剂等。

1. 酸性溶剂

酸性溶剂给出质子的能力比水强，接受质子的能力比水弱，即酸性比水强，碱性比水弱。常见的酸性溶剂有：HF、HCOOH、CH_3COOH、H_2SO_4 等。

1) 硫酸

硫酸是重要的酸性质子溶剂。H_2SO_4 分子之间可形成氢键，有较高程度的缔合作用，因此硫酸有较大的黏度($\eta = 24.54$ mPa · s)。硫酸的相对介电常数($\varepsilon = 170$)比水大，自解离常数(10^{-4})比水大约 10 个数量级，是离子型化合物的良好溶剂。其自解离过程为

$$2H_2SO_4(l) = H_3SO_4^+ + HSO_4^- \quad K^{\ominus}(25℃) = [H_3SO_4^+][HSO_4^-] = 2.7 \times 10^{-4}$$

硫酸有强的给质子能力，是酸性很强的溶剂，使得一些在水溶剂中作为酸的物质在 H_2SO_4 中却表现为碱。例如，大多数含氧酸能接受无水硫酸的一个质子而充当碱：

$$H_3PO_4(sol) + H_2SO_4(l) = H_4PO_4^+(sol) + HSO_4^-(sol)$$

硝酸与硫酸反应生成硝鎓离子(NO_2^+)，是有机化学中的芳香硝化反应中的活性物种：

$$HNO_3(sol) + 2H_2SO_4(l) = NO_2^+(sol) + H_3O^+(sol) + 2HSO_4^-(sol)$$

一些在水溶剂中不显碱性的物质在硫酸中能从硫酸夺得质子而显碱性，如 H_2O、醇、醚、酮等都显碱性。

在硫酸中作为酸的物质不多，在水中很强的酸如 $HClO_4$ 和 HSO_3F 也只显弱酸性，硫酸中唯一显强酸的物质是 SO_3 脱掉硼酸分子中的羟基而得到的溶液。

$$B(OH)_3 + 3SO_3 + 2H_2SO_4 = B(OSO_3H)_4^- + H_3SO_4^+$$

例题 2-4

草酸 $H_2C_2O_4$ 在硫酸溶剂中以哪种形式存在？用方程式表示。

解 $H_2C_2O_4$ 在硫酸中作为碱接受质子：

$$H_2C_2O_4 + H_2SO_4 = H_3C_2O_4^+ + HSO_4^-$$

然而，因为形成的 $H_3C_2O_4^+$ 稳定性差，实际反应为

$$H_2C_2O_4 + H_2SO_4 = CO + CO_2 + H_3O^+ + HSO_4^-$$

2) 乙酸

乙酸是一种酸性较弱的质子溶剂，其自解离常数为 10^{-14}。其极性大，分子间可以形成较强的氢键。乙酸的相对介电常数较低($\varepsilon = 6.2$)，离子型化合物在其中的溶解度很低。

通常在水中为碱的物质在乙酸中也是碱，但弱碱会变为强碱，如磷酸二氢钾在乙酸中即为强碱。

$$KH_2PO_4 + HAc = KAc + H_3PO_4$$

在水中为强酸的物质，如 H_2SO_4、$HClO_4$、HBr 和 HNO_3 在乙酸中酸性强弱有如下次序：

$$HClO_4 > HBr > H_2SO_4 > HNO_3$$

例题 2-5

HAc 在液氨和硫酸溶剂中以哪种形式存在？用方程式表示。

解 在液氨中以 Ac^-形式存在：

$$HAc + NH_3 = NH_4^+ + Ac^-$$

在 H_2SO_4 中以 H_2Ac^+形式存在：

$$HAc + H_2SO_4 = HSO_4^- + H_2Ac^+$$

3) 液态氟化氢

氟化氢是酸性和反应活性都很高的有毒溶剂。液态氟化氢(沸点：19.5℃)是相对介电常数(0℃时，$\varepsilon = 84$)与水(25℃时，$\varepsilon = 78$)接近的酸性溶剂，是离子型化合物的良好溶剂。然而，反应活性高和毒性的缺点会带来操作上的问题(如腐蚀玻璃)。氟化氢能快速穿透组织和干扰神经功能，也能腐蚀骨质，并与血液中的钙发生反应。

液态氟化氢是高酸性溶剂，它的质子自递常数高，非常容易产生溶剂化质子：

$$3HF(l) = H_2F^+(sol) + HF_2^-(sol)$$

HF 的共轭碱在形式上应为 F^-，但 HF 与 F^-因具有形成强氢键的能力而易形成二氟化物离子 HF_2^-。在 HF 中，只有非常强的酸才能给出质子而显示酸的功能，如氟磺酸：

$$HSO_3F(sol) + HF(l) = H_2F^+(sol) + SO_3F^-(sol)$$

有机化合物(如酸、醇、醚和酮)在 HF 中能接受质子而充当碱。其他碱也能提高 HF_2^- 的浓度而产生碱性溶液：

$$HAc(l) + 2HF(l) = H_2Ac^+(sol) + HF_2^-(sol)$$

乙酸在该反应中为碱(在水中为酸)。

由于形成 HF_2^-，许多氟化物可溶于液体 HF 中，如 LiF：

$$LiF(s) + HF(l) = Li^+(sol) + HF_2^-(sol)$$

2. 碱性溶剂

碱性溶剂给出质子的能力比水弱，接受质子的能力比水强，即酸性比水弱，碱性比水强。常用的碱性溶剂有胺类，如 $H_2NCH_2CH_2NH_2$、$CH_3CH_2CH_2CH_2NH_2$、$H_2NCH_2CH_2OH$ 等。

液氨为无色液体，是重要的碱性溶剂，也是非水溶剂中研究较多的溶剂。NH_3 分子也能发生类似 H_2O 分子的缔合作用，但液氨分子间的氢键比水分子间的氢键弱，使得液氨的沸点比较低(1 atm，沸点−33℃)。NH_3分子的偶极矩($\mu = 4.88 \times 10^{-30}$ C · m)比水分子(6.13×10^{-30} C · m)小。

液氨中质子自递形成铵和氨基离子：

$$2NH_3 \longequal NH_4^+ + NH_2^- \qquad K^\ominus = 10^{-27}$$

其自递常数比H_2O($K_w = 10^{-14}$)小得多。

液氨的相对介电常数($\varepsilon = 22$)比水小，降低了溶解离子化合物的能力，特别是一些带有较高电荷的离子化合物。虽然相对介电常数低于水，但仍然是无机化合物(如铵盐、硝酸盐、氰化物、硫氰化物)和有机化合物(如胺类、醇类和醚类)的良好溶剂。表 2-4 列出了一些简单盐在液氨和水中的溶解度。

表 2-4　一些简单盐在液氨和水中的溶解度(273 K，g/100 g 溶剂)

盐	NH_3中	H_2O中	盐	NH_3中	H_2O中	盐	NH_3中	H_2O中
LiCl	1.4	63.7	CsCl	0.4	162.2	$CaCl_2$	0.0	59.5
LiI	～7	151	CsI	151.8	44.0	CaI_2	4.0	181.9
$LiNO_3$	138	53.4	$CsNO_3$	—	9.2	$Ca(NO_3)_2$	84.1	102.0
KCl	0.1	27.6	NH_4Cl	66.4	29.7	AgCl	0.3	0.0
KI	184.2	127.5	NH_4I	335	154.2	AgI	84.2	0.0
KNO_3	10.7	13.3	NH_4NO_3	274	118.3	$AgNO_3$	～80	122

NH_3中 N 原子的电负性小于水分子中的 O 原子，因而NH_3比H_2O的碱性强，易与一些金属离子如Ni^{2+}、Ag^+、Cu^{2+}、Zn^{2+}等配位，增加了这些离子化合物在液氨中的溶解度。此外，在液氨中，溶剂NH_3分子之间的范德华力和NH_3与一些非极性(特别是有机物)和易极化物质之间的偶极作用大致相等，这些物质在液氨中的溶解度比在水中大。

由于NH_3的碱性强，某些物质在NH_3中的酸碱行为明显不同于在水中的行为。例如，在水中呈弱酸的某些物质，在液氨中变成了强酸：

$$HAc + NH_3 \longequal NH_4^+ + Ac^-$$

某些根本不显酸性的分子也可以在NH_3中表现为弱酸：

$$CO(NH_2)_2 + NH_3 \longequal NH_4^+ + H_2NCONH^-$$

大部分在水中被认为是碱的物质在NH_3中要么不溶解，要么表现为弱碱，只有在水中极强的碱才能在液NH_3中表现为强碱。

$$H^- + NH_3 \longequal NH_2^- + H_2\uparrow$$

在液氨中进行的无机化学反应主要可以分为[15,24]：

1) 氨合反应

溶剂 NH_3 分子与路易斯酸直接配位的反应。例如：

$$CrCl_3 + 6NH_3 = [Cr(NH_3)_6]Cl_3$$

$$BF_3 + NH_3 = F_3BNH_3$$

2) 氨解反应

在液氨中，可以发生与水解反应类似的氨解反应，但由于 NH_3 的解离作用比水小，氨解反应不如水解反应普遍。例如：

$$Cl_2 + 2NH_3 = NH_2Cl + NH_4^+ + Cl^-$$

对比 $$Cl_2 + 2H_2O = HOCl + H_3O^+ + Cl^-$$

$$BCl_3 + 3NH_3 = B(NH_2)_3 + 3HCl$$

对比 $$BCl_3 + 3H_2O = B(OH)_3 + 3HCl$$

3) 酸碱反应

酸 (NH_4^+) 与碱 (NH_2^-) 反应生成溶剂氨分子的反应。例如：

$$NH_4I + KNH_2 = KI + 2NH_3$$

由于液氨是碱性溶剂，在水中为强酸和弱酸的物质在液氨中都被“拉平”成强酸，如 $HClO_4$ 和 HAc 在液氨中都是强酸。拉平效应同样也表现在碱与液氨的反应中，在水中为强碱的物质在液氨中被“拉平”到氨基负离子的碱性水平。

$$H^- + NH_3 = NH_2^- + H_2\uparrow$$

$$O^{2-} + NH_3 = NH_2^- + OH^-$$

4) 非酸碱反应

由于溶解度的差异，一些反应在 NH_3 和 H_2O 中完全不同。例如，在水溶剂中 KCl 和 $AgNO_3$ 的反应为

$$KCl + AgNO_3 = AgCl\downarrow + KNO_3$$

而在液氨中反应为

$$AgCl + KNO_3 = KCl\downarrow + AgNO_3$$

AgCl 和 KCl 在两种溶剂中的溶解度差异主要来自水和氨溶剂对阳离子的溶剂化作用不同。

3. 两性溶剂

甲醇、乙醇等初级醇本身既不是酸也不是碱，但这些溶剂可以因诱导而使溶

质呈现出酸碱性，而溶剂本身既能作为质子接受体发挥碱的作用，又能作为质子的给予体发挥酸的作用。例如：

$$NH_4^+ + EtOH(碱) \rightleftharpoons NH_3 + EtOH_2^+$$

$$RNH_2 + EtOH(酸) \rightleftharpoons RNH_3^+ + EtO^-$$

某物质如果在水和乙醇中都能解离，以酸为例：

$$HA \rightleftharpoons H^+ + A^-$$

其解离自由能变和解离常数的关系分别为：在水中，$\Delta G_{水}^{\ominus} = -RT\ln K_{a,水}$；在醇中，$\Delta G_{醇}^{\ominus} = -RT\ln K_{a,醇}$。

$$\Delta G_{水}^{\ominus} - \Delta G_{醇}^{\ominus} = -RT\ln K_{a,水} + RT\ln K_{a,醇} \tag{2-20}$$

$$\Delta G_{水}^{\ominus} - \Delta G_{醇}^{\ominus} = -RT\ln\frac{K_{a,水}}{K_{a,醇}} \tag{2-21}$$

假定解离产生的是两个单电荷的离子，两离子间的静电吸引能与溶剂的相对介电常数 ε 成反比：

$$\Delta G^{\ominus} = f/\varepsilon \tag{2-22}$$

根据玻恩的推导，$f = N_A e^2 / 4\pi r\varepsilon_0$，假定离子间距离 $r = 200$ pm，且 $Z = 1$，则根据玻恩公式可算出 f 值。由式(2-22)得

$$\Delta G_{水}^{\ominus} - \Delta G_{醇}^{\ominus} = f\left(\frac{1}{\varepsilon_{水}} - \frac{1}{\varepsilon_{醇}}\right) \tag{2-23}$$

已知 $\varepsilon_{水} = 78.5$，$\varepsilon_{乙醇} = 24.3$，代入 f，得 $\Delta G_{水}^{\ominus} - \Delta G_{醇}^{\ominus} = -19.7\ \text{kJ} \cdot \text{mol}^{-1}$。即在水中，由于水的相对介电常数大，静电自由能小，相应地解离所需能量小，容易解离。

物质在水中和乙醇中的解离常数之比为

$$\ln\frac{K_{a,水}}{K_{a,醇}} = -\frac{\Delta G_{水}^{\ominus} - \Delta G_{醇}^{\ominus}}{RT} = 7.95 \tag{2-24}$$

$$K_{a,水} / K_{a,醇} = 2839 \tag{2-25}$$

说明该物质在水中和醇中解离程度相差较大，在醇中的解离常数只为水中的 1/2839，在水中为弱酸或弱碱，在醇中将更弱。

2.2.2 非质子溶剂

非质子溶剂(aprotic solvent)既没有给出质子的能力，也没有接受质子的能力，

其相对介电常数通常比较小，在这类溶剂中物质难以解离。例如，$CHCl_3$、CCl_4、苯等都属于非质子溶剂。因不含质子，酸碱理论也从“质子体系”推广到“非质子体系”。非质子溶剂的种类多、范围广，通常根据液态分子起支配作用的力可将溶剂分成以下三类。

1. 范德华溶剂

一些非极性物质如 CS_2、CCl_4、正己烷、苯等都属于范德华(van der Waals)溶剂。这类溶剂的溶剂分子间只存在弱的色散力作用，溶剂-溶质分子间只存在分子间力，离子型化合物和强极性分子化合物在范德华溶剂中难溶，而非极性化合物的溶解度较大。非极性溶质溶于非极性溶剂时，由于非极性溶质之间的相互作用也很弱，溶质易于分散，溶剂与溶剂之间的弱相互作用被分散的溶质破坏，溶质或溶剂分子之间的有序状态被解体，因而溶解过程是熵增加的过程，溶解度变大。

2. 路易斯碱溶剂

路易斯碱溶剂分子极性大，分子间存在强相互作用，如二甲亚砜(DMSO)、*N*，*N*-二甲基甲酰胺(DMF)等。它们在性质上类似于水，但在空间的突出位置上常键合有氧或氮原子，可以作为路易斯碱提供电子，是良好的配位溶剂。

路易斯碱溶剂的相对介电常数在一定范围时，既能增加离子化合物在其中的溶解度，又能减弱离子对的生成。表 2-5 列出了某些路易斯碱溶剂的物理常数，这些溶剂分子一般是有机小分子化合物，介电常数和溶剂化能都满足要求。

表 2-5　部分路易斯碱溶剂的物理常数

名称	熔点/K	沸点/K	偶极矩/(10^{-30} C · m)	相对介电常数
N-甲基乙酰胺(NMA)	301	479	12.44	165
碳酸丙烯酯(PC)	218	513	16.60	89
二甲亚砜(DMSO)	291	463	13.20	45
乙腈(MeCN)	225	355	13.07	39
二甲基乙酰胺(DMA)	253	438	12.70	38
N，*N*-二甲基甲酰胺(DMF)	212	426	12.74	37
硝基甲烷($MeNO_2$)	244	374	11.67	36
六甲基磷酰三胺(HMPA)	281	505	17.90	30
丙酮	178	329	9.47	20
吡啶(py)	231	388	7.30	12

路易斯碱溶剂通过形成配位阳离子来溶解溶质，是这类溶剂溶解溶质的共同

特点，如表中的溶剂(除吡啶外)都能溶解 $FeCl_3$ 形成 $FeCl_2S_4^+$ (S 指溶剂分子)类型的配合物。

$$2FeCl_3 + 4S \longrightarrow [FeCl_2S_4^+][FeCl_4^-]$$

3. 离子自递溶剂

这类溶剂分子极性大，容易发生溶剂分子之间、溶剂和溶质分子之间以及溶质分子之间的离子转移反应，如 $POCl_3$、BrF_3、$SbCl_3$、IF_5、SO_2 等。它们进行解离时，电负性大的阴离子如 F^-、O^{2-}和 Cl^-会从一个溶剂分子传递到另一个溶剂分子。例如：

$$POCl_3 + nPOCl_3 = POCl_2^+ + [Cl(POCl_3)_n]^- \qquad K^{\ominus} = 2 \times 10^{-8}$$

$$SbCl_3 + SbCl_3 = SbCl_2^+ + SbCl_4^- \qquad K^{\ominus} = 8 \times 10^{-7}$$

$$BrF_3 + BrF_3 = BrF_2^+ + BrF_4^- \qquad K^{\ominus} = 8 \times 10^{-3}$$

$$IF_5 + IF_5 = IF_4^+ + IF_6^- \qquad K^{\ominus} = 5 \times 10^{-6}$$

由于溶剂的 F^-、Cl^-等阴离子的自由解离，它们都是强的氯化剂和氟化剂，除可作卤化试剂外，还可作为配位试剂。例如：

$$SbCl_5 + POCl_3 = POCl_2^+ + SbCl_6^-$$

$$TiCl_4 + 2POCl_3 = TiCl_4(OPCl_3)_2$$

$$TiCl_4(OPCl_3)_2 + POCl_3 = [TiCl_3(OPCl_3)_3]^+ + Cl^-$$

$$TiCl_4(OPCl_3)_2 + Cl^- = [TiCl_5(OPCl_3)]^- + POCl_3$$

$$[TiCl_5(OPCl_3)]^- + Cl^- = TiCl_6^{2-} + POCl_3$$

四氧化二氮(N_2O_4)以液体存在的温度范围很窄(熔点和沸点分别为−11.2℃和21.2℃)。它发生两种自解离反应：

$$N_2O_4(l) = NO^+(sol) + NO_3^-(sol)$$

$$N_2O_4(l) = NO_2^+(sol) + NO_2^-(sol)$$

加入路易斯碱(如二乙基醚)能促进前一种自解离反应：

$$N_2O_4(l) + :X = XNO^+(sol) + NO_3^-(sol)$$

加入路易斯酸(如 BF_3)能促进后一种自解离反应：

$$N_2O_4(l) + BF_3(sol) = NO_2^+(sol) + F_3BNO_2^-(sol)$$

N_2O_4的相对介电常数低，该溶剂不适用于无机化合物的溶解，却是酯类、羧酸类、卤化物和有机硝基化合物的良好溶剂。

例题 2-6

在 BrF_3 中滴定$[BrF_2][SbF_6]$与 $Ag[BrF_4]$，写出滴定反应方程式并分析其中的酸和碱。

解

$$[BrF_2][SbF_6] + Ag[BrF_4] = Ag[SbF_6] + 2BrF_3$$

其中，$[BrF_2][SbF_6]$为酸，$Ag[BrF_4]$为碱。

2.2.3 离子液体

离子液体(ionic liquid)是指在室温或接近室温下呈液态、完全由阴阳离子所组成的盐，也称为低温熔融盐。离子液体作为离子化合物，其熔点较低的主要原因是组成离子液体的阳离子和阴离子的体积差异较大且对称性较低，阴阳离子无法有序且有效地相互吸引，导致阴阳离子间的静电势较低。离子液体的种类繁多，通过分子设计，可以得到具有如疏水性、亲水性、低黏性、高传导率、宽的电化学窗口和酸碱性等功能化离子液体。

离子液体一般由有机阳离子和无机或有机阴离子构成。常用的离子液体的阳离子是带有不同烷基取代基的季铵、季鏻、咪唑类、吡啶类、吡咯类等(图 2-6)，而阴离子通常为 Cl^-、Br^-、I^-、$[BF_4]^-$、$[PF_6]^-$、$[AlCl_4]^-$、$[Al_2Cl_7]^-$、$[CF_3CO_2]^-$、$[CF_3SO_3]^-$等。

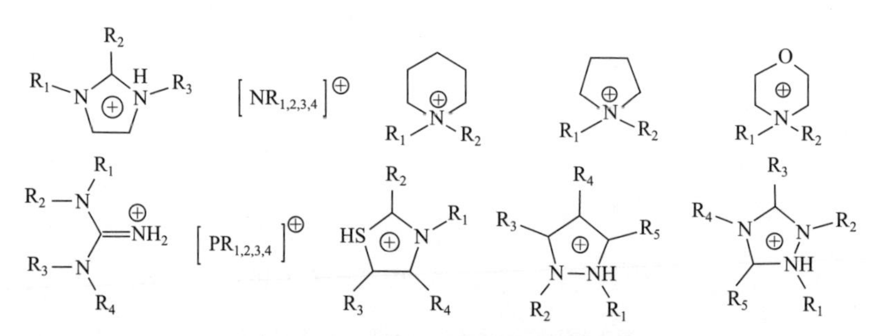

图 2-6 组成离子液体的各类阳离子

与传统的有机溶剂相比，离子液体具有独特的性质：

(1) 液态温度范围宽，从低于或接近室温到 300℃，并具有良好的物理和化学稳定性。

(2) 蒸气压低，不易挥发，消除了挥发性有机化合物(volatile organic compound，VOC)环境污染问题。

(3) 对大量的无机和有机物质表现出良好的溶解能力，具有溶剂和催化剂的双重功效，可作为许多化学反应的溶剂或催化活性载体。

(4) 其物理、化学性质可以通过改变阴阳离子的结构来实现，具有较大的可调控性，密度大，可形成两相或多相体系，适合作分离溶剂或构成反应-分离耦合新体系。

(5) 电化学稳定性高，具有较高的电导率和较宽的电化学窗口，可以用作电化学反应介质或电解液。

(6) 良好的离子导电与导热性、高热容及热能储存密度。

(7) 良好的透光性与高折光率。

(8) 通过阴阳离子设计可表现出酸碱性和其他物理化学性质。

离子液体的以上性质使其兼有液体与固体的特性，在电化学、有机合成、催化、分离等领域被广泛应用，近年来与离子液体相关的论文数量也以极快的速度增长(图 2-7)。

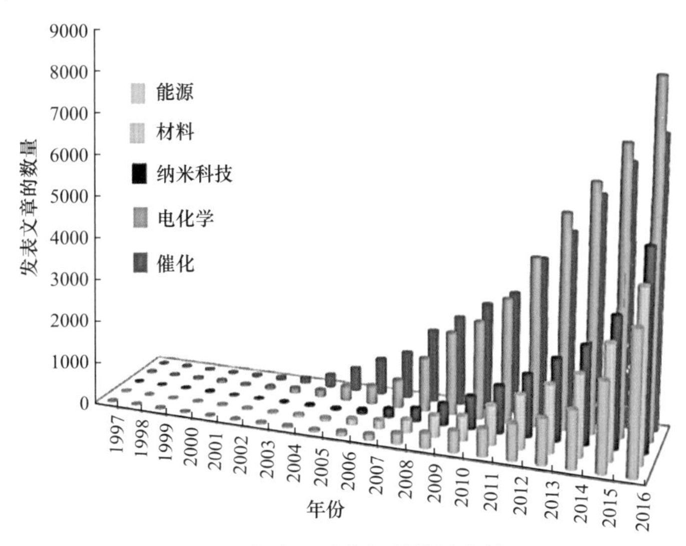

图 2-7 与离子液体相关的论文数量

2.2.4 超临界流体

高于临界温度和临界压力的流体是超临界流体(supercritical fluid)。这类流体分子之间的作用力介于气体和液体分子之间，既具有类似液体的密度、溶解能力和良好的流动性，又具有类似气体的扩散系数和低黏度，会出现流体的密度、黏度、溶解度、介电常数等物性发生急剧变化的现象。这种状态的物质可提高多种溶质的溶解能力，并能与多种气体完全混溶。例如，超临界二氧化碳(图 2-8)被广泛应用于催化[25]、萃取分离、精细化工、材料制备、生物工程等多个领域。

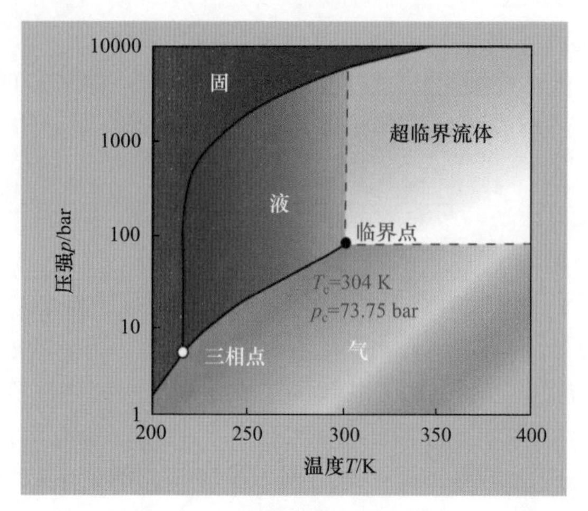

图 2-8　CO_2的相图(1 bar = 10^5 Pa)

以超临界 CO_2 代替有机溶剂，工业过程结束时可将超临界 CO_2 通过减压的办法除去并回收循环使用。超临界 CO_2 用作溶剂的另一优点是不燃烧。

水是应用最为广泛的溶剂。与正常水相比，超临界水(p_c = 22.0 MPa，T_c = 374℃)(图 2-9)的性质存在显著变化。接近临界点时发生很高程度的自解离反应(pK_w 由原来的 14 变为 11 左右)，临界点以上发生自解离的程度则要低得多(600℃和 25.33 MPa 时，pK_w 约为 20)。因此，调整温度和压力可使具体化学反应使用的溶剂实现最优化。烃类等非极性有机物与极性有机物一样可完全与超临界水互溶，氧气、氮气、一氧化碳、二氧化碳等气体也能以任意比例溶于超临界水中，无机物尤其是盐类在超临界水中的溶解度很小。超临界水还具有很好的传质、传热性质。这些特性使得超临界水成为一种优良的反应介质。

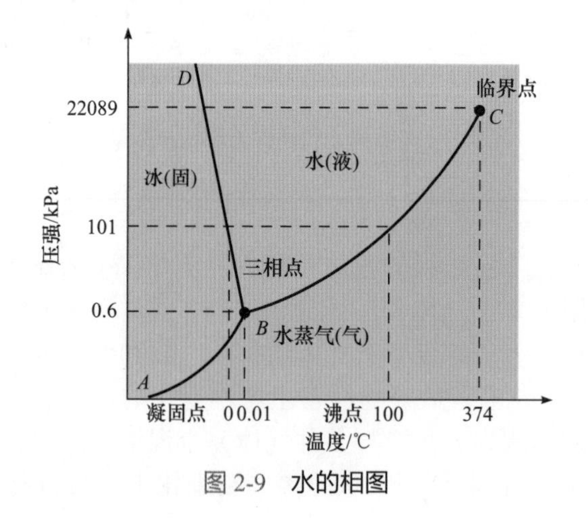

图 2-9　水的相图

2.2.5 非水溶剂中质子酸的强度

由于 pH 标度的适用性有限，一种表示较浓溶液或非水溶液酸度的定量标尺就显得尤为重要。1932 年，哈米特(L. P. Hammett，1894—1987)[26-27]提出了一种测定弱碱指示剂在酸性溶液中质子化程度的方法来描述酸的强度。电中性的弱碱 B 与溶剂化的质子(H_2A^+)在溶剂 HA 中的质子转移反应为

$$B + H_2A^+ \rightleftharpoons BH^+ + HA$$

溶剂为 HA，上述反应可以简写为

$$B + H^+ \rightleftharpoons BH^+$$

$$K_{BH^+} = \frac{a(H^+)a(B)}{a(BH^+)} = a(H^+)\frac{c(B)}{c(BH^+)}\frac{\gamma(B)}{\gamma(BH^+)} \tag{2-26}$$

式中，B 代表弱碱指示剂；K_{BH^+} 为 BH^+的解离常数；a(B)、$a(BH^+)$分别为 B 和 BH^+的活度。

哈米特[26-27]定义酸度函数 H_0 为

$$H_0 = -\lg a(H^+)\frac{\gamma(B)}{\gamma(BH^+)} = -\lg K_{BH^+} + \lg\frac{c(B)}{c(BH^+)} \tag{2-27}$$

在稀溶液中，活度系数γ(B)和$\gamma(BH^+)$接近 1，哈米特酸度函数表达的结果与 pH 相同。另外，假设在给定溶液中，对不同的碱来说，$\gamma(B)/\gamma(BH^+)$的比值相同，可将 H_0 的表达式写为

$$H_0 = pK_{BH^+} + \lg\frac{[B]}{[BH^+]} \tag{2-28}$$

式(2-28)的物理意义是指某强酸的酸度可通过一种与强酸反应的弱碱指示剂的质子化程度来量度(表 2-6)。显然，在水溶液中，H_0 相当于 pH，因而 H_0 标度可以看作是更一般的 pH 标度。H_0 越小，酸度越大；H_0 越大，碱性越强。

表 2-6 部分哈米特碱的 pK_{BH^+}

碱	名称	pK_{BH^+}
3-nitroaniline	3-硝基苯胺	2.50
2,4-dichloroaniline	2,4-二氯苯胺	2.00
4-nitroaniline	4-硝基苯胺	0.99
2-nitroaniline	2-硝基苯胺	0.29
4-chloro-2-nitroaniline	4-氯-2-硝基苯胺	1.03
5-chloro-2-nitroaniline	5-氯-2-硝基苯胺	1.54

续表

碱	名称	pK_{BH^+}
2,5-dichloro-4-nitroaniline	2,5-二氯-4-硝基苯胺	1.82
2-chloro-6-nitroaniline	2-氯-6-硝基苯胺	2.46
2,6-dichloro-4-nitroaniline	2,6-二氯-4-硝基苯胺	3.24
2,4-dichloro-6-nitroaniline	2,4-二氯-6-硝基苯胺	3.29
2,6-dinitro-4-methylaniline	2,5-二硝基-4-甲基苯胺	4.28
2,4-dinitroaniline	2,4-二硝基苯胺	4.48
2,6-dinitroaniline	2,6-二硝基苯胺	5.48
4-chloro-2,6-dinitroaniline	4-氯-2,6-二硝基苯胺	6.17
6-bromo-2,4-dinitroaniline	6-溴-2,4-二硝基苯胺	6.71
3-methyl-2,4,6-trinitroaniline	3-甲基-2,4,6-三硝基苯胺	8.37
3-bromo-2,4,6-trinitroaniline	3-溴-2,4,6-三硝基苯胺	9.62
3-chloro-2,4,6-trinitroaniline	3-氯-2,4,6-三硝基苯胺	9.71
2,4,6-trinitroaniline	2,4,6-三硝基苯胺	10.10
para-nitrotoluene	对硝基甲苯	11.35
meta-nitrotoluene	间硝基甲苯	11.99
nitrobenzene	硝基苯	12.14
para-nitrofluorobenzene	对氟硝基苯	12.44
para-nitrochlorobenzene	对氯硝基苯	12.70
meta-nitrochlorobenzene	间氯硝基苯	13.16
2,4-dinitrotoluene	2,4-二硝基甲苯	13.76
2,4-dinitrofluorobenzene	2,4-二硝基氟苯	14.52
2,4,6-trinitrotoluene	2,4,6-三硝基甲苯	15.60
1,3,5-trinitrobenzene	1,3,5-三硝基甲苯	16.04

通过适当地选择溶剂和酸或碱的浓度，可以得到不同强度 H_0 的溶液体系。

2.3 溶剂的拉平效应和区分效应

酸的强弱通过给出质子的能力判断。这一方面与酸自身的能力有关，另一方面与碱接受质子的能力有关。将酸溶于溶剂中时，酸的强度依赖于溶剂接受质子的能力。例如，乙酸在水中和液氨中的强度大不相同。溶剂的拉平效应和区分效应指的是溶剂对酸碱性质的影响。酸的强度受溶剂的碱性影响，同样，碱的强度也受溶剂酸性的影响。

水是最常见的溶剂，由于水能发生微弱的电离产生水合氢离子和氢氧根离子，而具有微弱的导电性。按照酸碱质子理论，水的自解离(self-ionization of water)平衡可表示为

$$H_2O(l) + H_2O(l) \rightleftharpoons H_3O^+(aq) + OH^-(aq)$$

常简写为

$$H_2O(l) \rightleftharpoons H^+(aq) + OH^-(aq)$$

标准平衡常数表达式为

$$K_w^{\ominus} = [H^+][OH^-] \tag{2-29}$$

由表 2-7 可以看出，水的离子积(ionic product of water)随温度变化而变化。由于水的解离是吸热反应，故温度升高，数值增大。为方便计算，常使用 22℃的数值($=1.0 \times 10^{-14}$)。

表 2-7 不同温度下水的离子积

T/K	273	283	295	298	313	323	373
$K_w^{\ominus}$	0.13×10^{-14}	0.36×10^{-14}	1.0×10^{-14}	1.27×10^{-14}	3.8×10^{-14}	5.6×10^{-14}	7.4×10^{-14}

氢离子或氢氧根离子浓度的改变能引起水的解离平衡的移动。溶液中 H^+浓度或 OH^-浓度的大小反映了溶液酸碱性的强弱。一般稀溶液中，$[H^+]$的浓度范围在 10^{-1}～10^{-14} mol · L^{-1} 之间。因此，通常习惯于以$[H^+]$ (严格讲应是活度)的负对数来表示，即 $pH = -\lg[H^+]$。

与 pH 对应的还有 pOH，即 $pOH = -\lg[OH^-]$。

$$K_w^{\ominus} = [H^+][OH^-] = 1.0\times10^{-14}$$

$$pK_w^{\ominus} = pH + pOH = 14$$

酸性溶液$[H^+] > 10^{-7}$ mol · L^{-1}，pH＜7；中性溶液$[H^+] = 10^{-7}$ mol · L^{-1}，pH = 7；碱性溶液$[H^+] < 10^{-7}$ mol · L^{-1}，pH＞7。

pH 是用来表示水溶液酸碱性的一种标度。pH 越小，H^+浓度越大，溶液的酸性越强，碱性越弱。

pH 仅适用于 H^+或 OH^-浓度在 1 mol · L^{-1} 以下的溶液酸碱性(图 2-10)。

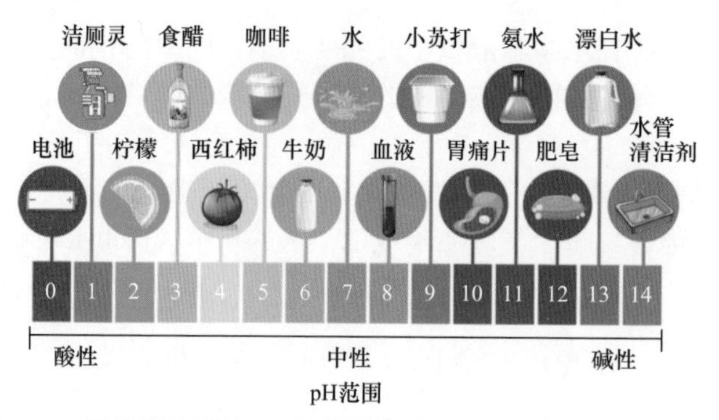

图 2-10 某些常见溶液 pH 的大概范围(部分溶液有 pH±1 的浮动)

在水中，最强的酸和碱分别为 H_3O^+和 OH^-。在水中，1 mol · L^{-1} 强酸溶液的 pH 为 0，1 mol · L^{-1} 强碱溶液的 pH 为 14。因此，在水中只有 0＜pH＜14 的酸或碱的强度可以被分辨，酸的强度在 pH＜0 和碱的强度在 pH＞14 时无法被区分，这个区间被称为水的分辨区。

例如，H_2CO_3 和 HCO_3^- 在水中都是质子酸，前者 $pK_{a1}^{\ominus} = 6.37$，后者 $pK_{a2}^{\ominus} = 10.25$，由于它们的 $pK_{a1}^{\ominus}$ 都落在水的分辨区内，因此溶剂水可以区分它们。只要选取合适的指示剂，就可以在水溶剂中对 H_2CO_3、HCO_3^- 分别进行滴定。事实上在水溶液中分别使用酚酞和甲基橙指示剂，就可以用 NaOH 对它们进行分别测定。然而，要在水溶剂中区分开 $HClO_4$($pK_a^{\ominus} = -10$)、H_2SO_4($pK_{a1}^{\ominus} = -2.8$)、HCl($pK_a^{\ominus} = -7$)和 HNO_3($pK_a^{\ominus} = -1.4$)的强弱无法做到。这是由于 H_2O 接受质子的能力较强，四者均完全解离，酸度拉平到 H_3O^+的水平，比较不出强弱。因此，H_2O 对这几种酸是拉平溶剂(leveling solvent)。若用一种比水酸性强的溶液作溶剂，上述强酸的给质子能力的差异就会表现出来。例如，用冰醋酸作溶剂，由于 HAc 接受质子的能力比 H_2O 弱得多，这几种酸在 HAc 中部分解离。因此可以根据几种酸在 HAc 中解离程度的大小，比较酸性的强弱。在 HAc 中，这些酸的摩尔电导的比值为：$HClO_4$: H_2SO_4 : HCl : HNO_3 = 400 : 30 : 9 : 1。区分出的几种酸的强度次序为：$HClO_4$＞H_2SO_4＞HCl＞HNO_3。即 HAc 对它们有区分效应(differentiating effect)，HAc 是几种酸的分辨溶剂或区分溶剂(differentiating solvent)。

同一种溶剂既可以是拉平溶剂，也可以是区分溶剂。酸性较强的溶剂是强酸的区分溶剂，却是碱的拉平溶剂；酸性较弱的溶剂，对弱碱具有区分效应，但对强酸具有拉平效应。因此，溶剂的拉平效应和区分效应与溶质、溶剂的酸碱相对强度有关。例如，水是 HCl、HBr、HI 等强酸的拉平溶剂，同时是 HCl 和 HAc 的区分溶剂，所以在水溶剂中 HCl 是强酸，HAc 是弱酸。然而，在碱性比水强的液氨溶剂中，HAc 也显出强酸性，因此，在液氨中 HCl 和 HAc 均表现为强酸性，

HCl 和 HAc 上的质子都转移到 NH_4^+ 上，NH_3 将它们的酸性都拉平到 NH_4^+ 的水平，HCl 和 HAc 在液氨中不存在强度上的差别，液氨是 HCl 和 HAc 的拉平溶剂。同理，在水溶液中最强的碱是 OH^-，更强的碱(如 O^{2-}、NH_2^- 等)都被拉平到 OH^- 水平，只有比 OH^- 弱的碱(如 NH_3、$HCOO^-$ 等)，其强弱才能被分辨出来。

溶剂对于溶质的酸碱性的拉平和区分效应具有固定的范围，此范围由溶剂的自解离常数决定。例如，水的自解离常数 $pK_w = 14$，则水的有效区分范围为 $pK_a = 0 \sim 14$。

对于液氨，其自解离方程为

$$NH_3 + NH_3 \rightleftharpoons NH_4^+ + NH_2^-$$

$$K_{NH_3} = [NH_4^+][NH_2^-] = 10^{-27}, \quad pK_{NH_3} = 27$$

对于冰醋酸，其自电离方程为

$$HAc + HAc \rightleftharpoons H_2Ac^+ + Ac^- \quad pK_{HAc} = 12.7$$

因此，液氨和冰醋酸的区分宽度分别为 27 和 12.7。而对于非质子溶剂，因其质子自递常数/自解离平衡常数 K_s(s 表示 solvent，指溶剂)趋于零，pK_s 会趋于无穷，则区分范围无限，不具有拉平效应。溶剂的 pK_s 越大，其区分范围越宽。

溶剂区分范围的上限和下限取决于溶剂的 pK_s 和溶剂在水中的 pK_a(图 2-11 和表 2-8)。酸性溶剂的区分范围为 $pK_a - pK_s \sim pK_a$，碱性溶剂的区分范围为 $pK_a \sim pK_s + pK_a$。

乙酸在水中的解离为

$$HAc + H_2O = H_3O^+ + Ac^-$$

$$K_a = \frac{[H_3O^+][Ac^-]}{[HAc]} = 1.77 \times 10^{-5} \quad pK_a = 4.75$$

乙酸的分辨范围为−7.95～4.75。

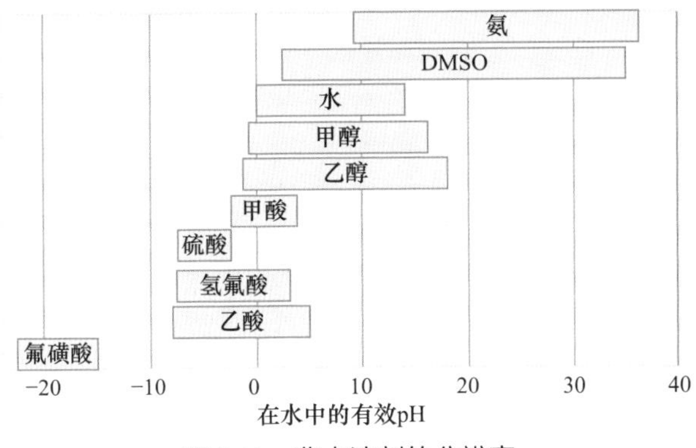

图 2-11　非水溶剂的分辨窗

液氨在水中的解离为

$$NH_3 \cdot H_2O \longrightarrow NH_4^+ + OH^-$$

$$K_b = \frac{[NH_4^+][OH^-]}{[NH_3 \cdot H_2O]} = 1.77 \times 10^{-5} \quad pK_a = 14 - pK_b = 9.25$$

则液氨的分辨范围为 9.25～36.25。

溶质在溶剂中的酸碱性由溶质和溶剂共同决定。若溶质在水中的 pK_a 小于溶剂的区分范围下限，则溶质呈现强酸性，即被拉平到强酸的水平；若 pK_a 大于溶剂的区分范围上限，此时溶质呈现强碱性，即被拉平到强碱的水平。例如，水为溶剂时，$HClO_4$、H_2SO_4、HI、HBr、HCl 和 HNO_3 在水中的 pK_a 分别为−9.0、−7.0、−3.0、−3.0、−3.0 和−2.0，均小于水的区分范围的下限 0，因此在水中这些酸都被拉平到 H_3O^+的水平，均为强酸。但在 HAc 溶液中，由于它们都位于乙酸的区分范围内，其质子酸的酸性低于溶液中能存在的最强质子酸 H_2Ac^+，所以在乙酸中其酸度差别能显示出来。

例如，在水中 H_3PO_4 是弱酸($pK_{a1} = 2.10$)，可以区分，表现为解离平衡而显弱酸性。但在液氨中，H_3PO_4 的 pK_{a1} 因小于 9.25 显强酸性而被拉平。又如，液氨在水中 $pK_a = 9.25$，处于水的有效区分范围，显示为弱碱，但在乙酸中因其 $pK_{a1}>4.75$ 而被乙酸拉平，显示为强碱。二甲亚砜(DMSO)的 $pK_s = 32$，分辨区宽度为 32 个单位，分辨区较宽，因此使用 DMSO 作溶剂可以研究大范围内的各种酸。而对于 H_2SO_4，其 $pK_s = 3.6$，分辨区宽度仅为 3.6 个单位，区分范围十分窄，在其中能区分的酸的数目有限。

表 2-8　几种溶剂相对于水的有效区分范围

溶剂	pK_s	在水中的 pK_a	有效区分范围(pK_a)	分辨区宽度
水	14	—	0～14	14
液氨	27	9.25	9.25～36.25	27
二甲亚砜	32	35	3～35	32
甲醇	16.7	16	−0.7～16	16.7
乙醇	19.1	18	−1.1～18	19.1
甲酸	6.2	3.75	−2.45～3.75	6.2
硫酸	3.6	−2.8	−6..4～−2.8	3.6
氢氟酸	10.7	3.2	−7.5～3.2	10.7
乙酸	12.7	4.75	−7.95～4.75	12.7
氟磺酸	7.4	−15.1	−22.5～−15.1	

2.4　超　强　酸

2.4.1　超强酸定义

超强酸(superacid)是比传统的布朗斯特强酸(如硫酸)或路易斯酸(如三氯化铝)更强的酸性体系。1927 年，科南特(J. B. Conant，1893—1978)[28]首次提出超强酸的概念。他们在研究非水酸性溶液时发现，在冰醋酸中，硫酸和高氯酸能与各种弱碱如酮和其他羰基化合物等形成盐，而这些弱碱却不能与水溶液中的硫酸和高氯酸形成盐。他们将冰醋酸中的这些酸称为超强酸溶液(superacid solution)。之后，这一概念并未得到进一步的拓展。

1968 年，欧拉[29-31]研究极强酸性的非水溶液体系，获得了稳定的碳正离子，超强酸体系再次得到关注。例如，在 140℃时，$FSO_3H\text{-}SbF_5$ 体系将甲烷质子化得到叔丁基碳正离子[31]：

$$CH_4 + H^+ \longrightarrow CH_5^+$$

$$CH_5^+ \longrightarrow CH_3^+ + H_2$$

$$CH_3^+ + 3CH_4 \longrightarrow (CH_3)_3C^+ + 3H_2$$

1971 年，吉列斯比(R. J. Gillespie，1924—2021)[32-33]提出，超强酸是任何强于 100%硫酸的体系，即 $H_0 \leqslant -11.93$(表 2-9)。氟磺酸和三氟甲基磺酸都是布朗斯特酸，H_0 值分别约为−15.07 和−14.1，其酸性强于硫酸，属于超强酸。

科南特

欧拉

吉列斯比

表 2-9　液体超强酸的种类和酸强度

液体超强酸(比例)	酸强度 H_0	液体超强酸(比例)	酸强度 H_0
HF	−10.2	$HF\text{-}SbF_5$ (1 ∶ 0.008)	−13.5
$BF_3\text{-}H_2O$ (1 ∶ 1)	−11.4	$ClSO_3H$	−13.8
H_2SO_4	−11.93	$HF\text{-}SbF_5$ (1 ∶ 0.06)	−14.3
$H_2SO_4\text{-}SO_3$ (1 ∶ 0.2)	−13.41	$H_2SO_4\text{-}SO_3$ (1 ∶ 1)	−14.44

续表

液体超强酸(比例)	酸强度 H_0	液体超强酸(比例)	酸强度 H_0
FSO_3H	−15.07	$HF\text{-}TaF_5$	−18.85
$HF\text{-}SbF_5$ (1 : 0.14)	−15.3	$FSO_3H\text{-}SbF_5$ (1 : 0.1)	−18.94
$FSO_3H\text{-}SO_3$ (1 : 0.1)	−15.52	$FSO_3H\text{-}SbF_5$ (1 : 0.2)	−20
$FSO_3H\text{-}AsF_5$ (1 : 0.005)	−16.61	$HF\text{-}SbF_5$ (1 : 0.03)	−20.3
$FSO_3H\text{-}TaF_5$ (1 : 0.2)	−16.7	$HF\text{-}SbF_5$	−24.33
$FSO_3H\text{-}SbF_5$ (1 : 0.05)	−18.24	$FSO_3H\text{-}SbF_5$ (1 : 1)	−26.5

可以通过两种方式使一种酸增强为超强酸：

(1) 在强布朗斯特酸 HA(H_0<−10)中加入另一种布朗斯特强酸 HB 以增加解离度。

$$HA + HB \longequal H_2A^+ + B^- \tag{2-30}$$

(2) 在布朗斯特强酸 HA 中加入路易斯强酸(L)以形成共轭酸，通过形成离域的离子影响酸的解离：

$$2HA + L \longequal H_2A^+ + LA^- \tag{2-31}$$

以上两种形式都大大增强了原有酸的酸性。图 2-12[33]显示了在原来的酸 HA 中添加路易斯酸后，原有体系酸性大大增强。

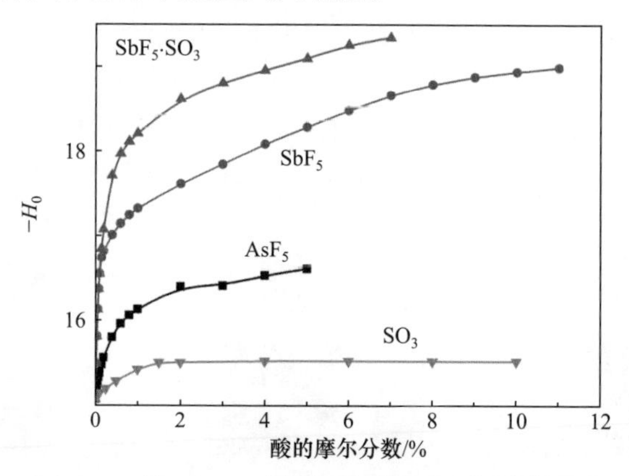

图 2-12　纯 HSO_3F 中添加路易斯酸后的酸性变化

1966 年，美国凯斯西储大学欧拉实验室研究人员无意中将蜡烛放进酸性溶液($SbF_5\text{-}FSO_3H$)中，发现含有饱和碳氢化合物的蜡烛竟在室温下被溶解。进一步的研究发现，这种溶液的核磁共振(NMR)谱图上竟出现了一个尖锐的碳正离子峰。欧拉实验室人员称 $SbF_5 \cdot FSO_3H$ 为“魔酸”(magic acid)。现在人们习惯地将酸强度超过 100% H_2SO_4 的酸或酸性介质称为超酸(或超强酸)，将 $SbF_5 \cdot FSO_3H$(1 : 1)称为魔酸，其酸强度 H_0≤−20。在超强酸(如魔酸)中，制备稳定、长寿命的碳正离子(或称为碳鎓离子)成为可能(图 2-13)。通常情况下，碳正离子反应活性太强，不能在酸性较低的溶剂中稳定存在。而在超强酸中，可以得到多种碳正离子，甚至可以将碳正离子从溶液中分离出来成为稳定的盐[30]。1994 年，欧拉因对碳正离子化学的贡献而获得诺贝尔化学奖。

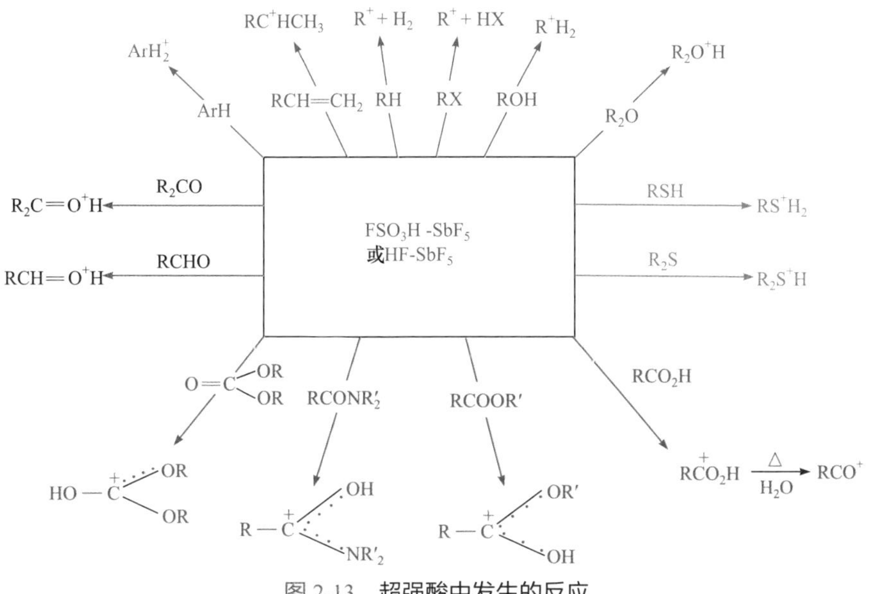

图 2-13　超强酸中发生的反应

2.4.2　超强酸种类

与传统的酸体系类似，超强酸包括布朗斯特酸和路易斯酸及其共轭体系。质子酸(布朗斯特型)超强酸包括强母体酸及其混合物，其酸性可通过与路易斯酸(共轭酸)的组合进一步增强。超强酸既有固体，也有液体，因此也可按状态进行分类。按组成可以将常用的超强酸分为以下几类。

1. 液体超强酸

1) 简单超强酸

(1) 布朗斯特超强酸，如高氯酸($HClO_4$)、卤代硫酸(HSO_3Cl，HSO_3F)、全氟烷基磺酸(CF_3SO_3H，$RFSO_3H$)、氟化氢和碳硼烷超强酸[$H(CB_{11}HR_5X_6)$]等。这类超强酸在室温下都是液体，是酸性极强的溶剂。

高浓度的高氯酸是极强的氯化剂，很不稳定，温度升高能猛烈爆炸。不适用于有机反应。

HSO_3F 具有很宽的液态温度范围(−89.0～163℃)、低凝固点(−89.0℃)和低黏度等特点，可用作多种弱碱的质子化溶剂。在不含水的条件下，还可在普通玻璃器皿中操作。

三氟甲基磺酸(CF_3SO_3H)也具有宽的液态温度范围(低的凝固点和较高的沸点)和低黏度等特点，在潮湿空气中发烟，普遍用作化学合成中的酸催化剂。多氟烷基磺酸是三氟甲基磺酸的同系列，它们的酸性随分子量的增加而减弱。表 2-10 列出部分布朗斯特超强酸的物理性质。

表 2-10 部分布朗斯特超强酸的物理性质

性质	$HClO_4$	HSO_3Cl	HSO_3F	CF_3SO_3H	HF
熔点/℃	−112	−81	−89	−34	−83
沸点/℃	110(爆炸)	151～152(分解)	162.7	162	20
密度(25℃)/(g · cm^{-3})	1.767(20℃)	1.753	1.726	1.698	0.698
黏度(25℃)	—	3.0(5℃)	1.56	2.87	0.256
相对介电常数	—	60±10	120	—	84
电导率(25℃)/(Ω^{-1} · cm^{-1})	—	0.2×10^{-3}～0.3×10^{-3}	1.1×10^{-4}	2.0×10^{-4}	1×10^{-6}
$-H_0$	～13.0	13.8	15.1	14.1	15.1

(2) 路易斯超强酸，如 SbF_5、AsF_5、PF_5、TaF_5、NbF_5、BF_3、三(五氟苯基)硼烷、三硼(三氟甲烷磺酸)等。

1957 年，韦斯瑟梅尔(F. H. Westheimer, 1912—2007) 认为 Zn^{2+}作为路易斯酸，在生物体系中表现出的高催化活性是 Zn^{2+}的超强酸特性[34]。Speranza 等用路易斯超强酸这一名词来描述类似 SiF_3^+ 类阳离子在气相中的特殊行为[35]。1979 年，欧拉将路易斯超强酸定义为比无水三氯化铝酸性更强的酸[30]。一些路易斯超强酸的物理性质见表 2-11。

表 2-11 一些路易斯超强酸的物理性质

性质	SbF_5	AsF_5	TaF_5	NbF_5
熔点/℃	7.0	−79.8	97	72～73
沸点/℃	142.7[a]	−52.8	229	236
15℃的密度/(g · cm^{-3})	3.145	2.33[b]	3.9	2.7

a. 由于分子缔合，数值反常高；

b. 在沸点时的数值。

五氟化锑(SbF_5)是一种高度聚合、无色、黏稠度高的液体，具有极强的吸湿性。液态 SbF_5 常通过 F 原子的桥联，形成六配位的聚合结构(图 2-14)。

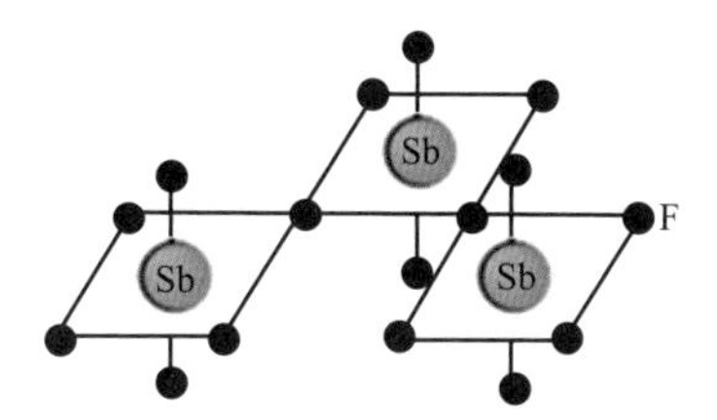

图 2-14　液态 SbF_5 的聚合结构

硼族元素因其缺电子特性，是路易斯酸的典型代表。BF_3 是一种具有辛辣味的无色气体，因其强路易斯酸性，可与大多数具有孤对电子的物质形成酸碱配合物。除 BF_3 和 $AlCl_3$ 外，B、Al、Ga 的其他化合物也可以形成路易斯超强酸，部分化合物的形成见图 2-15。

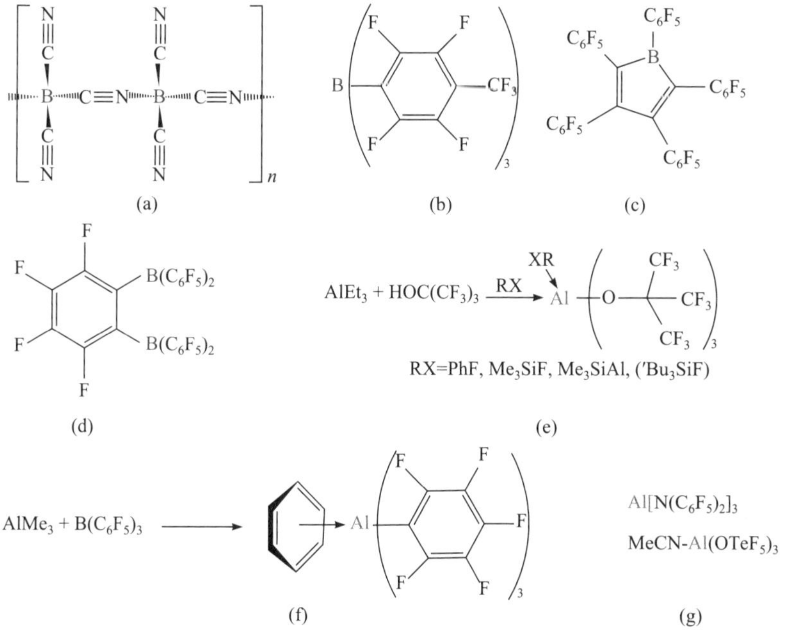

N≡C, C≡N, B, C≡N, B, C≡N, n

(a)

B, F, F, F, F, CF_3, 3

(b)

C_6F_5, C_6F_5, B, C_6F_5, C_6F_5, C_6F_5

(c)

F, F, F, F, $B(C_6F_5)_2$, $B(C_6F_5)_2$

(d)

$AlEt_3 + HOC(CF_3)_3 \xrightarrow{RX}$ XR→Al—O—$C(CF_3)_3$ (3)

RX=PhF, Me_3SiF, Me_3SiAl, $({}^tBu_3SiF)$

(e)

$AlMe_3 + B(C_6F_5)_3 \longrightarrow$ Al(F, F, F, F, F)3

(f)

$Al[N(C_6F_5)_2]_3$

$MeCN\text{-}Al(OTeF_5)_3$

(g)

图 2-15　部分 B 或 Al 的路易斯超强酸[36]

当一些具有中等路易斯酸性强度的硅化合物被取代后(图 2-16)，通过调节取代基，可以使其成为路易斯超强酸。

2) 二元超强酸

(1) 二元布朗斯特超强酸，如 $H_2SO_4\text{-}HSO_3F$、$HF\text{-}HSO_3F$、$HF\text{-}CF_3SO_3F$ 等。

例如，在氟磺酸 HSO_3F 中，H_2SO_4 作为弱碱，发生如下反应：

$$HSO_3F + H_2SO_4 \rightleftharpoons H_3SO_4^+ + SO_3F^- \tag{2-32}$$

SO_3F^-的生成减弱了 HSO_3F 的自解离：

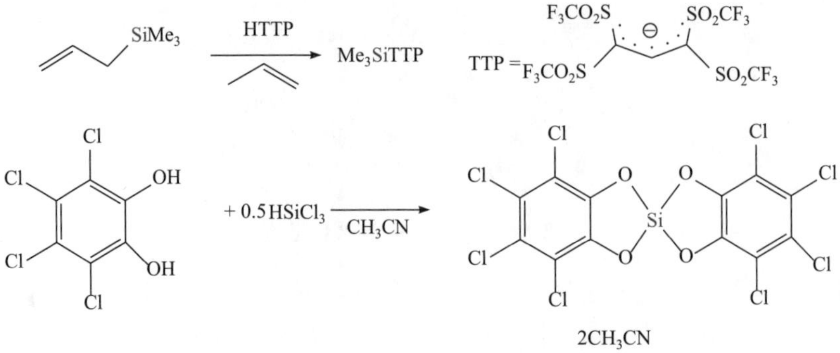

图 2-16　部分有机硅化合物的路易斯超强酸[36]

$$2HSO_3F \rightleftharpoons H_2SO_3F^+ + SO_3F^- \tag{2-33}$$

由于无法直接测定 100% HSO_3F 体系的 H_0，吉列斯比[33]通过测定 H_2SO_4-HSO_3F 和 H_2SO_4-SO_3 体系的酸强度(表 2-12)，通过外推法求得了 100% HSO_3F 的 H_0($H_0 = -15.07$)。可以看出，由于 HSO_3F 的加入，体系的酸性增强。

表 2-12　HSO_3F-H_2SO_4 和 HSO_3F-SO_3 体系的 H_0

H_2SO_4 或 SO_3 的摩尔分数/%	$-H_0$	
	H_2SO_4 体系	SO_3 体系
0.00	15.07	15.07
0.10	14.68	15.14
0.25	14.49	15.19
0.50	14.35	15.28
1.00	14.21	15.42
1.50	14.12	15.50
2.00	14.06	15.50
4.00	13.98	15.52
6.00	13.90	15.52
8.00	13.81	15.52
10.00	13.73	15.52

(2) 布朗斯特-路易斯超强酸，包括：布朗斯特含氧酸(H_2SO_4、HSO_3F、CF_3SO_3H、$RFSO_3H$)和路易斯酸(SO_3、SbF_5、AsF_5、TaF_5 和 NbF_5)；氟化氢与氟化路易斯酸结合，如 SbF_5、PF_5、TaF_5、NbF_5、BF_3；Friedel-Crafts 共轭酸，如 HBr-$AlBr_3$ 和 HCl-$AlCl_3$。

SO_3 加入 H_2SO_4 中，其摩尔比达到 1∶1 时体系的 H_0 降至−14.44(表 2-13)，这时主要生成焦硫酸 $H_2S_2O_7$。当 SO_3 浓度增高时，还会生成 $H_2S_3O_{10}$、$H_2S_4O_{13}$ 等。

在 H_2SO_4 中焦硫酸按下式解离：

$$H_2S_2O_7 + H_2SO_4 = H_3SO_4^+ + HS_2O_7^-$$

表 2-13　H_2SO_4-SO_3 体系的 H_0

SO_3 的摩尔分数/%	$-H_0$	SO_3 的摩尔分数/%	$-H_0$	SO_3 的摩尔分数/%	$-H_0$
1.00	−12.24	25.00	−13.58	55.00	−14.59
2.00	−12.42	30.00	−13.76	60.00	−14.74
5.00	−12.73	35.00	−13.94	65.00	−14.84
10.00	−13.03	40.00	−14.11	70.00	−14.92
15.00	−13.23	45.00	−14.28	75.00	−14.96
20.00	−13.41	50.00	−14.44		

虽然随着 SO_3 含量增加，酸性继续增强。但是当 SO_3 含量大于 50%时，酸性增加的幅度减小。SO_3 含量大于 75%的体系未得到酸度函数的数值。通常，超强酸的酸性可以通过与弱碱指示剂反应进行测定。然而，当超酸的 $H_0<-24$ 时，通过酸碱反应直接测定就变得困难。因此，对更强的酸，其酸性常通过间接的动力学估算方法来确定(图 2-17)。

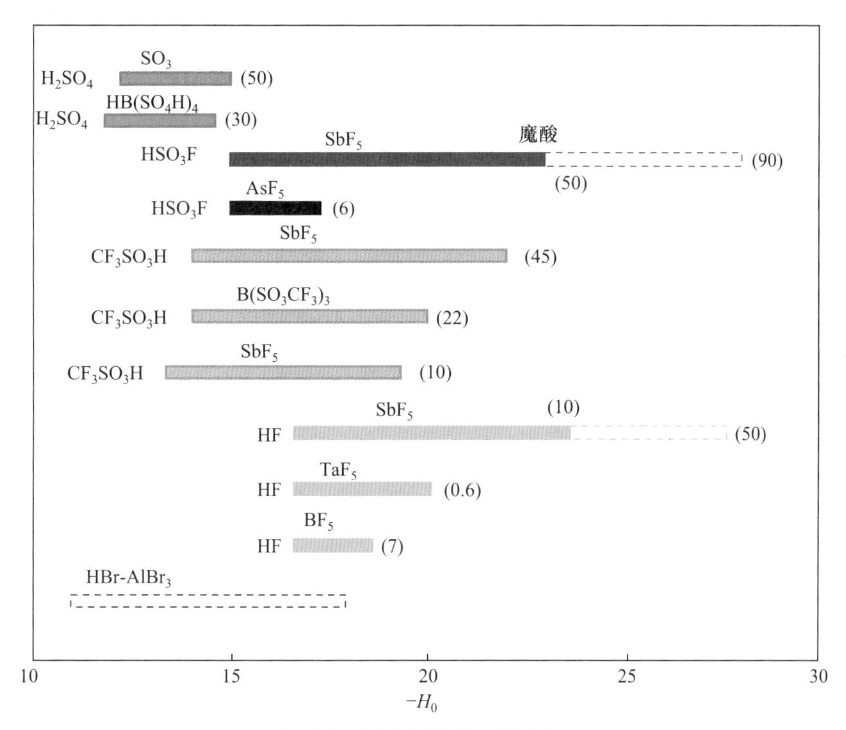

图 2-17　常见超强酸的酸性范围

括号内为路易斯酸的摩尔分数；实线部分是用指示剂测定的，虚线部分是动力学测量的估算值

纯 HSO_3F 是一种超强酸，是强的给质子试剂。当 SbF_5 加入 HSO_3F 时，所形

成的混合物正是魔酸的体系。吉列斯比等[33,37]测定了该体系的酸性。在 SbF_5 含量较低时，体系酸性急剧增加。SbF_5 含量达到 90%时，H_0 约为–27。在 HSO_3F-SbF_5 体系中，不存在游离的 SbF_5。随 SbF_5 含量不同，组成也随之变化。1978 年，Brunel 等[38]首次通过 ^{19}F NMR 研究了 HSO_3F-SbF_5 体系中组分组成与 SbF_5 浓度的关系。1999 年，Zhang 等[39]利用 ^{1}H NMR 和 ^{19}F NMR 再次研究了魔酸体系中的组分(图 2-18)。因为体系中存在多个平衡，组成比较复杂。SbF_5 首先与 HSO_3F 形成配合物，使 HSO_3F 离子化：

$$HSO_3F + SbF_5 = H[FSO_3SbF_5] \tag{2-34}$$

$$HSO_3F + H[SO_3FSbF_5] = H_2SO_3F^+ + [FSO_3SbF_5]^- \tag{2-35}$$

HSO_3F 在 SbF_5 含量为 55%时完全离子化，这表明 SbF_5 优先与酸结合，而不是聚合形成大的阴离子。

当 SbF_5 浓度较大时，会生成多聚离子：

$$SbF_5 + SbF_5(SO_3F)^- = [Sb_2F_{10}SO_3F]^- \tag{2-36}$$

$$HSO_3F = SO_3 + HF \tag{2-37}$$

$$2HF + 3SbF_5 = H[SbF_6] + H[Sb_2F_{11}] \tag{2-38}$$

$$3SO_3 + 2HSO_3F = HS_2O_6F + HS_3O_9F \tag{2-39}$$

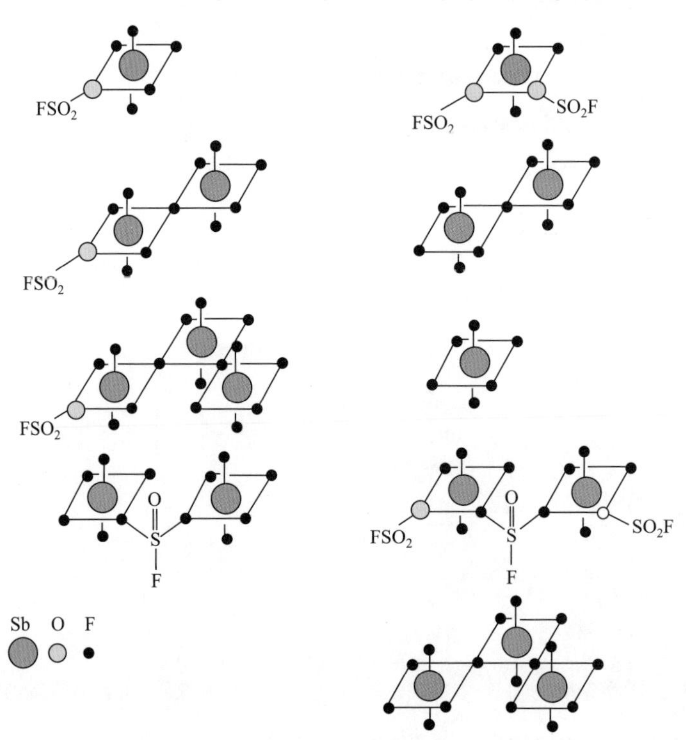

图 2-18 魔酸体系存在的主要物种[39]

HF-SbF_5体系的 ^{19}F NMR 研究结果也显示，随 SbF_5浓度增大，多聚离子的浓度增大。其重要的步骤包括：

$$2HF + SbF_5 = H_2F^+ + SbF_6^- \tag{2-40}$$

$$SbF_6^- + SbF_5 = Sb_2F_{11}^- \tag{2-41}$$

HF-SbF_5体系中阴离子组分随 SbF_5浓度的变化见图 2-19。

体系中阴离子 $Sb_2F_{11}^-$ 的结构已经通过 X 射线结构分析得到了确定[41]。Esteves 等[42]用 B3LYP/6-31 基组计算得到了 $H_3F_2^+Sb_2F_{11}^-$ 和 $H_2F^+Sb_2F_{11}^-$ 配合物的结构参数(图 2-20)。

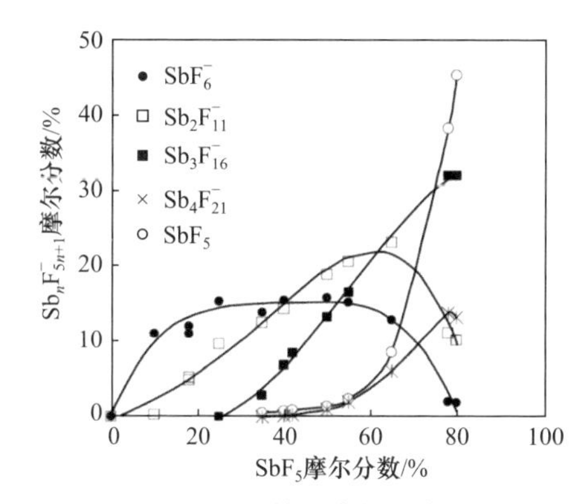

图 2-19　HF-SbF_5 体系中的阴离子组成[40]

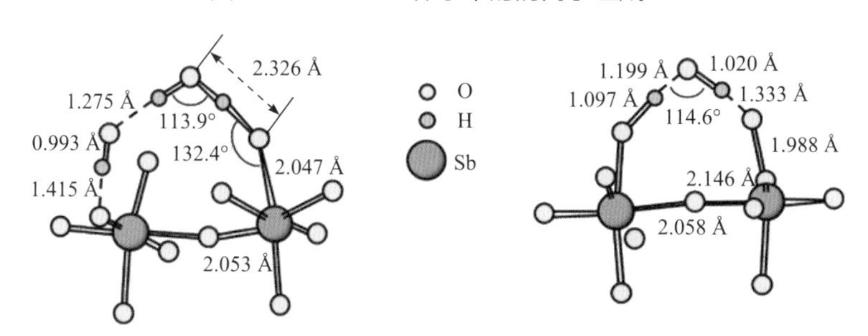

图 2-20　DFT 计算 $H_3F_2^+Sb_2F_{11}^-$ 和 $H_2F^+Sb_2F_{11}^-$ 配合物的结构参数

3) 三元超强酸

例如，HSO_3F-HF-SbF_5、HSO_3F-HF-CF_3SO_3H、HSO_3F-SbF_5-SO_3 等为三元超强酸。

当用氟磺酸制魔酸时，体系中始终含有 2%～5%的 HF(氟磺酸的制备过程引入)，因此，添加 SbF_5 后就形成了三元超强酸 HSO_3F-HF-SbF_5 体系[43]。由于 HF 是一种弱布朗斯特酸，可使 HSO_3F 离子化，因此加入 SbF_5后，在低 SbF_5浓度下就形成了高酸度的超强酸体系。

当 SO_3 添加到 HSO_3F 的 SbF_5 溶液中时[44]，$H_2SO_3F^+$浓度的增加使得溶液电导率大大增强，形成了比魔酸更强的酸。溶液中一系列酸如 $H[SbF_5(SO_3F)]$、$H[SbF_3(SO_3F)_3]$、$H[SbF_2(SO_3F)_4]$的生成，增加了体系的酸度。

2. 固体超强酸

由于具有极强的酸性，液体超强酸可以高效地催化许多反应，但液体超强酸也存在一些缺点。例如，多含有卤素(尤其是氟)，使用和处理很不方便；多用于催化液相反应，且与液相催化产物混杂不易分离；成本较高等。

固体酸催化剂虽然早已在工业中应用，但其表面酸性的不足制约了其催化性能。例如，固体酸性氧化物(Al_2O_3、SiO_2、Cr_2O_3 等)一般要在较高的温度下才能显示出催化活性。因此，从 20 世纪 70 年代中期开始，固体超强酸的出现引起了人们的关注。固体超强酸具有容易与液相反应体系分离、不腐蚀设备、后处理简单、可再生和再利用、污染小、选择性高等特点，可在较高温度范围内使用，扩大了热力学上可能进行的酸催化反应的应用范围。表 2-14 列出了几种常见的固体超强酸。

表 2-14 几种固体超强酸

被载物	载体
$—SO_3H$	全氟磺酸树脂
SbF_5	$SiO_2 \cdot Al_2O_3$, $SiO_2 \cdot TiO_2$, $SiO_2 \cdot ZrO_2$, $TiO_2 \cdot ZrO_2$, $Al_2O_3 \cdot B_2O_3$, $SiO_2 \cdot NHF$, $HSO_3Cl \cdot Al_2O_3$，$HF \cdot NH_4 \cdot Y$，$NH_4F \cdot SiO_2 \cdot Al_2O_3$
SbF_5，TaF_5	Al_2O_3，MoO_3，ThO_2，Cr_2O_3，SiO_2
SbF_5，BF_3	石墨，Pt · 石墨
BF_3，$AlCl_3$，$AlBr_3$	离子交换树脂，金属硫酸盐，氯化物
$SbF_5 \cdot HF$，$SbF_5 \cdot FSO_3H$	金属(Pt，Al)，金属(Pt-Au，Ni-Mo，Ni-W，Al-Mg)，聚合物(聚乙烯等)，盐(SbF_3，AlF_3)，多孔物质(Al_2O_3，$SiO_2 \cdot Al_2O_3$，矾土，高岭土，活性炭，$RuF \cdot Al_2O_3$)

1) 含卤素型固体超强酸

全氟磺酸树脂(Nafion-H)是杜邦(DuPont)公司开发的四氟乙烯与全氟-3,6-二氧杂-4-甲基-7-辛烯磺酸的共聚物——氟磺酸树脂(图 2-21)的商品名。Nafion-H 分子中引入电负性最大的氟原子，产生强的场效应和诱导效应，使其酸性剧增。Nafion-H 是目前已知最强的固体超强酸($H_0 \approx -15.6$)，它具有耐热、化学稳定性好和机械强度高等优点。Nafion 作为一种固体超强酸催化剂，在催化有机合成如烷基化、异构化、酰基化、酯化等方面具有较大潜力。

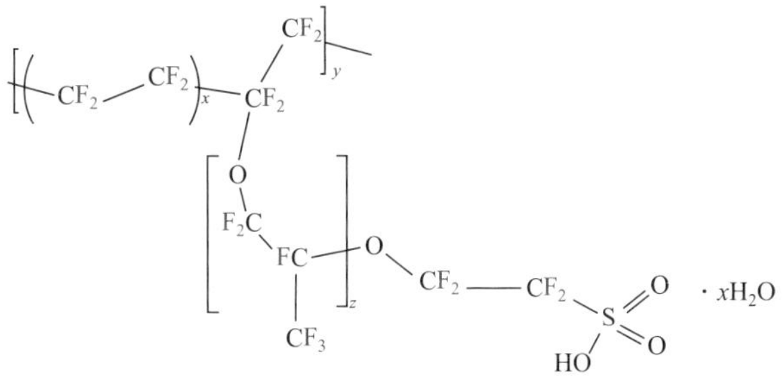

图 2-21 全氟磺酸树脂(Nafion)的结构示意图

将液体超强酸如 SbF_5、TaF_5、$SbF_5 \cdot HF$ 等负载在金属氧化物上也可得到固体超强酸。Takahashi 等对路易斯酸处理的金属氧化物进行了系统的研究[45-47]。他们发现，SbF_5 处理的氧化物如 TiO_2 和 SiO_2，以及混合氧化物如 SiO_2-Al_2O_3、SiO_2-TiO_2、TiO_2-ZrO_2 等在丁烷和其他烷烃的异构化和裂解反应中表现出较好的效果。固体催化剂的制备方法是将粉末金属氧化物暴露在 SbF_5 蒸气中，然后将多余的 SbF_5 排出。SbF_5 中的 F 会逐步取代金属氧化物表面羟基(图 2-22)，并使 SbF_5 吸附在固体氧化物表面形成固体超强酸。路易斯超强酸 SbF_5 在单独存在时与水发生激烈的分解反应，而负载到 SiO_2-Al_2O_3 后形成固体超强酸，则受水分的影响大大减小，使用更为方便。

如果将路易斯酸 $AlCl_3$ 的蒸气(Al_2Cl_6)与 SiO_2 在 CCl_4 中回流(图 2-23)，则可得到 SiO_2 负载 $AlCl_3$ 的固体超强酸。

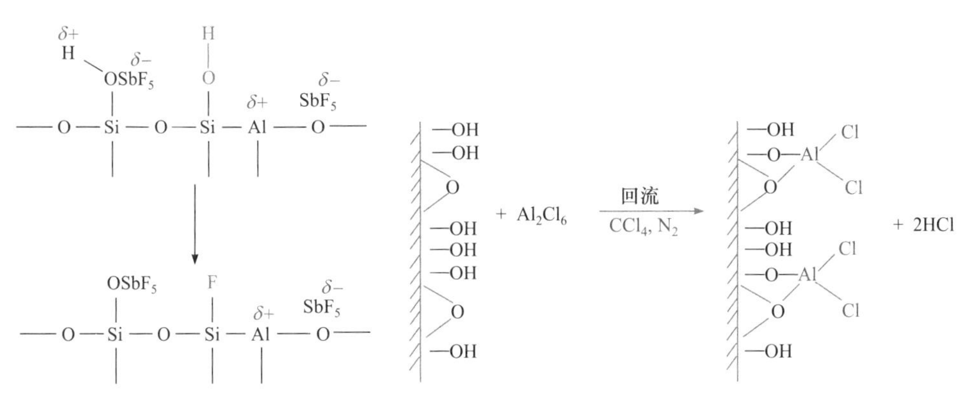

图 2-22 SbF_5 与 SiO_2-Al_2O_3 反应形成固体超强酸的示意图

图 2-23 SiO_2 负载 $AlCl_3$ 形成固体超强酸的示意图

为了进一步增强固体超强酸的酸性和在反应中的传质能力与催化性能，新型固体超强酸也不断被合成。例如，利用二维材料有助于客体分子传质的特点，将含氮单体如苯胺和吡咯在二维蒙脱石(montmorillonite，MMT)层之间聚合(图 2-24)，聚合物被磺化后可形成酸性很强的混合固体超强酸[48]。

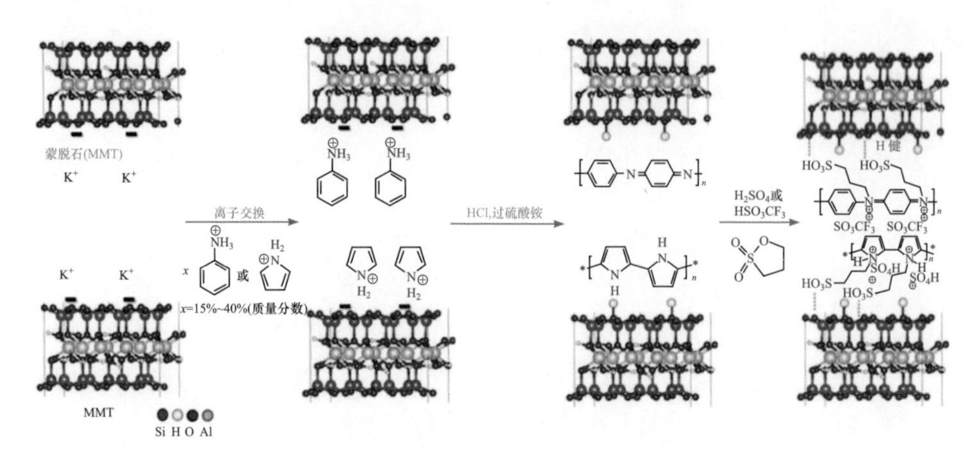

图 2-24 二维混合固体超强酸的形成示意图[48]

2) 无卤素型固体超强酸

硫酸根离子改性的固体超强酸，如SO_4^{2-}/ZrO_2、SO_4^{2-}/TiO_2、SO_4^{2-}/TiO_2-SiO_2、SO_4^{2-}/ZrO_2-SiO_2、SO_4^{2-}/Fe_2O_3 等常被用于催化异丙烯脱烷基化、丁烷异构化、环丙烷开环异构化等反应[49-51]。事实上，ZrO_2、TiO_2 和 SiO_2 等的酸性很弱，但体系含有少量的SO_4^{2-}时，酸性大大增强。一般认为，在金属氧化物上形成 S=O 键是固体氧化物酸性增强的必要条件(图 2-25)[50,52]。这类固体超强酸不含卤素原子，它们不仅具有合成简单的优点，而且用作催化剂时也很少产生腐蚀和环境

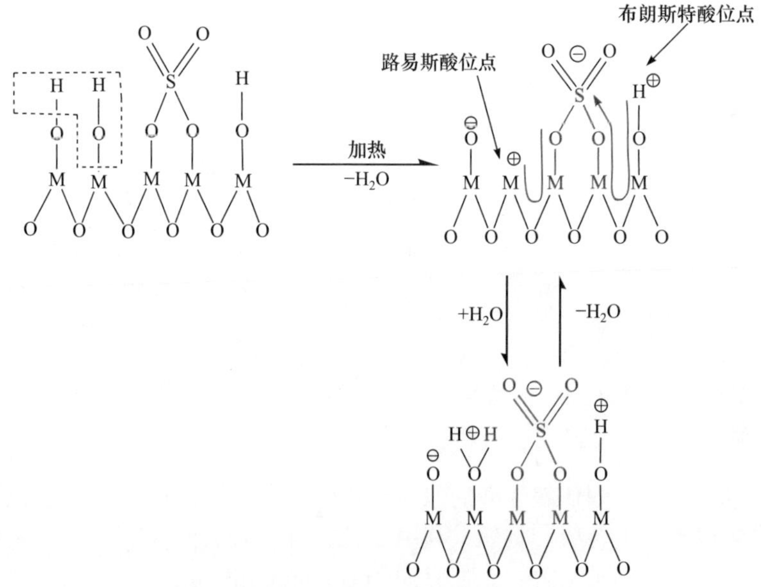

图 2-25 SO_4^{2-}改性固体超强酸的形成示意图

问题。因此，用固体超强酸代替氯化铝或硫酸作为催化剂在化工领域具有广阔的应用前景。

2.4.3 超强酸应用

超强酸具有强酸性和很高的相对介电常数，能使非电解质转变为电解质和使很弱的碱质子化。超强酸可作为饱和碳氢化合物的分解、缩聚、异构化、烷基化等反应的催化剂来使用，它是很强的酸性催化剂，这些反应在室温以下的温度也容易进行。

碳阳离子(一种带正电荷的碳氢化合物)一直被认为是极不稳定的碳氢化合物。欧拉等[31,53-55]在魔酸($HSO_3F\text{-}SbF_5$)体系中使烷烃质子化，才得到稳定的碳正离子，这也成为超强酸的一个重要应用。例如，超强酸作为丁烷反应的催化剂时(图 2-26)，H^+附加在 C—H 键上生成$C_4H_9^+$和 H_2，若 H^+附加在 C—C 键上则生成$C_3H_7^+$和 CH_4。

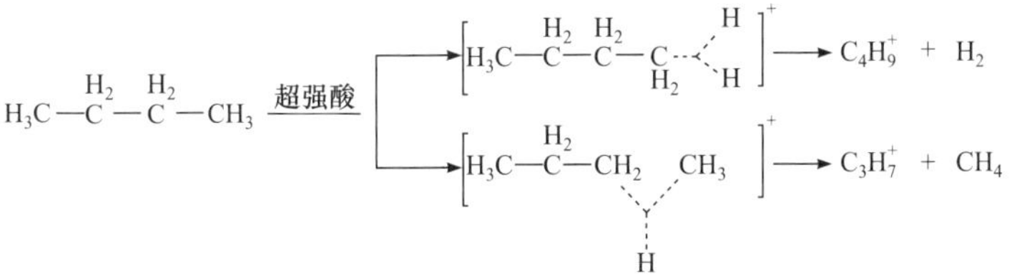

$$H_3C-CH_2-CH_2-CH_3 \xrightarrow{\text{超强酸}} \left[H_3C-CH_2-CH_2-CH_2\cdots\begin{matrix}H\\H\end{matrix}\right]^+ \longrightarrow C_4H_9^+ + H_2$$

$$H_3C-CH_2-CH_2-CH_3 \xrightarrow{\text{超强酸}} \left[H_3C-CH_2-CH_2\cdots H\cdots CH_3\right]^+ \longrightarrow C_3H_7^+ + CH_4$$

图 2-26　超强酸作为催化剂催化丁烷反应

在超强酸中，也可以从烯烃获得碳正离子：

$$HCR{=}CH_2 \xrightarrow[\text{或}HF+SbF_5]{HSO_3F+SbF_5} H_2\overset{\oplus}{C}R-CH_3 \tag{2-42}$$

使用超强酸 $HSO_3F\text{-}SbF_5$，叔醇和许多仲醇可以被离子化成相应的烷基阳离子：

$$(CH_3)_3COH \xrightarrow{HSO_3F+SbF_5} (CH_3)_3C^+ \tag{2-43}$$

在超强酸存在的情况下，可以发生烷烃降解、异构化、聚合等多种反应。超强酸作为良好的催化剂，使本来难以进行的反应能在较温和的条件下进行。例如，液体超强酸可以用作饱和烃裂解、聚合异构化、烷基化的催化剂，这些反应将在石油化学工业上产生重大的影响。下面是一些具体的例子。

(1) 降解：

$$CH_3\overset{\overset{\displaystyle CH_3}{|}}{C}HCH_3 \xrightarrow{HF+SbF_5} CH_3CH_2CH_3 + CH_4$$

(2) 异构化：

$$CH_3CH_2CH_2CH_3 \xrightarrow[\text{或}FSO_3H+SbF_5]{HF+SbF_5} CH_3\overset{\overset{\displaystyle CH_3}{|}}{C}HCH_3$$

(3) 氧化：

$$\mathrm{CH_3CH(CH_3)CH_3} \xrightarrow[\text{或}H_2O_2+FSO_3H+SbF_5]{O_3+FSO_3H+SbF_5} \mathrm{CH_3C(=O)CH_3}$$

(4) 氢交换：

$$\mathrm{RH} \xrightarrow{DSO_3F+SbF_5} \mathrm{RD} + \mathrm{H^+}$$

(5) 聚合：

$$\mathrm{CH_4} \xrightarrow{FSO_3H+SbF_5} \mathrm{C_2H_6} \xrightarrow{CH_2} \mathrm{C_3H_8} \xrightarrow{CH_2} \mathrm{C_4H_{10}} \cdots\cdots$$

(6) 羰基化：

$$\text{甲基环己烷} \xrightarrow[2)\ H_2O]{1)\ HF+SbF_5,CO} \text{1-甲基环己烷甲酸 (}H_3C\text{, }COOH\text{) } 10\% + \text{3-甲基环己烷甲酸 (}CH_3\text{, }COOH\text{) } 90\%$$

在超强酸中，除了可以得到碳正离子外，还可以制备出许多卤素阳离子，如 I_2^+、I_3^+、Br_2^+ 和 Br_3^+ 等，甚至还可以获得这些离子稳定的晶体盐。例如，$I_2^+Sb_2F_{11}^-$ 就是由 I_2^+ 和 $Sb_2F_{11}^-$ 构成的，后者可在 SbF_5-HF 体系中得到。

$$2SbF_5 + 2HF \longrightarrow H_2F^+ + Sb_2F_{11}^-$$

单质硫、硒溶于发烟硫酸时，可被逐步氧化成 S_{16}^{2+}(橙黄)、S_8^{2+}(蓝)、S_4^{2+}(黄)、Se_8^{2+}(绿)和 Se_4^{2+}(橙)等阳离子。

固体超强酸也在多个领域有广泛的应用[56-58]。例如，Nafion 是一类具有强酸性基团($CF_2CF_2SO_3H$)的有机固体酸催化材料，将 Nafion 分散组装到高比表面 SiO_2 载体中，得到的 Nafion/SiO_2 复合物固体酸催化剂，大大增加了 Nafion 酸性中心的暴露位点，其在催化苯硝化反应中可使苯的转化率提高近 13 个百分点。在 Nafion 组装量为 20%(质量分数)，金属微纤网络上 Nafion/SiO_2 催化剂担载量为 36.3%(质量分数)的优化条件下，苯转化率为 44.7%，硝基苯选择性高达 99.9%。相近转化率下，其单位点酸的催化效率约为硫酸的 600 倍[59]。

SO_4^{2-}/ZrO_2 催化剂可以在室温下催化正丁烷的异构化反应。Hsu 等[60]报道，添加 Fe 和 Mn 改性的 SO_4^{2-}/ZrO_2 催化剂比未掺杂的催化剂有更强的酸性，并且在正丁烷的异构化反应中的活性要提高 1～2 个数量级。Sayari 等[61]总结了 SO_4^{2-}/ZrO_2 类固体超强酸催化剂的制备以及加氢异构化、加氢裂化、烷基化、费-托合成、甲醇转化和轻质烃转换等方面的应用。

2.5 超 强 碱

2.5.1 超强碱定义

碱强度超过强碱($pK_a>26$)的碱为超强碱。与超强酸一样，有布朗斯特超强碱和路易斯超强碱。从状态又可分为固体和液体两类超强碱。

测定超强碱强度的方法与测定超强酸 H_0 类似。超强碱共轭酸为 AH，可建立平衡关系式：

$$B: + AH \Longrightarrow B:H^+ + A^- \tag{2-44}$$

B 的碱强度 H_-可用下式表示：

$$H_- = pK_a(HA) + \lg\frac{[A^-]}{[AH]} \tag{2-45}$$

式中，[AH]及[A^-]分别为酸 AH 及其共轭碱的浓度；K_a 为 AH 的解离常数。碱强度 H_-是通过具有各种 pK_a 值的酸指示剂的颜色变化求得的。测定碱强度的指示剂种类很多，它们都有相应的 pK_a 值。表 2-15 列出的是一些极弱酸在水溶液中或校准为与水争夺质子的条件下的 $pK_a^\ominus$ 值，可用于参考和对比超强碱的碱性。

表 2-15 一些极弱酸的 $pK_a^\ominus$ 及其共轭碱

极弱酸	$pK_a^\ominus$	共轭碱	极弱酸	$pK_a^\ominus$	共轭碱
Me_3CH	约 53	Me_3C^-	i-Pr_2NH	36	i-Pr_2N^-
Me_2CH_2	约 51	Me_2CH^-	$MeNH_2$	34	$MeNH^-$
$MeCH_3$	50	$MeCH_2^-$	NH_3	33	NH_2^-
CH_4	48	CH_3^-	$(Me_3Si)_2NH$	30	$(Me_3Si)_2N^-$
$H_2C{=}CH_2$	44	$H_2C{=}CH^-$	$PhNH_2$	28	$PhNH^-$
C_6H_6	43	$C_6H_5^-$	Ph_2NH	24	Ph_2N^-
$PhCH_3$	41	$PhCH_2^-$	$AcNH_2$	15	$AcNH^-$
H_2	约 36	H^-	$(CH)_4NH$	15	$(CH)_4N^-$
Ph_2CH_2	34	Ph_2CH^-	$(CH_2C{=}O)_2NH$	9.6	$(CH_2C{=}O)_2N^-$
$O{=}SMe_2$	33	$O{=}S(Me)CH_2^-$	t-BuOH	18	t-BuO^-
Ph_3CH	32	Ph_3C^-	EtOH	16	EtO^-
CH_3CN	25	$NCCH_2^-$	MeOH	15.5	MeO^-

续表

极弱酸	$pK_a^{\ominus}$	共轭碱	极弱酸	$pK_a^{\ominus}$	共轭碱
HC≡CH	24	$HC≡C^-$	Me_3SiOH	13	Me_3SiO^-
PhC≡CH	23	$PhC≡C^-$	PhOH	10	PhO^-
$O═CMe_2$	19	$O═C(Me)CH_2^-$	OH^-	>33	O^{2-}
$PhC═OCH_3$	16	$PhC═OCH_2^-$	H_2O	15.7	OH^-
$(CH)_4CH_2$	16	$C_5H_5^-(Cp^-)$	HS^-	14	S^{2-}
HCN	9.3	CN^-	HSe^-	11	Se^{2-}

1955 年，Pines 和 Eschinazi[62]开始了固体碱催化剂的研究，他们报道了在氧化铝上沉积的金属钠可以有效地催化烯烃的双键迁移。1971 年，Tanabe 等[63]报道了固体 CaO 和 MgO 的强碱性($H_- > 26$)。使用固体超强碱催化剂材料有很多优点，如选择性高、副产物少等。因此，这些特性被有效地利用在商业化碱催化过程中，如烯烃烷基化反应生成烷基芳烃、烯烃双键异构化等。

2.5.2 超强碱种类

1. 碳基超强碱

碳负离子超强碱在理论上有很大的数量，其中有机锂试剂是很常用的超强碱。1988 年，Schlosser[64]将有机基锂与醇钾混合：

$$Li^nBu + KO^tBu \text{ ══ } K^nBu + LiO^tBu$$

所得正丁基钾和叔丁醇锂的混合碱称为 Schlosser 超强碱，它能与各种酸性极弱(pK_a 为 35～50)的碳氢化合物反应。

由于锂和醇基中氧的亲和力，正丁基锂和叔丁醇钾交换阳离子成为正丁基钾和叔丁醇锂。根据软硬酸碱理论，锂离子是比其他碱金属离子更“硬”的酸，而烷氧负离子是比烷基负离子更“硬”的碱。正丁基锂的锂被钾置换后，正丁基的离子性变强，整体的碱性也随之增加。

2. 氢负离子超强碱

碱金属和除铍外的碱土金属都可以直接与氢气化合，生成离子型氢化物。这些氢化物都具有超强碱性。碱金属氢化物还可以与ⅢA 族的某些化合物形成路易斯酸碱配合物：

$$LiH + AlH_3 \text{ ══ } LiAlH_4$$

此类配合物中的负性氢的超强碱性降低，更多的时候是用作氢化试剂。

碱土金属氢化物如 CaH_2 等具有超强碱性，在反应时能比较温和地释放氢负离子，适用于很多溶剂的除水剂和小规模的制氢试剂。

3. 氮负离子超强碱

锂、钠、钾的氨基化合物都是常用的超强碱，用碱金属与热的氨气反应来制备：

$$2M + 2NH_3 = 2MNH_2 + H_2 \qquad (M = Li、Na、K)$$

但是这些氨基化合物在有机溶剂中的溶解性较低，其使用受到限制。

金属锂在常温下可以持续地与氮气反应生成氮化锂。氮化锂的氮上积累了大量的负电荷，超强碱性极强，可以将氢分子极化为正氢和负氢，生成氨基锂和氢化锂：

$$Li_3N + 2H_2 = LiNH_2 + 2LiH$$

4. 醇负离子超强碱

醇遇到上述超强碱或与碱金属反应时，可生成醇负离子(烷氧负离子)超强碱：

$$HOEt + NaH = NaOEt + H_2$$

$$2K + 2HO^tBu = 2KO^tBu + H_2$$

烷基的给电子作用增加了氧原子上的负电荷密度，使醇负离子的碱性强于氢氧化钾。

5. 固体超强碱

固体碱可以是单组分固体碱和混合固体碱。以碱金属、活泼金属氧化物与氢氧化物，以及一些其他金属氧化物或盐类为原料，经过化学混合过程而制成的固体凝聚物属于混合固体碱。部分固体超强碱列于表 2-16 中[65]。

表 2-16 部分超强碱催化剂

序号	催化剂	制备方法	碱强度(H_-)
1	CaO	高温真空加热 $CaCO_3$	$H_-\geqslant 33$
2	K/MgO	化学气相沉积	$H_-\geqslant 35$
3	KNO_3/ZrO_2	研磨	$H_-\geqslant 27$
4	Eu_2O_3/Al_2O_3	浸渍	$H_-\geqslant 26.5$
5	$Na/NaOH/MgO$	浸渍	$35<H_-<37$
6	$Cs_xO/\gamma\text{-}Al_2O_3$	浸渍	$H_-\geqslant 37$
7	$Na/NaOH/\gamma\text{-}Al_2O_3$	浸渍	$35<H_-<37$

续表

序号	催化剂	制备方法	碱强度(H_-)
8	Na-KOH/γ-Al_2O_3	浸渍	$H_->43$
9	Na-Na_2CO_3/γ-Al_2O_3	浸渍	$H_->43$
10	$K(NH_3)/Al_2O_3$	浸渍	$H_-\geqslant 37$
11	K_2CO_3/γ-Al_2O_3	研磨	$26.5<H_-<33$
12	$KHCO_3$/γ-Al_2O_3	研磨	$26.5<H_-<33$
13	KNO_3/γ-Al_2O_3	原位一锅合成法	$H_-\geqslant 27$
14	KF/γ-Al_2O_3	研磨	—
15	KOH-ZrO_2	回流-消解	$26.5\leqslant H_-<35$
16	KNH_2/Si_3N_4	浸渍	—
17	KNO_3/KL 沸石	浸渍	$H_-\geqslant 27$
18	KNO_3/MgO-SBA-15 分子筛	多层镀膜法	27
19	$Ca(NO_3)_2$/SBA-15 分子筛	浸渍	$H_-\geqslant 27$
20	MgO-SnO_2	水热	$26.5<H_-<33$

表 2-16 所列的超强碱催化剂可分为：①单组分金属氧化物；②经碱金属和/或碱金属改性的金属氧化物；③碱金属或碱土金属改性微孔或介孔材料；④复合金属氧化物。

从微观结构来看，固体碱的强度由固体碱界面上的碱性原子所决定。大多数情况下，这些碱性原子为氧或氮的阴离子和复合阴离子。界面上的固体碱阴离子和阳离子的自由程度对固体碱的碱性有很大影响。

2.5.3 超强碱应用

1. 烯烃和炔烃的异构化

烯烃的双键异构化反应通过固体碱或固体超强碱催化剂从烯烃分子的烯丙基位夺取一个 H^+来实现。由于烯烃的 pK_a 值比较高(如丙烯的 pK_a = 38)，催化剂通常需要比较高的碱性。超强碱催化剂可被广泛应用于各种异构化反应中[66-68]。

1-丁烯的异构化[69-70]过程(图 2-27)形成顺式或反式烯丙基阴离子。当用 MgO 作催化剂时，反应甚至在 223 K 下进行。碱催化会得到高顺/反比的产物。

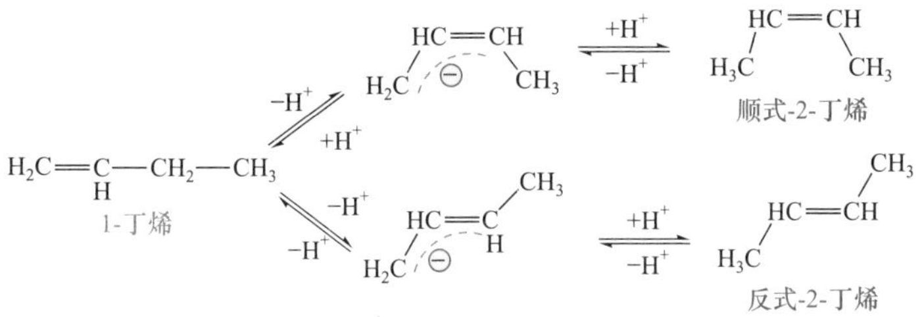

图 2-27　1-丁烯的异构化

2. 缩合反应

2-(1-环己烯基)环己酮与 2-环己亚烷基环己酮是合成邻苯基苯酚的中间体。传统合成方法主要采用液体催化剂，如氢氧化钠或乙醇钠，通过羟醛缩合反应制得，催化活性低且产物难以分离。采用 Na/NaOH/γ- Al_2O_3 型固体超强碱催化剂催化环己酮的自缩合反应，在反应温度 190℃、反应时间 3 h、催化剂用量 10%时，其产率可达 86%(图 2-28)[71]，与传统工艺相比，该合成工艺具有较高的催化效率且后处理过程相对简单，具有一定的工业应用前景。

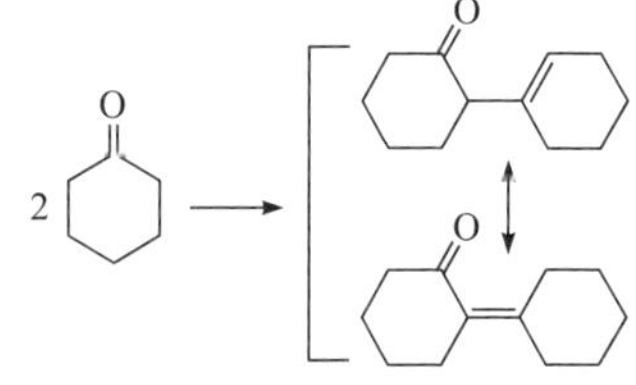

图 2-28　环己酮的羟醛缩合

3. 酯交换反应

固体超强碱催化酯交换反应具有反应条件温和、反应速率高、催化剂可重复使用、产品易于分离等优点。例如，采用热处理后的固体超强碱锡酸钠催化碳酸丙烯酯与甲醇生成碳酸二甲酯和 1, 2-丙二醇[72]：

$$C_4H_6O_3 + CH_3OH \longrightarrow CH_3OC(O)OCH_3 + CH_3CHOHCH_2OH$$

常压下反应 5 h 后就能得到 72.6%的产率。在研究中没有检测到副产物的生成，他们认为可能是由于材料中大量的强碱位和超强碱位抑制了副产物的生成。

另外，超强碱催化还可以应用于迈克尔加成反应、烯烃加氢反应、烷基化反应、醇类的共轭加成反应等。

与固体酸研究相比，固体碱的研究起步较晚，且进展缓慢，对于其结构和形成机理尚不明确，在一定程度上制约了固体超强碱的发展。固体超强碱也有其自身的缺陷。例如，易被 H_2O 和 CO_2 毒化而难以长时间储存，需要较高的热处理温度，已开发的超强碱种类相对较少，制备的超强碱比表面积小、碱度和碱量不高等。因此，拓宽超强碱的种类，优化固体超强碱的制备条件，解决固体超强碱的储存问题，增大固体超强碱催化剂的比表面积、碱度和碱量是未来超强碱研究的主要方向和重要内容。

参 考 文 献

[1] Kuroyanagi A, Irie T, Kinoshita S, et al. Sci Rep, 2021, 11(1): 1.
[2] Jahnsen-Guzmán N, Lagos N A, Quijón P A, et al. Chemosphere, 2022, 288: 132410.
[3] 朱文祥. 化学教育, 1986, (6): 30.
[4] 朱文祥. 化学教育, 1987, (1): 43.
[5] 汪群拥, 尹占兰. 大学化学, 1991, (1): 13.
[6] 尧正文, 彭国胜. 化学教学, 1981, (3): 38.
[7] 唐宗薰. 中级无机化学. 北京: 高等教育出版社, 2009.
[8] 朱文祥. 中级无机化学. 北京: 北京师范大学出版社, 1993.
[9] Walden P, Audrieth L F. Salts, Acids, and Bases. Electrolytes: Stereochemistry. New York: McGraw-Hill Book Co. Inc., 1929.
[10] Luder W F. Chem Rev, 1940, 27(3): 547.
[11] Le Grand H E. Ann Sci, 1972, 29(1): 1.
[12] Brock W H. Justus von Liebig: The Chemical Gatekeeper. Cambridge: Cambridge University Press, 2002.
[13] Liebig J. Annalen Pharm, 1838, 26: 113.
[14] Hall N F. Journal of Chemical Education, 1940, 17(3): 124.
[15] Franklin E C. J Am Chem Soc, 1905, 27(7): 820.
[16] Germann A F. J Am Chem Soc, 1925, 47(10): 2461.
[17] Brönsted J N. Recl Trav Chim Pays-Bas, 1923, 42(8): 718.
[18] Lowry T. J Soc Chem Ind, 1923, 42(3): 43.
[19] Lewis G N. Valence and the Structure of Atoms and Molecules. New York: Chemical Catalog Company, 1923.
[20] Lewis G N. J Franklin Inst, 1938, 226(3): 293.
[21] Lux H. Z Elektrochem Angew Phys Chem, 1939, 45(4): 303.
[22] Flood H, Förland T. Acta Chem Scand, 1947, 1: 592.
[23] Usanovich M I. Zh Obshchey Khim, 1938, 9: 182.
[24] Fowles G, Nicholls D. Quart Rev Chem Soc, 1962, 16(1): 19.
[25] Leitner W. Acc Chem Res, 2002, 35(9): 746.
[26] 南京大学化学系无机化学组. 化学通报, 1976, (5): 55.
[27] Hammett L P, Deyrup A J. J Am Chem Soc, 1932, 54(7): 2721.
[28] Hall N F, Conant J B. J Am Chem Soc, 1927, 49(12): 3047.
[29] Olah G A. Angew Chem Int Ed, 1973, 12(3): 173.
[30] Olah G A, Prakash G S, Sommer J. Science, 1979, 206(4414): 13.
[31] Olah G A, Schlosberg R H. J Am Chem Soc, 1968, 90(10): 2726.
[32] Gillespie R, Peel T. Adv Phys Org Chem, 1971, 9: 1.
[33] Gillespie R, Peel T. J Am Chem Soc, 1973, 95(16): 5173.
[34] Westheimer F. Chem Soc Special Publ, 1957, 8: 1.

[35] Grandinetti F, Occhiucci G, Ursini O, et al. Int J Mass Spectrom Ion Processes, 1993, 124(1): 21.
[36] Greb L. Chem Eur J, 2018, 24(68): 17881.
[37] Gold V, Laali K, Morris K P, et al. Chem Commun, 1981, (15): 769.
[38] Brunel D, Germain A, Commeyras A. J Chim, 1978, 2: 275.
[39] Zhang D, Heubes M, Hägele G, et al. Can J Chem, 1999, 77(11): 1869.
[40] Culmann J C, Fauconet M, Jost R, et al. New J Chem, 1999, 23(8): 863.
[41] Mootz D, Bartmann K. Angew Chem Int Ed, 1988, 27(3): 391.
[42] Esteves P M, Ramírez-Solís A, Mota C J. J Am Chem Soc, 2002, 124(11): 2672.
[43] Olah G A, Farooq O, Husain A, et al. Catal Lett, 1991, 10(3): 239.
[44] Thompson R, Barr J, Gillespie R, et al. Inorg Chem, 1965, 4(11): 1641.
[45] Takahashi O, Yamauchi T, Sakuhara T, et al. Bull Chem Soc Jpn, 1980, 53(7): 1807.
[46] Hattori H, Takahashi O, Takagi M, et al. J Catal, 1981, 68(1): 132.
[47] Takahashi O, Hattori H. J Catal, 1981, 68(1): 144.
[48] Liu F, Yi X, Chen W, et al. Chem Sci, 2019, 10(23): 5875.
[49] Hino M, Kobayashi S, Arata K. J Am Chem Soc, 1979, 101(21): 6439.
[50] Jin T, Yamaguchi T, Tanabe K. J Phys Chem, 1986, 90(20): 4794.
[51] Hino M, Arata K. Chem Commun, 1988, (18): 1259.
[52] Yamaguchi T, Jin T, Tanabe K. J Phys Chem, 1986, 90(14): 3148.
[53] Olah G A, Lukas J. J Am Chem Soc, 1967, 89(18): 4739.
[54] Olah G A, Lukas J. J Am Chem Soc, 1967, 89(9): 2227.
[55] Olah G A, Klopman G, Schlosberg R H. J Am Chem Soc, 1969, 91(12): 3261.
[56] Song X, Sayari A. Catal Rev Sci Eng, 1996, 38: 329.
[57] Arata K. Appl Catal A: Gen, 1996, 146(1): 3.
[58] Cheung T K, Gates B. Top Catal, 1998, 6(1): 41.
[59] 杨九龙，李剑锋，路勇. 物理化学学报, 2009, 25(10): 2045.
[60] Hsu C Y, Heimbuch C, Armes C, et al. Chem Commun, 1992, (22): 1645.
[61] Song X, Sayari A. Catal Rev, 1996, 38(3): 329.
[62] Pines H, Eschinazi H. J Am Chem Soc, 1955, 77(23): 6314.
[63] Tanabe K, Yoshii N, Hattori H. Chem Commun, 1971, (9): 464.
[64] Schlosser M. Pure Appl Chem, 1988, 60(11): 1627.
[65] Chen L, Zhao J, Yin S F, et al. RSC Advances, 2013, 3(12): 3799.
[66] Sun N, Klabunde K J. J Catal, 1999, 185(2): 506.
[67] Wang Y, Huang W Y, Chun Y, et al. Chem Mater, 2001, 13(2): 670.
[68] Sun L B, Yang J, Kou J H, et al. Angew Chem Int Ed, 2008, 47(18): 3418.
[69] Hattori H. Appl Catal A: Gen, 2001, 222(1-2): 247.
[70] Hattori H. Chem Rev, 1995, 95(3): 537.
[71] 刘洪润，顾珊珊，李修刚，等. 化学试剂, 2009, 31(1): 55.
[72] Godinho K G, Walsh A, Watson G W. J Phys Chem C, 2009, 113(1): 439.

第3章

酸碱强度

对于质子酸碱来说，硫酸、盐酸和硝酸常被称为强酸；氢氧化钠、氢氧化钾被称为强碱，而乙酸和氨水则被称为弱酸和弱碱。对于路易斯电子酸碱，如 Hg^{2+}、Fe^{3+}、Al^{3+}等，它们的强度如何定义？为什么在自然界中汞易形成辰砂矿(HgS)？要理解这些问题，就需要分析不同定义中的酸碱强度。

3.1 质子酸的酸性强弱

根据酸碱质子理论，质子酸可以分为三类[1]：即氢酸(二元氢化物，如 HCl、H_2S、HS^-等)、含氧酸(如 $HClO_4$、H_2SO_4、H_3PO_4 等)以及溶剂化阳离子酸(如$[Al(H_2O)_6]^{3+}$等)。

质子酸碱强弱的常用判断方法有以下几种[2]：

(1) 在水溶液中，质子酸的强度可以直接用酸与 H_2O 之间质子转移反应的平衡常数，即酸的解离常数(acid dissociation constant)表示[3]：

$$HA(aq) + H_2O(l) = A^-(aq) + H_3O^+(aq)$$

$$K_a^\ominus = \frac{a(H_3O^+)\cdot a(A^-)}{a(HA)} \tag{3-1}$$

式中，$a(x)$为物种 x 的活度。当溶液浓度很小时，可以用摩尔浓度代替活度。

通过解离常数 $K_a^\ominus$ 的大小判断酸的强度，虽然是理想的方法，但需要有翔实的数据，且只适合于水溶液。

(2) 通过离子势 Z/r(Z 为成酸元素电荷，r 为半径)判断含氧酸或氢氧化物的酸碱强度。该方法对组成相似的化合物有较好的半定量效果。

(3) 通过鲍林的半定量法比较。该法只适用于含氧酸的粗略比较，未考虑到不同成酸元素引起的酸碱性差异。

(4) 用热力学数据计算得到物质的酸碱性强弱。这种方法虽然使用范围广，但需要已知的热力学数据。

3.1.1 酸强弱的热力学讨论

1. 气态二元氢化物的解离

从热力学观点研究化合物解离出质子的趋势。以气态二元氢化物为例：

$$\mathrm{H}_n\mathrm{X(g)} = \mathrm{H}_{n-1}\mathrm{X}^-\mathrm{(g)} + \mathrm{H}^+\mathrm{(g)}$$

上述各物种都取气相是为了避免氢键和水合焓对解离产生影响。

该解离反应的热力学循环为[4]

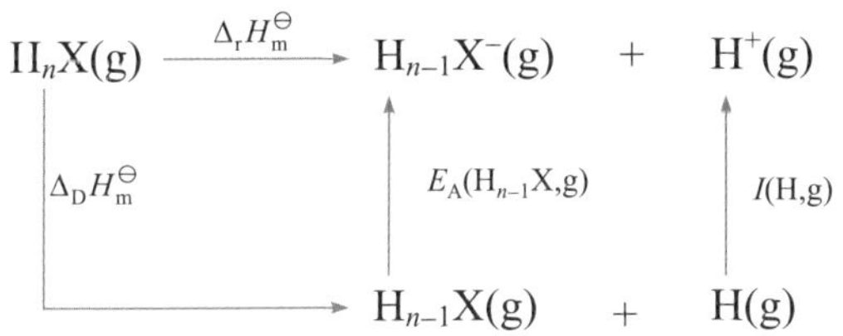

$$\begin{array}{ccccc}
\mathrm{II}_n\mathrm{X(g)} & \xrightarrow{\Delta_\mathrm{r} H_\mathrm{m}^\ominus} & \mathrm{H}_{n-1}\mathrm{X}^-\mathrm{(g)} & + & \mathrm{H}^+\mathrm{(g)} \\
\Big\downarrow \Delta_\mathrm{D} H_\mathrm{m}^\ominus & & \Big\uparrow E_\mathrm{A}(\mathrm{H}_{n-1}\mathrm{X,g}) & & \Big\uparrow I(\mathrm{H,g}) \\
\longrightarrow & & \mathrm{H}_{n-1}\mathrm{X(g)} & + & \mathrm{H(g)}
\end{array}$$

$$\Delta_\mathrm{r} H_\mathrm{m}^\ominus = \Delta_\mathrm{D} H_\mathrm{m}^\ominus - E_\mathrm{A}(\mathrm{H}_{n-1}\mathrm{X,g}) + I(\mathrm{H,g}) \tag{3-2}$$

式中，$\Delta_\mathrm{D} H_\mathrm{m}^\ominus$ 为键的解离能；E_A 为电子亲和能；I 为电离能。

对于所有质子酸，都有 I(H)项，所以在气态时，只需比较键的解离能以及电子亲和能就可以判断出酸的相对强弱。

以第二周期非金属氢化物和卤素氢化物为例，用表 3-1 的数据可以很好地解释气态非金属元素氢化物的酸碱性规律。

表 3-1　某些氢化物的键解离能及相应取代基的电子亲和能

质子酸	$\Delta_\mathrm{D} H_\mathrm{m}^\ominus/(\mathrm{kJ\cdot mol^{-1}})$	取代基	$E_\mathrm{A}/(\mathrm{kJ\cdot mol^{-1}})$	$(\Delta_\mathrm{D} H_\mathrm{m}^\ominus - E_\mathrm{A})/(\mathrm{kJ\cdot mol^{-1}})$
$\mathrm{H_3C{-}H}$	435	$\mathrm{CH_3}$	7.7	427.3
$\mathrm{H_2N{-}H}$	456	$\mathrm{NH_2}$	71	385
HO—H	498	HO	176	322
H—F	569	F	331	238
$\mathrm{H_3Si{-}H}$	335	$\mathrm{SiH_3}$	100	235
$\mathrm{H_2P{-}H}$	351	$\mathrm{PH_2}$	121	230
SO—H	377	SO	222	155
H—Cl	431	Cl	347	84
H—Br	368	Br	326	42
H—I	297	I	297	0

从表 3-1 的数据可以看出：①同一周期中从左到右，键解离能增加，但同时电子亲和能也增加，而且一般电子亲和能的变化幅度比键解离能的变化幅度大，导致从左到右($\Delta_D H_m^\ominus - E_A$)的数值在减小，因此气态二元氢化物的酸性强度表现为缓慢增加；②同一族中，从上到下，键解离能减小，电子亲和能也减小，解离能减小的幅度大，因此氢化物的酸性逐渐增强。

2. 水溶液中质子酸的强度

HCl 气体解离过程的热力学循环为

$$
\begin{array}{ccccc}
HCl(g) & \xrightarrow{\Delta_r H_m^\ominus} & Cl^-(g) & + & H^+(g) \\
\downarrow \Delta_D H_m^\ominus & & \uparrow E_A(Cl,g) & & \uparrow I(H,g) \\
 & \longrightarrow & Cl(g) & + & H(g)
\end{array}
$$

$$\Delta_r H_m^\ominus = \Delta_D H_m^\ominus(H—Cl) - E_A(Cl,g) + I(H,g) = 431 - 347 + 1312 = 1396(kJ \cdot mol^{-1}) \tag{3-3}$$

由数值可以看出，HCl 气体进行酸式解离在热力学上是不利的。当 HCl 气体溶于水后，由于水合过程，其酸式解离的过程为

$$
\begin{array}{ccccc}
HCl(aq) & \xrightarrow{\Delta_r H_m^\ominus} & Cl^-(aq) & + & H^+(aq) \\
\downarrow -\Delta_h H_m^\ominus(HCl,g) & & \uparrow \Delta_h H_m^\ominus(Cl^-,g) & & \uparrow \Delta_h H_m^\ominus(H^+,g) \\
 & & Cl^-(g) & + & H^+(g) \\
 & & \uparrow E_A(Cl,g) & & \uparrow I(H,g) \\
HCl(g) & \xrightarrow{\Delta_D H_m^\ominus} & Cl(g) & + & H(g)
\end{array}
$$

$$\begin{aligned}\Delta_r H_m^\ominus(HCl,aq) = {} & \Delta_D H_m^\ominus(H—Cl) - E_A(Cl,g) + I(H,g) - \Delta_h H_m^\ominus(HCl,g) \\ & + \Delta_h H_m^\ominus(H^+,g) + \Delta_h H_m^\ominus(Cl^-,g)\end{aligned} \tag{3-4}$$

式中，$\Delta_h H_m^\ominus$ 为物质的水合焓。可得 HCl(aq)解离过程的 $\Delta_r H_m^\ominus = -55\ kJ \cdot mol^{-1}$。显然，同气相解离相比，水溶液中 HCl(aq)解离的热化学循环中多了三项水合焓项。离子水合的过程会放出大量的能量，所以，水合焓的影响使 HCl 的酸式解离成为可能。

同理，对 HF、H_2O 和 NH_3 同周期非金属元素氢化物，可以通过设计出热力学循环讨论酸性递变规律：

$$
\begin{array}{ccccc}
H_nX(aq) & \xrightarrow{\Delta_r H_m^{\ominus}} & H_{n-1}X^-(aq) & + & H^+(aq) \\
\downarrow -\Delta_h H_m^{\ominus}(H_nX,g) & & \uparrow \Delta_h H_m^{\ominus}(H_{n-1}X^-,g) & & \uparrow \Delta_h H_m^{\ominus}(H^+,g) \\
 & & H_{n-1}X^-(g) & + & H^+(g) \\
 & & \uparrow E_A(H_{n-1}X,g) & & \uparrow I(H,g) \\
H_nX(g) & \xrightarrow{\Delta_D H_m^{\ominus}} & H_{n-1}X(g) & + & H(g)
\end{array}
$$

$$
\begin{aligned}
\Delta_r H_m^{\ominus}(H_nX,aq) = & -\Delta_h H_m^{\ominus}(H_nX,g) + \Delta_D H_m^{\ominus}(H_{n-1}X—H) - E_A(H_{n-1}X,g) \\
& + \Delta_h H_m^{\ominus}(H_{n-1}X^-,g) + I(H,g) + \Delta_h H_m^{\ominus}(H^+,g)
\end{aligned} \tag{3-5}
$$

各氢化物之间的差别只在前四项，NH_3、H_2O 和 HF 的各项数据见表 3-2。从这些数据可见，NH_3、H_2O 和 HF 的水合焓尽管有差别，但差异并不太大。造成 NH_3、H_2O 和 HF 三者酸性差别的主要原因是 X—H 键的键解离能、生成负离子时的电子亲和能和负离子的水合焓。虽然从键解离能看，递变的顺序应是 NH_3＜H_2O＜HF，而酸性递变顺序为 HF＞H_2O＞NH_3。

表 3-2　NH_3、H_2O 和 HF 的相关热力学数据

质子酸	$\Delta_h H_m^{\ominus}(H_nX, g)$/ $(kJ \cdot mol^{-1})$	$\Delta_D H_m^{\ominus}(X—H)$/ $(kJ \cdot mol^{-1})$	$E_A(H_{n-1}X,g)$/ $(kJ \cdot mol^{-1})$	$\Delta_h H_m^{\ominus}(H_{n-1}X^-,g)$/ $(kJ \cdot mol^{-1})$
NH_3	−35	456	71	−378
H_2O	−44	498	176	−347
HF	−48	569	331	−524

对于各氢卤酸的酸性递变顺序也可以按相同方法分析，相关热力学数据如表 3-3 所示。需要注意的是，氟的各数值都比较特殊，其中 HF 的键解离能特别大，而 F 的电子亲和能又反常得小。因此，尽管 F^-水合过程放出的能量很大，也不足以补偿上述因素的影响。而且，HF 酸中存在氢键，对解离也是不利因素。因此，HF 酸性较弱。除此之外，确定酸的强度，除了解离过程的焓变化有影响外，还须进一步考虑过程的熵变。HF 解离过程熵减较大，这既与 F^-离子半径最小、水化程度最大有关[5]，也与溶液中形成方向性的氢键有关[6]。

表 3-3　氢卤酸的相关热力学数据

质子酸	$\Delta_h H_m^{\ominus}(HX, g)$/ $(kJ \cdot mol^{-1})$	$\Delta_D H_m^{\ominus}(X—H)$/ $(kJ \cdot mol^{-1})$	$E_A(X, g)$/ $(kJ \cdot mol^{-1})$	$\Delta_h H_m^{\ominus}(X^-, g)$/ $(kJ \cdot mol^{-1})$
HF	−48	569	331	−524
HCl	−18	431	347	−378

续表

质子酸	$\Delta_h H_m^\ominus$ (HX, g)/ (kJ · mol^{-1})	$\Delta_D H_m^\ominus$ (X—H)/ (kJ · mol^{-1})	E_A(X, g)/ (kJ · mol^{-1})	$\Delta_h H_m^\ominus$ (X^-, g)/ (kJ · mol^{-1})
HBr	−21	368	326	−348
HI	−23	298	295	−308

综合焓效应和熵效应的结果，HF 酸解离过程的 $\Delta_r G_m^\ominus$ 为正值，其他 HX 为负值，所以 HF 的 K_a 常数与其他酸在数量级上有差别。因此，其他 HX 酸都是强酸，而 HF 是弱酸，其酸性递变规律为

$$HF \ll HCl < HBr < HI$$

思考题

3-1　从热力学角度出发说明仅由键的强弱判断 HB 的酸性过于简单化的原因。

例题 3-1

常见二元氢化物的酸强度变化规律是什么？

解　同一周期自左而右、同一族自上而下，氢化物的酸性均逐渐加强。同一周期从左到右，由于 X 的电负性依次增加，因此其氢化物的酸性依次加强。对于同一族元素氢化物酸性变化的规律可以从键能和水对 HX 的极化作用来解释。键能越小，酸性越强；水的极化作用越大，酸性越强。

3.1.2　酸强弱的结构讨论

物质的酸碱性与其分子结构是相关的，因此，化合物的酸碱性与元素在周期表中的位置密切相关。

1. 简单氢化物 H_nA

A 可以是除 H 和稀有气体以外的非金属元素，包括 B、C、Si、N、P、As、O、S、Se、Te、F、Cl、Br、I。

对于非金属的氢化物来说，其水溶液的酸性呈现出明显的规律性。一般来说，随着非氢元素共价半径的增加，酸强度增加。例如，在 H_2O、H_2S、H_2Se、H_2Te 系列中，H_2Te 是最强的酸，而 H_2O 是最弱的酸，从表 3-4 的 $pK_a^\ominus$ 数据可以很好地看出这种规律。对于同周期元素氢化物的酸性比较，酸性规律有 $CH_3 < NH_3 < H_2O < HF$。一方面，A—H 键的极性大小不同，酸性强弱不同。键的极性越大，

A—H 化学键的共用电子对更偏向 A 原子，使 H 更缺少电子，更易以 H^+形式解离，因此酸性更强。另一方面，A—H 中 H 解离的难易程度则取决于 A—H 键的强度。半径越大，电负性越小，键的强度越小，H^+越容易解离，则酸性越强。同周期元素的原子半径变化幅度小，所以 A—H 解离能的差异相对较小，而从左到右非金属原子的电负性逐渐增加，键的极性增强，所以酸性增强。即根据键的极性判断酸性的相对强弱适用于同周期元素形成的 A—H 键的比较。对于同一主族，从上到下元素的电负性减弱，半径增大，A 与 H 电负性差别越来越小，键的极性减弱，从上到下酸性逐渐减弱。然而，从上到下，A 与 H 的共价键强度随半径增加、电负性减小而减弱，而且这种作用抵消了极性减小的影响，因此从上到下酸性反而增加。

表 3-4　非金属二元氢化物水溶液的 $\mathrm{p}K_a^\ominus$ 值[1]

氢化物	CH_4	NH_3	H_2O	HF
$\mathrm{p}K_a^\ominus$	约 44	39	15.74	3.15
氢化物	SiH_4	PH_3	H_2S	HCl
$\mathrm{p}K_a^\ominus$	约 35	27	6.89	–6.3
氢化物	GeH_4	AsH_3	H_2Se	HBr
$\mathrm{p}K_a^\ominus$	25	≤23	3.7	–8.7
氢化物			H_2Te	HI
$\mathrm{p}K_a^\ominus$			2.6	–9.3

还需注意的是，如果 A 上有孤对电子，则可以通过加质子而表现出碱性[2]：

$$H_nA + H^+ \longrightarrow H_{n+1}A^+$$

原则上只要分子中具有含孤对电子的原子就能发生上述反应，由于 B、C、Si 的简单氢化物不含孤对电子，故不具有碱性。在通常情况下，分子中含 N、O、F、P、S 等时因原子具有孤对电子，可以加质子而体现碱性。例如，在质子酸碱理论中，H_2O 是两性物质，NH_3 是碱。

根据键的极性规律和解离能规律，可以得出：元素周期表中，右下位置元素的氢化物酸性强，左上位置元素的氢化物酸性弱。

对同一原子 A 来说，A 的杂化方式不同，A—H 键的极性也不同，酸性强弱也不同[2]。一般，杂化方式中 s 轨道成分越高，杂化轨道的能量越低，相当于电负性越大，则 A—H 键的极性越强，表现的酸性越强。例如，不同杂化方式的 C—H 键和 N—H 键的酸性顺序为：sp-C—H＞sp^2-C—H＞sp^3-C—H，sp^2-N—H＞sp^3-N—H。

例如，酸性顺序：乙炔＞乙烯＞乙烷，RCH═N—H＞RCH_2—NH_2。

2. 水合阳离子酸

水合阳离子酸如$[M(H_2O)_x]^{n+}$，其酸性质子处在与中心金属离子配位的水分子上，取决于下述平衡的移动方向：

$$[M(H_2O)_x]^{n+}(aq) + H_2O\ (l) \rightleftharpoons [M(H_2O)_{x-1}OH]^{(n+1)-}(aq) + H_3O^+(aq)$$

水合酸的强度通常随中心金属离子正电荷的增高和半径的减小而增大。例如，下列水合酸的酸强度呈现下述变化顺序：

$$[Fe(H_2O)_x]^{3+} > [Cr(H_2O)_x]^{3+} > [Al(H_2O)_x]^{3+} > [Zn(H_2O)_x]^{2+} > [Ca(H_2O)_x]^{2+}$$

这种变化趋势在一定程度上可用离子模型(此模型将金属阳离子表示为半径为 r、正电荷为 z 的圆球)解释。由于质子更容易从高电荷和小半径的阳离子附近移去，因此酸性应该随着 z 的增大和 r 的减小而增大。

用离子模型讨论酸强度可参考图 3-1 做出判断[7]。对形成离子型固体的元素(主要是 s 区元素)而言，其水合离子的 $pK_a^\ominus$ 值基本符合该模型。部分 d 区离子(如 Fe^{2+}和 Cr^{3+})也处在同一直线附近，但许多离子(特别是 pK_a 较小的水合酸)显著偏离了该直线。这种偏离表明，金属离子排斥质子的能力强于模型的预期。如果假定阳离子的正电荷不是局限在中心离子上而是离域于配位体(距离将要离开的质子更近)，排斥力的增加就能得到合理的解释。这种离域等价于提高了元素-氧键的共价性。事实上，对于易形成共价键的离子而言，离子模型的关联也是最差的。

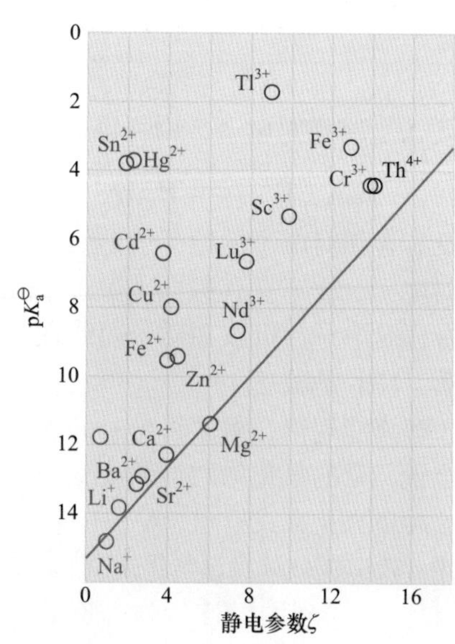

图 3-1　水合离子的酸性与静电参数ξ[=100 $z^2/(r/pm)$]之间的关系[7]

对 ds 区金属离子(如 Cu^{2+})和 p 区金属离子(如 Sn^{2+})而言，水合酸强度较离子模型预言的强度大得多。对这些物种而言，共价成键作用比离子成键作用更重要，离子模型不符合实际。同族元素从上到下，金属元素 d 轨道与氧配位体轨道的重叠程度增加，所以与第四周期相比，第五周期和第六周期 d 区金属的水合离子的酸性往往更强。

例题 3-2

说明下列水合酸强度的变化趋势。

$$[Fe(H_2O)_6]^{2+} < [Fe(H_2O)_6]^{3+} < [Al(H_2O)_6]^{3+} \approx [Hg(H_2O)_6]^{2+}$$

解　考虑中心金属离子的电荷密度和它对 H_2O 配位体脱质子难易程度的影响。Fe^{2+}配合物的酸性最弱，是由于它的半径相对较大和电荷相对较低。电荷增至+3 时提高了酸的强度。Al^{3+}的酸性较强可由较小的半径做解释。序列中的反常离子是 Hg^{2+}配合物，该配合物表明离子模型不能用于解释此类金属阳离子水合酸的强度，因为配合物中有强的共价成键作用。

3.2　影响质子酸酸性的因素

3.2.1　诱导效应

诱导效应(inductive effect)可分为静态和动态。由于分子结构本身的特征而产生的诱导效应称为静态诱导效应。在反应瞬间，受外界电场的影响(如极性溶剂或反应试剂)以致加深极化度的，则为动态诱导效应。静态诱导效应是一种永久效应，是由于成键原子团电负性不同而引起的，它表示电子云的分布，在没有外电场的影响下分子的内在性质。根据取代基(原子或原子团)电负性的大小，诱导效应有方向和强度的不同。

在讨论诱导效应的方向时常以氢原子为标准。一个原子或原子团的吸电子能力比氢原子强，称为吸电子基。相反，若吸电子的能力不及氢原子，则称为斥电子基或给电子基。

常见原子或基团吸电子能力由大到小的顺序为

$NH_3^+ > NO_2 > CN > SO_3H > CHO > CO > COOH > COCl > CONH_2 > F > Cl > Br > I > OH > OR > NH_2 > C_6H_5 > H$

给电子能力由大到小的顺序为

$$C(CH_3)_3 > CH(CH_3)_2 > CH_2CH_3 > CH_3 > H$$

由于原子或基团电负性不同，其给电子或吸电子能力不同，这时共价键产生极性，而且这种极化作用会沿着 σ 键传递。需要注意的是，随着传递链增长，诱导效应逐渐减弱，如图 3-2 所示。

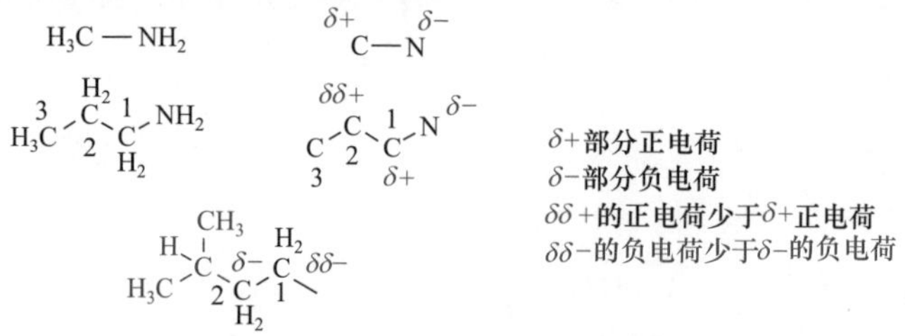

图 3-2 链长对诱导效应的影响

取代基诱导效应的相对强度还可以根据元素或原子团中的原子的电负性进行判断。原子或基团的电负性越大，吸电子效应越强。诱导效应的传导是以静电诱导的方式沿单键而传导的，使分子的电子云密度分布发生一定程度的改变。

1. 氢化物的解离

以元素氢化物的取代产物 R—A—H 的解离为例，可以说明诱导效应对质子酸酸性的影响。

R—A—H 类酸碱是包括含氧酸碱在内的一大类质子酸碱，当 A 为 O 时形成普通的氢氧化物、含氧酸和醇酚羧酸等有机化合物。当取代基 R 的电负性小于 H 时，RAH 表现为碱性，R 将以阳离子形式解离，形成 R^+和 OH^-。具有较低氧化态的金属常属于这种情况，如 NaSH、KNH_2、$Fe(OH)_2$ 等；当 R 基团的电负性大于 H，表现为酸式解离，H 将以阳离子形式解离，此时 R 通常是非金属元素或处于高氧化态的金属元素，如 HClO、$Sn(OH)_4$ 等；当 R 基团的电负性与 H 相近时，其酸碱性行为由环境决定，即酸性环境下表现为碱式解离，碱性环境下表现为酸式解离。

表 3-5 中列出了各种取代基对水、氨和甲烷水溶液 $pK_a^\ominus$ 值的影响。可以看出，分子中一个或多个氢原子被电负性更强的原子或基团取代时，分子的酸性增强。例如甲烷分子，当它的一个氢原子被电负性很强的基团如 NO_2 取代后，生成的硝基甲烷，其水溶液便具有弱酸性。

表 3-5 水、氨、甲烷的某些衍生物的水溶液 $pK_a^\ominus$ 值[1]

X	HOX	NH_2X	CH_3X
H	16	39	约 44
C_6H_5	10	27	38

续表

X	HOX	NH_2X	CH_3X
CH_3CO	5	15	约 20
CN	4	10.5	20
NO_2	–2	7	10

同理，因为卤素原子的强吸电子诱导效应，氯磺酸 ClO_2SOH 和氟磺酸 FO_2SOH 的酸性强于硫酸，单取代卤乙酸(XCH_2COOH)的酸性强于乙酸[CH_3COOH($pK_a^\ominus$ = 4.75)＜ICH_2COOH($pK_a^\ominus$ =3.17)＜$BrCH_2COOH$($pK_a^\ominus$ = 2.90)＜$ClCH_2COOH$($pK_a^\ominus$ = 2.87)＜FCH_2COOH($pK_a^\ominus$ = 2.59)]。图 3-3 给出了给电子基团和吸电子基团的诱导效应对质子酸酸性的影响。通常，当 R 的电负性(鲍林标度)小于 1.7 时，是碱解离；电负性大于 1.7 时，是酸解离。所以，次卤酸 HOX 为酸，而 NaOH 是碱。

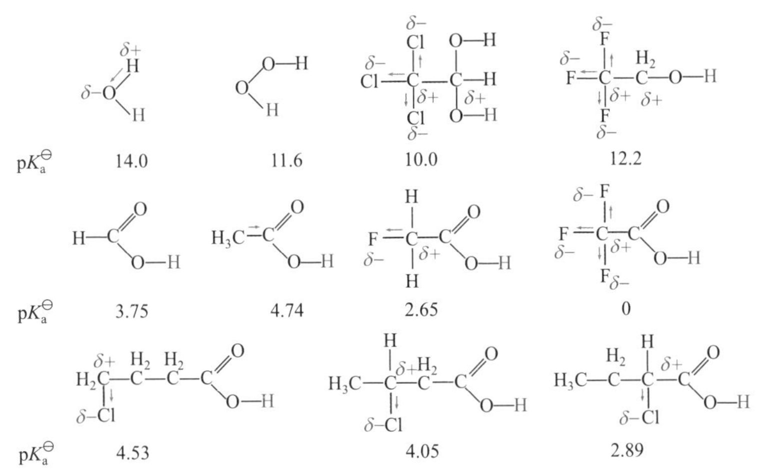

图 3-3 诱导效应对质子酸酸性的影响

2. 含氧酸的解离

对于复杂的含氧酸可用通式$(HO)_nEO_m$来表示，m 和 n 分别表示末端氧原子和 OH 基团的数目。描述含氧酸的相对强度，需要考虑中心原子对 O—H 键电子的引力。通常，高电负性的中心原子和较多数量的末端氧原子会增强酸性。例如，比较 HOCl($pK_a^\ominus$ = 7.53)和 HOI 的酸性($pK_a^\ominus$ = 10.64)，可以考虑 Cl 和 I 电负性造成的诱导效应的影响，而比较 H_2SO_4 和 H_2SO_3 的强度，则可以考虑末端氧原子吸引电子的影响。

鲍林(L. C. Pauling，1901—1994)[8]曾提出两条规则以说明含氧酸强度变化的规律：

(1) 含氧酸的强度与非羟基氧数目的关系(表 3-6)为 $pK_a^\ominus = 7-5m$。

表 3-6　非羟基氧与含氧酸强度的关系

m	酸性	$pK_a^\ominus$ 近似值	示例
3	非常强	10^{-8}	$HClO_4$，$HMnO_4$
2	强	10^{-3}	$HClO_3$，H_2SO_4
1	弱	10^{2}	$HClO_2$，H_3PO_4
0	很弱	10^{7}	$HClO$，H_3BO_3，$H_2PO_4^-$

这是由于氧的电负性很大，通过诱导效应，非羟基氧原子将使羟基氧原子带上更多的正电荷，从而有利于质子的解离。

(2) 多元酸分级解离常数之间的关系为 $K_{a1}^\ominus : K_{a2}^\ominus : K_{a3}^\ominus \approx 1 : 10^{-5} : 10^{-10}$。

依据鲍林规则，含氧酸的结构与 $pK_a^\ominus$ 实测值的关系见图 3-4。

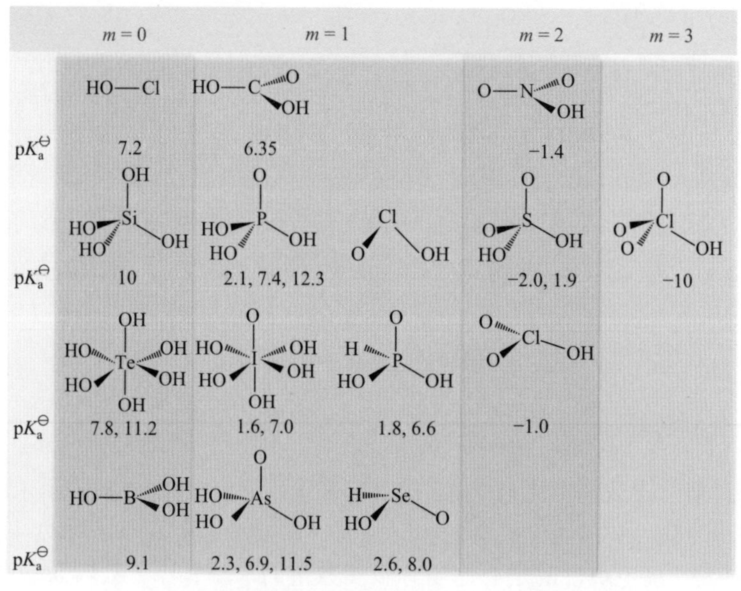

图 3-4　一些含氧酸的结构与 $pK_a^\ominus$ 实测值的关系

例如，根据 H_3PO_4 结构判断出 $K_{a1}^\ominus \approx 10^{-2}$，则其 $K_{a2}^\ominus \approx 10^{-7}$，$K_{a3}^\ominus \approx 10^{-12}$，这与实测的数值 $K_{a1}^\ominus = 7.11 \times 10^{-3}$，$K_{a2}^\ominus = 6.34 \times 10^{-8}$，$K_{a3}^\ominus = 4.79 \times 10^{-13}$ 非常接近，说

明鲍林规则在含氧酸酸性判断方面有很好的应用。

值得指出的是，鲍林规则一个有趣的用途是检出结构异常。例如，该规则预言碳酸 $OC(OH)_2$ 的 $K_{a1}^{\ominus} \approx 10^{-2}$，但实测 $K_{a1}^{\ominus} = 4.45 \times 10^{-7}$。这是由于将溶解的 CO_2 浓度当成了 H_2CO_3 浓度。实际上，溶解的 CO_2 仅有极少量转化为碳酸，大部分以水合二氧化碳的形式存在，比值大约为 1∶600。

亚硫酸(H_2SO_3)的 $pK_{a1}^{\ominus}$ 的实验值为 1.8，然而实际上，光谱研究未能从溶液中检出 $OS(OH)_2$ 分子，下述反应的平衡常数小于 10^{-9}：

$$SO_2(aq) + H_2O(l) \Longrightarrow H_2SO_3(aq)$$

事实上，SO_2 的溶解平衡比较复杂，已检出的离子包括 HSO_3^- 和 $S_2O_5^{2-}$。

对 CO_2 和 SO_2 水溶液组成所做的讨论提醒人们，不是所有非金属氧化物都能与水充分反应生成酸。又如，一氧化碳在形式上是甲酸(HCOOH)的酸酐，事实上室温下并不与水反应。这种情况也出现在金属氧化物中，如 OsO_4 在溶液中能以中性分子的形式存在。

例题 3-3

使用鲍林规则给出符合下述 $pK_a^{\ominus}$ 值的结构式：H_3PO_4，2.12；H_3PO_3，1.80；H_3PO_2，2.0。

解　首先根据鲍林规则预言末端非羟基氧的数目。三者的 $pK_a^{\ominus}$ 值都接近鲍林规则非羟基氧为 1 的数值，则其结构为

$$\mathrm{O{=}P(OH)_3} \qquad \mathrm{O{=}PH(OH)_2} \qquad \mathrm{O{=}PH_2(OH)}$$

1956 年，徐光宪(1920—2015)和吴瑾光(1934—2021)注意到[9]，鲍林规则虽然对许多无机含氧酸是适用的，但也有若干例外。例如，按鲍林规则计算，$Al(OH)_3$ 和 $Cr(OH)_3$ 的 $pK_{a1}^{\ominus}$ 应为 7，但实验值为 12.2 和 16。另外，鲍林规则预测的碳酸 $pK_{a1}^{\ominus}=2$，但实际测量值为 6.35。因此，他们在仔细比较了酸分子结构和 $pK_{a1}^{\ominus}$ 的关系后，认为 $pK_{a1}^{\ominus}$ 值主要取决于中心原子的给电子配键(X→O)的数目 N，如果为受电子配键(X←)，则 N 为负值。提出计算 $pK_{a1}^{\ominus}$ 值的经验公式：

$$pK_{a1}^{\ominus} = 7 - 5N \ , \quad pK_{am}^{\ominus} = pK_{a1}^{\ominus} + 5(m-1)$$

式中，$pK_{a1}^{\ominus}$ 为一级解离常数；$pK_{am}^{\ominus}$ 为第 m 级解离常数；N 为非羟基氧原子数。

因此，根据 N 的数值可将无机含氧酸按照强弱程度进行分类(表 3-7)。

表 3-7　徐光宪规则判断无机含氧酸强弱

N	$pK_{a1}^{\ominus}$	酸性强弱	例子
3	−8	很强	$HClO_4$
2	−3	强	$HClO_3$，H_2SO_4
1	2	稍强	$HClO_2$，H_2SO_3
0	7	弱	H_2CO_3，H_6TeO_6
−1	12	很弱	H_3BO_3，$Al(OH)_3$
−2	17	极弱	H_2BeO_2，$Zn(OH)_2$

从计算结果可以看出，徐光宪规则计算出含氧酸的 $pK_{a1}^{\ominus}$ 与实验结果较吻合。

3.2.2　离域效应

离域效应(delocalization effect)也常称为共振效应(resonance effect)，是指由电子离域引起的分子性质的改变(图 3-5)。

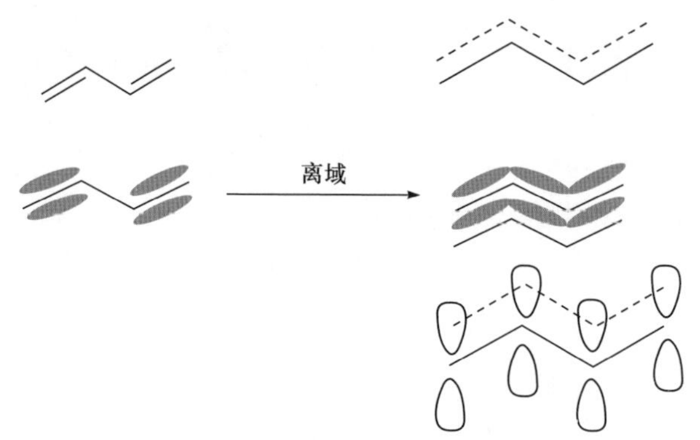

图 3-5　离域效应示意图

对于质子酸，当化合物中含有离域 π 键时，因 π 键容易分散酸中质子解离后的负电，有利于酸的解离，因而使酸的酸性增强。

例如，HCF_3 与 $HCH_2(NO_2)$都可被认为是二元氢化物 CH_4 的取代物，前者三个氢被 F 取代，后者一个氢被 NO_2 基取代。按照诱导效应，取代基 F 的电负性明显大于 NO_2 基团，且前者有 3 个取代基，似乎 HCF_3 的酸性应比 $HCH_2(NO_2)$强。然而，实际上 $HCH_2(NO_2)$的酸性大于 HCF_3。这是由于对于酸 HAR_n，H^+解离后，A^-上增加的负电荷会分散到 $^-(AR_n)$上以减小负电荷并增加稳定性。因此，如果酸根阴离子的结构中有 π 键(双键、三键或大 π 键)，解离产物 A^-上的电子会容易离域到 π 键原子上，电荷得到充分分散，稳定性提高，从而使 A—H 解离趋势增大，酸性增强。对于 HCF_3，由于 CF_3^- 中 F 半径小，电子云密度很大，而且 C—F 键之间是 σ 键，没有 π 重叠，即 H^+解离后 C 上留下的负电荷不能向 F 流动，结果影响了 HCF_3 上的 H^+的解离；而对于 $CH_3(NO_2)$，由于 NO_2 基团上存在大 π 键，C 上的负电荷容易离域到 π 键轨道，结果 $CH_3(NO_2)$的酸性大于 HCF_3。

C_2H_3OOH 的酸性大于 C_2H_5OH，一般认为主要是由乙酸根的离域效应造成的(图 3-6)。

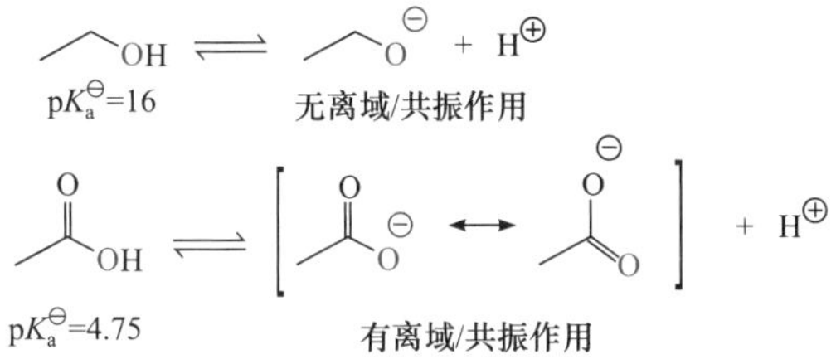

$pK_a^{\ominus}=16$　无离域/共振作用

$pK_a^{\ominus}=4.75$　有离域/共振作用

图 3-6　乙酸根的离域效应

然而，对羧酸酸性的贡献，具体是诱导效应还是离域效应，有很大的争议[10-13]。施特赖特维泽尔(A. Streitwieser，1927—2022)等[10]通过对甲酸、甲酸根离子、乙烯醇、乙烯醇盐、乙醇和乙醇盐的电荷分布、键长等进行量化计算，认为羧酸中的羰基是高度极化的，是影响羧酸和醇相对酸性的主要因素，即极化后的诱导效应是增强酸性的主要因素。Hiberty 等[11]为了研究诱导效应和离域效应在酸性增强中的贡献，将甲酸、乙烯醇和乙醇作为代表，计算了 π 离域的能量效应，得到了甲酸、乙烯醇和乙醇及其脱质子阴离子的离域能。与脱质子前的母体酸相比，羧酸盐和烯醇盐阴离子的几何构型中电子离域的程度增加。对于甲酸，离域效应和诱导效应同等重要。离域作用在乙烯醇中占主导地位，是乙烯醇比乙醇酸性强的主要原因。

Exner 等[13]以甲醇阴离子作为对比，计算了甲酸根离子质子化的反过程，讨论甲酸产生酸性的原因，认为羧酸的酸性是由其阴离子的低能量所致。在水溶液中，共振效应对酸性增强的贡献成为更重要的因素。

对于此类含有 π 键的分子，虽然不同因素对酸性贡献的程度有所争议，但传统观点认为的离域效应仍是被认可的。

3.2.3　场效应

场效应(field effect)是指化合物分子中，由于取代基(或原子)在空间产生一个电场，该电场对分子另一头的反应中心产生影响的效应。这种效应不是通过链传递而是通过空间或媒介(如溶剂)传递的，它是“远程”的电子效应。因此，在同一分子中，场效应和诱导效应通常伴随在一起，同时发生，同时存在，其作用方向可以相同或不同。为了与诱导效应区分，场效应通常指空间诱导效应，以区分于通过链产生的诱导效应。场效应的大小主要取决于分子的几何形状，即取代基与反应中心的距离和夹角。

场效应的影响方向可以与诱导效应一致。例如，在$(CH_3)_3N^+CH_2CH_2COOH$中(图 3-7)，取代基$(CH_3)_3N^+$产生的诱导效应可通过链的传递作用到—COOH，促使—COOH 中的 H 原子易以质子形式解离。另一方面，氮原子上所带的正电荷在其周围产生一个正电场，此电场通过空间作用于—COOH，O—H 键上带部分正电荷的 H 原子受正电场的影响也易离去。因此，诱导效应和场效应均使 H 原子的离去能力增强。二者对酸性的影响效果是一致的，其结果都能使其酸性增强。

对于取代的苯丙炔酸(图 3-8)，不同取代基的产物的酸性如表 3-8 所示。

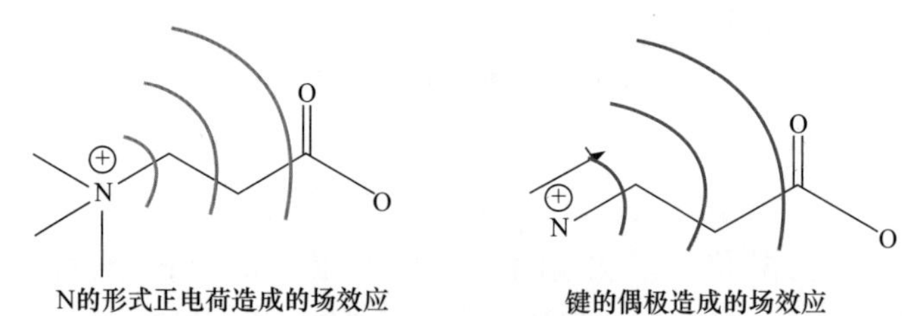

图 3-7　场效应示意图

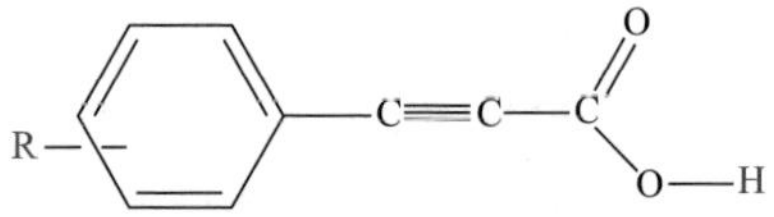

图 3-8　苯丙炔酸的化学结构示意图

表 3-8　取代苯丙炔酸的 $pK_a^\ominus$ 值

取代基	$pK_a^\ominus$	取代基	$pK_a^\ominus$
H	3.24	邻-NO_2	2.83
邻-Cl	3.08	间-NO_2	2.73
间-Cl	3.00	对-NO_2	2.57
对-Cl	3.07		

邻氯或邻硝基苯丙炔酸的酸性都比苯丙炔酸强，而且稍微小于间位或对位取代异构体的酸性。按链的静电诱导效应来看，负电性基团靠近羧基发生吸电诱导效应使酸性增强，所以邻位取代物的酸性似乎应该比间位和对位强，而事实恰恰相反，这正是场效应起作用的结果。考虑场效应，—Cl 和—NO_2属于负电荷场，邻位取代基离羧基较近，场效应较大，间位及对位的取代基离羧基较远，场效应

较小，几乎不起什么作用。因此，邻位氯或邻位硝基苯丙炔酸的酸性均比间位和对位取代酸的酸性弱。

3.2.4 溶剂效应

溶剂效应(solvent effect)是指溶剂对酸碱解离程度的影响。在用热力学数据解释 HCl(g)和 HCl(aq)的酸性时，气态 HCl 解离过程的焓变数值大于零，然而在水溶液中，由于分子和离子的水合作用，HCl(aq)解离过程的焓变小于零。即在溶液中溶剂化效应改变了解离的趋势，而溶剂化的难易取决于物质的组成和结构。一般来说，解离产物的溶剂化越容易，酸性越强。例如，在气态条件下，酸性顺序为 HCOOH＜CH_3COOH＜C_2H_5COOH，酸性主要由基团 H、CH_3 和 C_2H_5 吸引电子的能力即诱导效应决定。在水溶液中，酸性顺序为 HCOOH ($pK_a^\ominus$ = 3.75)＞CH_3COOH($pK_a^\ominus$ = 4.756)＞C_2H_5COOH($pK_a^\ominus$ = 4.87)，主要是由于烷基的亲水性都差，这些基团的伸展方向阻止了离子水合，且碳链越长水合能力越差，从而气相酸性顺序与水溶液中酸性顺序正好相反。

不同溶剂中酸或碱的解离程度也有很大差别，这主要是由溶剂本身的酸碱性、溶剂的相对介电常数以及分子和离子的溶剂化能力决定的。例如，乙腈(CH_3CN)、二甲基亚砜[$(CH_3)_2SO$]和水(H_2O)的相对介电常数分别为 37、47 和 78。酸 HA 在不同溶剂中解离后，相对于$(CH_3)_2SO$ 和 CH_3CN，由于水的溶剂化能力强，可以更好地稳定解离后的离子，因此酸在水中的解离程度更大(表 3-9)。

表 3-9　酸在不同溶剂中的 $pK_a^\ominus$

$HA \rightleftharpoons A^- + H^+$	CH_3CN	$(CH_3)_2SO$	H_2O
HCl	10.3	–2.0	–5.9
HBr	5.5	–6.8	–8.8
HI	2.8	–10.9	–9.5
$HClO_4$	1.83	–14.9	–15.2
乙酸	23.51	12.6	4.75
苯甲酸	21.51	11.1	4.25
对甲苯磺酸	8.5	0.9	强酸
2,4-二硝基苯酚	16.66	5.1	3.9
苯甲酸	21.51	11.1	4.2
乙酸	23.51	12.6	4.756
苯酚	29.14	18.0	9.99

溶剂对酸性的影响也通过理论计算得到了证实。例如，Kawata 等[14]用 RISM-SCF (reference interaction site model-self-consistent field)方法计算溶剂化分子的电子结构，研究了乙酸和卤代乙酸在水溶液中的酸性问题。气相中氟代乙酸酸性强于氯代乙酸，水相中却是氟代乙酸酸性小于氯代乙酸。他们认为，由于溶剂化作用，F 原子的局部电荷增加，可以与水形成强氢键。取代基 F 和 Cl 形成氢键能力的差异是导致酸性从气相中的 F＜Cl 转化为水溶液中的 Cl＜F 的原因。烷基取代的醇，如甲醇、乙醇、丙醇、丁醇等，在气相和水溶液中酸性相反的现象[15-17]，也与取代基团的性质和溶剂化能有关。例如，Safi 等[15]利用 SCI-PCM 模型(self-consistent isodensity polarized continuum model)，计算了烷基取代醇 XOH[X = CH_3, CH_2CH_3, $CH(CH_3)_2$, $C(CH_3)_3$]在气相和溶剂中的酸性强弱。气相中，随着取代烷基的体积增加，酸性规律为$(CH_3)_3COH$＞$(CH_3)_2CHOH$＞CH_3CH_2OH＞CH_3OH，这是由于取代基的体积增加，电荷离域程度大，可以更好地稳定 H^+离去后的共轭碱。而在水溶液中，由于共轭碱的溶剂化能占据主导作用，烷基链体积越大，溶剂化过程放出能量越小(表 3-10)，因此溶剂中的酸性规律为 CH_3OH＞CH_3CH_2OH＞$(CH_3)_2CHOH$＞$(CH_3)_3COH$，与气相的顺序相反。

表 3-10 气相和水溶液中烷基醇去质子化过程和溶剂化过程的能量计算结果(以甲醇作为参照物)

烷基醇	ΔE_g/(kcal · mol^{-1})	ΔE_{aq}/(kcal · mol^{-1})	ΔE_{sa}/(kcal · mol^{-1})	ΔE_{sb}/(kcal · mol^{-1})
CH_3OH	0	0	−6.59	−64.55
CH_3CH_2OH	−2.14	1.34	−6.06	−60.58
$(CH_3)_2CHOH$	−4.41	3.41	−6.39	−56.57
$(CH_3)_3COH$	−5.33	5.09	−5.82	−53.42

注：ΔE_g 为分子气相时去质子化的能量；ΔE_{aq} 为分子在水溶液中时去质子化的能量；ΔE_{sa} 为烷基醇共轭酸的溶剂化能；ΔE_{sb} 为烷基醇共轭碱的溶剂化能。

3.2.5 氢键效应

氢键效应(hydrogen bonding effect)是指氢键的形成对酸性的影响。分子间氢键的形成对质子酸酸性影响的典型例子是 HF 水溶液的酸性。氢氟酸的稀溶液是弱酸[18]，在水溶液中的解离为

$$HF(aq) + H_2O(l) = H_3O^+(aq) + F^-(aq) \qquad K_a^\ominus = 2.4 \times 10^{-4} \sim 7.2 \times 10^{-4}$$

当 HF 浓度增大时，其酸性增强，因为存在下列反应：

$$HF(aq) + F^-(aq) = HF_2^-(aq) \qquad K^\ominus = 5 \sim 25$$

对于极稀的溶液，由于 HF 分子之间以及 HF 与 H_2O 分子之间存在氢键，H—F 键的解离程度降低，因此 HF 酸是 HX(X = F, Cl, Br, I)中唯一的弱酸。当浓度增大

时，因 F^-可以与未解离的 HF 分子间以氢键形成相当稳定的$[F(HF)_n]^-$(图 1-2)，体系酸度增强。然而，HF 分子间也会形成强的氢键(图 3-9)，因此其溶液仍为弱酸体系。

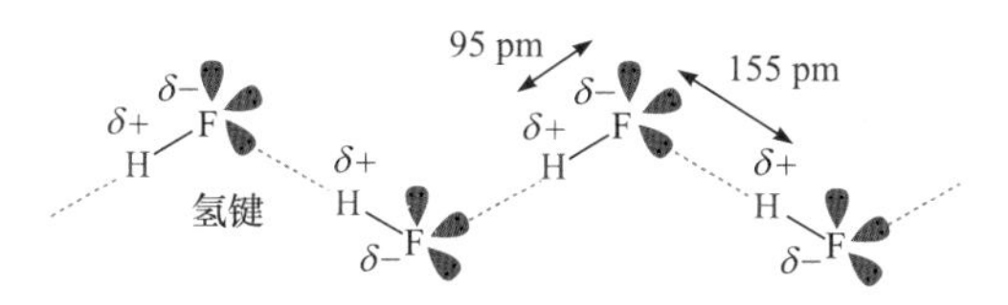

图 3-9　HF 酸在高浓度下的氢键结构示意图

氢键对有机化合物酸性强弱的影响与化合物的结构有关。当分子之间形成氢键时，酸性减弱。例如，对羟基苯甲酸在解离前易通过分子间氢键聚合，形成稳定的长链(图 3-10)，既导致其在水中的溶解度下降，又导致其羧基解离($pK_a^\ominus$ = 4.57)变得困难，酸性甚至比苯甲酸($pK_a^\ominus$ = 4.21)还弱。

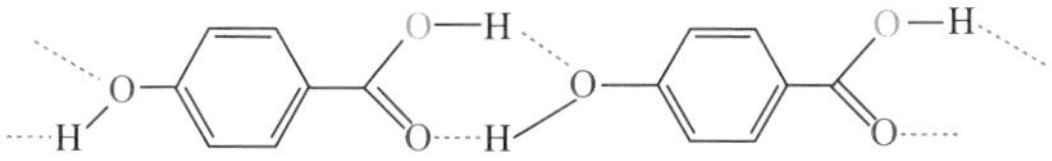

图 3-10　羟基苯甲酸的分子间氢键

分子内氢键对酸性的影响分为两种情况[2]：酸性基团解离前形成分子内氢键，如水杨醛(邻羟基苯甲醛)(图 3-11)，酸解离过程中既要破坏 O—H 键，又要破坏新形成的氢键，即破坏键的数量增多，解离难度增大，其酸性下降。若酸性基团解离后形成分子内氢键，如水杨酸(邻羟基苯甲酸)，解离 H^+后，产物中可形成分子内氢键，导致电荷更分散，新增的氢键使解离产物稳定化，使羧基水杨酸酸性增强。

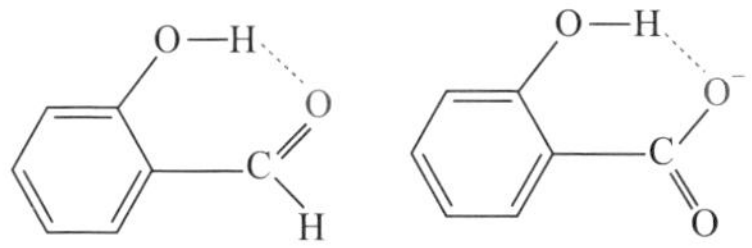

图 3-11　水杨醛和水杨酸根的分子内氢键

3.3　路易斯电子酸碱强度的量度

对于质子酸碱，可用 $pK_a^\ominus$ 来描述酸碱的强度，用 pH 或 H_0 来表示溶液的酸度。但是对于并不一定涉及质子转移的路易斯酸碱，只能通过比较它们形成的配合物的热力学稳定性来估计它们的强度。人们发现，含有 P、S、As 配位原子的一类配体能与 Ag^+、Hg^{2+}、Cu^+、Pt^{2+}等阳离子形成稳定的配合物，而含有 O、N 等配位原子的配位体更易与 Al^{3+}、Co^{3+}、Th^{4+}等阳离子形成稳定的配合物。

3.3.1 软硬酸碱原理

瑞士化学家施瓦岑巴赫(G. K. Schwarzenbach，1904—1978)将金属分为两大类：A 类和 B 类。A 类是周期表中没有 d 轨道电子的金属离子，而 B 类金属离子一般位于周期表过渡系的位置，它们的离子电子构型具有 8～10 个 d 电子。

根据所有金属离子都是路易斯酸，而所有配位体都是碱的特点，B 类金属离子对碱的稳定性大体上可按下列顺序：

$$\mathrm{S} > \mathrm{C} \sim \mathrm{P} > \mathrm{I} > \mathrm{Br} > \mathrm{Cl} > \mathrm{N} > \mathrm{O} > \mathrm{F}$$

以上列出的原子为碱中的给予体原子。A 类金属离子的次序是颠倒过来的，即当碱中的给予体原子为 F、O 或 N 时，才能形成最稳定的键，S、P 和 I 为给予体原子时只形成较弱的键。

查特(J. Chatt，1914—1994)等在总结前人工作的基础上，也将金属离子分为两类：a 类和 b 类。a 类金属离子配合物的稳定性次序如下：

$$\mathrm{N} \gg \mathrm{P} > \mathrm{As} > \mathrm{Sb}$$

$$\mathrm{O} \gg \mathrm{S} > \mathrm{Se} > \mathrm{Te}$$

$$\mathrm{F} > \mathrm{Cl} > \mathrm{Br} > \mathrm{I}$$

b 类金属离子配合物的稳定性次序则不同：

$$\mathrm{N} \ll \mathrm{P} < \mathrm{As} < \mathrm{Sb}$$

$$\mathrm{O} \ll \mathrm{S} < \mathrm{Se} < \mathrm{Te}$$

$$\mathrm{F} < \mathrm{Cl} < \mathrm{Br} < \mathrm{I}$$

查特的 a 类和 b 类相当于施瓦岑巴赫的 A 类和 B 类。

1963 年，皮尔森(R. G. Pearson，1919—2022)[19-20]根据实验观察，提出了软硬酸碱(hard and soft acid and base，HSAB)原理：硬碱优先与硬酸配位，软碱优先与软酸配位。也就是“硬亲硬，软亲软，交界酸碱两边管”。

施瓦岑巴赫

查特

皮尔森

硬碱通常是指配位原子电负性高，结合电子能力强，变形性小，难以被氧化的配体，如 F^-、O^{2-}以及对称性高的酸根离子 SO_4^{2-}、PO_4^{3-}、NO_3^-、ClO_4^- 等。

软碱通常是指配位原子电负性低，结合电子能力弱，变形性大，易于被氧化的配体，如 I^-、S^{2-}以及易被氧化的酸根阴离子 $S_2O_3^{2-}$ 等。

硬酸通常是低极化性、半径小、高氧化态、不具有易被激发的外层电子的阳离子。通常为周期表中的ⅠA(Li^+～Cs^+)、ⅡA(Be^{2+}～Ra^{2+})、ⅢA(Al^{3+}～Tl^{3+})和ⅢB的 Sc^{3+}和 Y^{3+}，以及一些镧系金属离子等具有闭壳层结构的离子，也包括较轻的过渡金属离子。

软酸的特点是高极化性、低(或零)氧化态、半径大以及具有易被激发的外层电子(d 电子)等。例如，具有较低氧化态的 p 区元素的阳离子和低于+3 氧化态的较重的过渡金属离子，如 Hg^{2+}、Hg_2^{2+}、Pb^{2+}、Ag^+等。

皮尔森还将一些性质上介于上述两类酸碱之间的物质称为交界酸或交界碱(表 3-11)。

表 3-11　软硬酸碱分类表

酸		
硬酸	交界酸	软酸
H^+, Li^+, Na^+, K^+(Rb^+, Cs^+) Be^{2+}, $BeMe_2$, Mg^{2+}, Ca^{2+}, Sr^{2+}(Ba^{2+}) Sc^{3+}, La^{3+}, Ce^{3+}, Gd^{3+}, Lu^{3+}, Th^{4+}, U^{4+}, UO_2^{2+}, Pu^{4+} Ti^{4+}, Zr^{4+}, Hf^{4+}, VO^{2+}, Cr^{3+}, Cr^{6+}, MoO^{4+}, WO^{4+}, Mn^{2+}, Mn^{7+}, Fe^{3+}, Co^{3+} BF_3, BCl_3, $B(OR)_3$, $AlMe_3$, $AlCl_3$, AlH_3, Ga^{3+}, In^{3+} CO_2, RCO^+, NC^+, Si^{4+}, Sn^{4+}, $SnMe^{3+}$, $SnMe_2^{2+}$ N^{3+}, RPO_2^+, $ROPO_2^+$, As^{3+} SO_3 Cl^{7+}, I^{5+}, I^{7+} HX(键合氢的分子)	Fe^{2+}, Co^{2+}, Ni^{2+}, Cu^{2+}, Zn^{2+} Rh^{3+}, Ir^{3+}, Ru^{3+}, Os^{2+} BMe_3, GaH_3 R_3C^+, $C_6H_5^+$, Sn^{2+}, Pb^{2+} NO^+, Sb^{3+}, Bi^{3+} SO_2	$[Co(CN)_5]^{3-}$, Pd^{2+}, Pt^{2+}, Pt^{4+} Cu^+, Ag^+, Au^+, Cd^{2+}, Hg_2^{2+}, Hg^{2+}, $HgMe^+$ BH_3, $GaMe_3$, $GaCl_3$, $GaBr_3$, GaI_3 Tl^+, $TiMe_3$ CH_2(卡宾) HO^+, RO^+, RS^+, RSe^+, Te^{4+}, RTe^+ Br_2, Br^+, I_2, I^+, ICN 等 O, Cl, Br, I, N, RO, RO_2 M^0(金属原子和大块金属)
碱		
硬碱	交界碱	软碱
NH_3, RNH_2, N_2H_4 H_2O, OH^-, O^{2-}, ROH, RO^-, R_2O CH_3COO^-, CO_3^{2-}, SO_4^{2-}, PO_4^{3-}, NO_3^-, ClO_4^- F^-, Cl^-	$C_6H_5NH_2$, C_5H_5N, N_3^-, N_2 NO_2^-, SO_3^{2-} Br^-	H^- R^-, C_2H_4, C_6H_6, CN^-, RNC, CO SCN^-, R_3P, $(RO)_3P$, R_3As R_2S, RSH, RS^-, $S_2O_3^{2-}$ I^-

“硬”“软”两字比较形象地形容了酸碱“抓”电子的松紧程度，不管是酸还是碱，凡是“抓”电子紧的都称为“硬”，“抓”电子松的都称为“软”。表 3-12 列出了软硬酸碱的结构特点。根据这些特点，可以对周期表中元素的软和硬进行初步判断(图 3-12)。然而，一种元素是软还是硬不是固定的，必须根据具体状态确

定。例如，Fe^{3+}、Co^{3+}和 Sn^{4+}为硬酸，而 Fe^{2+}、Co^{2+}和 Sn^{2+}则为交界酸；Cu^{2+}为交界酸，Cu^{+}则为软酸；SO_4^{2-} 为硬碱，SO_3^{2-} 为交界碱，$S_2O_3^{2-}$ 为软碱。这说明软硬是随电荷不同而改变的。另外，结合在酸碱上的基团也有影响。例如，BH_3 为软酸，BF_3 为硬酸，$B(CH_3)_3$ 为交界酸；NH_3 和 RNH_2 为硬碱，$C_6H_5NH_2$ 则为交界碱。

表 3-12　软硬酸碱的结构特点

特点	硬酸	软酸	硬碱	软碱
电荷	正电荷高	正电荷低	负电荷高	负电荷低
电性	电正性高	电正性低	电负性高	电负性低
氧化态	高	低	难氧化	易氧化
体积	小	大	小	大
极化性	低	高	低	高
键型	离子静电型	共价 π 型	离子静电型	共价 π 型
价电子层情况	空轨道能级高	空轨道能级低	电子少，难激发	电子多，易激发

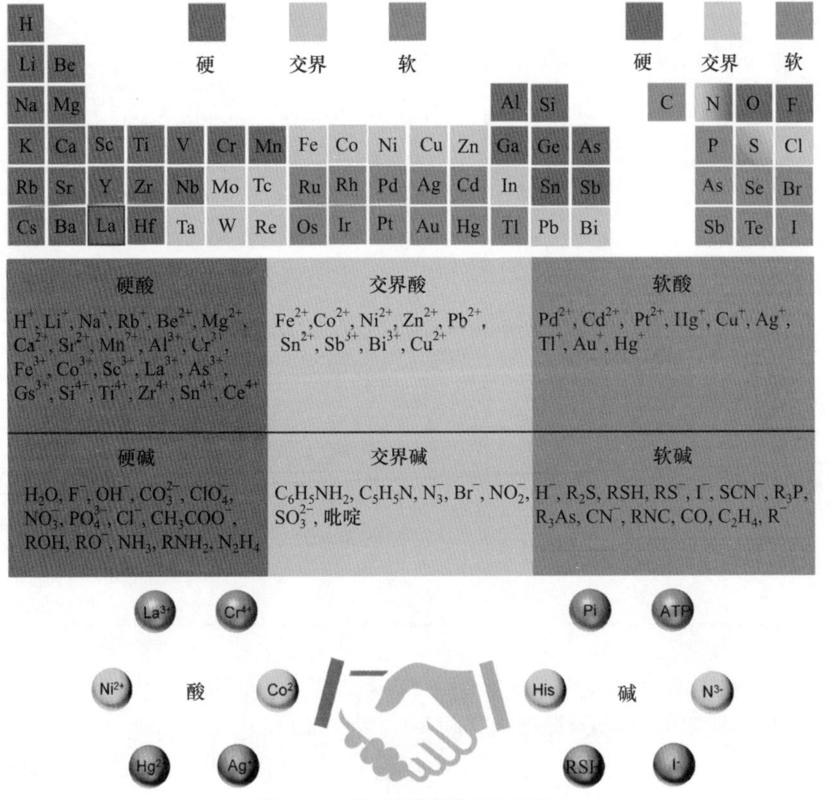

图 3-12　软硬酸碱作用原理[21]

一般认为，硬是离子键的特点，软与共价键形成更加密切相关。软硬酸碱反应与键型的经验规律为：硬酸与硬碱生成较强的离子键，而软酸与软碱配位结合形成共价键。当然，离子键或共价键并非纯粹离子键或纯粹共价键，而是以离子键或共价键为主的极性键。

思考题

3-2　将每组酸或碱按硬度递增的顺序排列。

(1) Cr^{2+}和 Cr^{3+}；

(2) H^{+}、Cs^{+}和 Tl^{+}；

(3) SCN^{-}(以 N 配位)和 SCN^{-}(以 S 配位)；

(4) AlF_3、AlH_3、$AlMe_3$。

3.3.2　酸碱软硬标度

软硬酸碱原理是一个经验规则，由于缺乏可靠的热力学基础，目前仅限于定性应用，并有一定的局限性和许多例外情况。因此，国内外学者都尝试建立酸碱软硬标度的定量工作。

1. *克洛普曼量子力学微扰理论法*

1968 年，克洛普曼(G. Klopman，1933—2015)根据量子力学的前线分子轨道微扰理论，对酸碱软硬性质和反应进行了说明[22]。前线分子轨道就是分子的已被电子占据(简称已占)的最高能级轨道和未被电子占据(简称未占)的最低能级轨道。碱是电子对给予体，反应性质主要取决于它的最高占据分子轨道(HOMO)。酸是电子对接受体，反应性质主要取决于它的最低未占分子轨道(LUMO)。

当酸碱两个反应物接近时，两者的分子轨道发生相互微扰而使能量改变，改变的能量可用自洽场分子轨道计算方法估计。硬酸和硬碱的前线轨道能量相差较大，电子结构几乎不受扰动，酸和碱之间几乎没有电子的转移，从而是电荷控制的反应，它们之间的相互作用主要为静电作用[图 3-13(a)]。相反，软酸和软碱的 LUMO 和 HOMO 能量接近，从而是轨道控制的反应，酸碱之间有显著的电子转移，形成共价键[图 3-13(b)]。

前线分子轨道理论对硬-硬和软-软相互作用给出简单的解释，但酸碱反应的成键作用还有其他多方面的影响因素，如酸和碱上取代基的空间排斥作用、酸和碱在溶液中的溶剂化能等。因而，迄今对软硬酸碱原理还没有一个完美的统一理论解释。

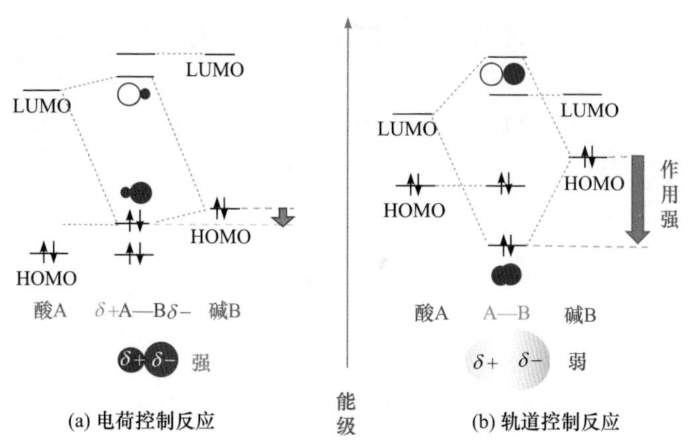

图 3-13 酸碱的两种不同类型反应

2. 德拉戈四参数方程

德拉戈(R. S. Drago，1928—1997)等[23]于 1965 年提出了一个完全经验的四参数方程，以计算酸碱配合物形成反应的焓变。他们认为酸碱反应中的焓变(表征酸碱结合的键强)是由静电作用的贡献与共价作用的贡献两部分组成的，并且酸和碱对这两部分都有贡献，可以用一个独立的参数来描述。因此对于反应 A + :B ⟶ A:B，其反应焓变为

$$-\Delta H = E_A E_B + C_A C_B \tag{3-6}$$

式中，E_A、C_A 分别为表征酸 A 的静电作用和共价作用参数；E_B、C_B 为碱 B 的相应参数。

各种酸碱的 E 值和 C 值根据实验测定的若干酸碱加合反应的ΔH值通过统计分析方法得到。得到了 E 值和 C 值，就可以计算酸碱反应的ΔH 值。表 3-13 和表 3-14 列出了部分路易斯酸和路易斯碱的 E 值和 C 值，表 3-15 列出酸碱加合物的计算值和实测值。由数据可见，实测值和计算值很符合。对于尚无实测热力学数据的配合物，根据公式就可以计算出来。因此，只要求得酸碱的 E 值和 C 值，就可以计算出酸碱配合物的生成热。这反映了将共价作用能与静电作用能分别分解为酸与碱的独立贡献而加以参数化是可行的。

表 3-13 某些路易斯酸的 E、C 参数值

酸	E_A	C_A	酸	E_A	C_A
I_2	1.00	1.00	p-$CH_3C_6H_4OH$	4.18	0.404
ICl	5.10	0.830	C_6H_5OH	4.33	0.442
IBr	2.41	1.56	p-FC_6H_4OH	4.17	0.446
C_6H_5SH	0.987	0.198	p-ClC_6H_4OH	4.34	0.478
p-$C_4H_9C_6H_4OH$	4.06	0.387	m-FC_6H_4OH	4.42	0.506

续表

酸	E_A	C_A	酸	E_A	C_A
m-$F_3CH_3C_6H_2OH$	4.48	0.530	BF_3	7.96	3.08
C_4H_9OH	2.04	0.300	$BF_3(g)$	9.88	1.62
$InMe_3$	15.3	0.654	BMe_3	6.14	1.70
$SnMe_3Cl$	5.76	0.0296	$AlMe_3$	16.9	1.43
SO_2	0.920	0.808	$AlEt_3$	12.5	2.04
CF_3CF_2OH	4.00	0.434	$GaMe_3$	13.3	0.881
C_3F_6HOH	5.56	0.509	$GaEt_3$	12.6	0.593
C_4H_4NH	2.54	0.295	$SbCl_5$	7.38	5.13
HNCO	3.22	0.258	$CHCl_3$	3.31	0.150
HNCS	5.30	0.227	$CF_3(CF_2)_6H$	2.45	0.226

表 3-14　某些路易斯碱的 ***E***、***C*** 参数值

碱	E_B	C_B	碱	E_B	C_B
C_5H_5N	1.17	6.40	Me_2CO	0.987	2.33
NH_3	1.30	3.46	Et_2O	0.963	3.25
$MeNH_2$	1.36	5.88	i-$(C_3H_7)_2O$	1.11	3.19
Me_2NH	1.09	8.73	n-$(C_4H_9)_2O$	1.06	3.30
Me_3N	0.808	11.54	p-$O(CH_2)_4O$	1.09	2.38
$EtNH_2$	1.37	6.02	$(CH_2)_4O$	0.978	4.27
Et_2NH	0.866	8.83	$(CH_2)_5O$	0.949	3.91
Et_3N	0.991	11.09	Me_2SO	1.34	2.85
MeCN	0.886	1.34	$(CH_2)_4SO$	1.38	3.16
$ClCH_2CN$	0.940	0.530	Me_2S	0.343	7.46
Me_2NCN	1.10	1.81	Et_2S	0.339	7.40
$(Me_2N)(H)CO$	1.23	2.48	$(CH_2)_3S$	0.352	6.84
$(Me_2N)(CH_3)CO$	1.32	2.58	$(CH_2)_4S$	0.341	7.90
$MeCO_2Et$	0.975	1.74	$(CH_2)_5S$	0.375	7.40
$MeCO_2Me$	0.903	1.61	C_5H_5NO	1.34	4.52
p-$CH_3C_5H_4NO$	1.36	4.99	C_6H_6	0.486	0.707
p-$CH_3OC_5H_4NO$	1.37	5.77	p-$Me_2C_6H_4$	0.416	1.78
$(Me_2N)_2CO$	1.20	3.10	m-$Me_3C_6H_3$	0.574	2.19
Me_3P	0.838	6.55	$HC(C_2H_4)_3N$	0.704	13.2

表 3-15　酸碱加合物的生成热计算值和实测值(kcal)

酸		碱				
		C_5H_5N	NH_3	$(CH_3)_3N$	$(CH_2)_4S$	$(C_2H_5)_2O$
I_2	计算值	7.6	4.8	12.3	8.2	4.2
	实测值	7.8	4.8	12.1	8.3	4.2
C_6H_5OH	计算值	7.9	7.5	8.6	5.0	5.6
	实测值	8.0	7.8	8.8	4.9	6.0
SO_2	计算值	6.0	4.0	10.1	6.3	3.9
	实测值	6.0	—	10.3	—	—
$Al(CH_3)_3$	计算值	28.9	28.0	30.2	17.1	20.9
	实测值	26.7	27.7	30.0	17.0	20.2
$CHCl_3$	计算值	4.9	4.7	4.9	2.3	4.4
	实测值	4.9	—	4.8	2.4	—

但上述方程只能用于作用微弱的中性分子酸碱体系，当作用较强(如$\Delta H>$ 50 kcal/g)时，酸碱间的作用已经转变成离子作用，式(3-6)失效。德拉戈等[24-25]应用密立根关于电荷迁移配合物的分子轨道理论对 *E-C* 方程进行补充。从电荷迁移配合物的能量表达式出发，提出了适用于强相互作用的离子酸碱间反应的四参数方程：

$$-\Delta H=[(D_A-D_B)^2+O_AO_B]^{1/2} \tag{3-7}$$

式中，D_A、O_A分别为酸 A 对静电作用和共价作用的贡献；D_B、O_B为碱 B 相应的贡献。

在 *E-C* 方程与 *D-O* 方程中，均未考虑溶剂的作用，故该方法只能用于气态酸碱反应或溶剂化作用很微弱的溶剂中的酸碱反应。对于有较强溶剂化作用的溶液(如水溶液)，上述两个方程都不能应用。

3. 戴安邦酸碱软硬性的势标度

戴安邦(1901—1999)[26]采用电离能或电子亲和能和原子势为参数求得酸碱软硬度的一种势标度。应用这种标度表达软硬度可以不借用任何经验参数。

求酸和碱的软硬度的势标度的关系式为

$$SH_A=\sum I_n/n-2.5Z^*/r_c-1 \tag{3-8}$$

$$SH_B=\sum E_{A_n}/n-5.68Z^*/r_c+30.39 \tag{3-9}$$

式中，SH_A和SH_B分别为酸和碱的软硬度；$\sum I_n$为 n 级电离能的加和；$\sum E_{A_n}$为 n 级电子亲和能的加和；Z^*为原子的有效核电荷；r_c为共价半径；Z^*/r_c为原子实对价电子的静电作用位能，称为原子势。

克洛普曼

德拉戈

戴安邦

按照公式计算，可得酸碱的软硬度数值(表 3-16 和表 3-17)。表 3-16 中将酸分为软、硬和交界三类。硬酸皆为正值，正值越高酸越硬。软酸皆为负值，负值越高酸越软。在零值附近的为交界酸。表中的 P_A 是原皮尔森的分类表。所列的最硬酸，如 Cl^{7+}、Cr^{6+}、Co^{3+}等，在零价时皆属软酸。

表 3-16　酸的软硬度[26]

酸	$\frac{\sum I_n}{n}$	$\frac{I+E_A}{2}$	$\frac{Z^*}{r_c}$	SH_A	P_A	分类	酸	$\frac{\sum I_n}{n}$	$\frac{I+E_A}{2}$	$\frac{Z^*}{r_c}$	SH_A	P_A	分类
Cl^{7+}	58.41	4.62	8.28	36.70	6.06	硬	La^{3+}	11.94	—	2.48	4.74	2.18	硬
Cr^{6+}	43.86	3.06	6.15	27.48	5.24	硬	Ce^{3+}	12.17	—	2.61	4.65	2.16	硬
Co^{3+}	29.21	3.58	5.74	13.86	3.72	硬	Mg^{2+}	11.34	5.03	2.35	4.47	2.11	硬
Si^{4+}	25.78	3.46	4.44	13.68	3.70	硬	Ca^{2+}	8.99	3.87	1.84	3.39	1.84	硬
N^{3+}	30.53	7.27	6.57	13.10	3.62	硬	Ga^{3+}	19.07	2.82	4.48	3.38	1.84	硬
Ti^{4+}	22.98	3.51	3.94	12.13	3.48	硬	Sr^{2+}	8.37	3.72	1.67	3.19	1.79	硬
Zr^{4+}	19.33	—	3.59	9.36	3.06	硬	Sn^{2+}	11.02	3.05	3.03	2.44	1.56	交界
Fe^{3+}	22.45	3.84	4.88	9.25	3.04	硬	Tc^{4+}	23.27	—	8.03	2.19	1.48	软
Al^{3+}	17.75	2.77	3.36	8.35	2.89	硬	In^{3+}	17.56	2.72	5.08	2.06	1.44	硬
Th^{4+}	16.81	—	3.22	7.76	2.79	硬	Bi^{3+}	16.51	3.07	5.47	1.83	1.35	交界
Hf^{4+}	19.60	—	4.51	7.32	2.71	硬	Y^{3+}	13.05	—	2.59	1.55	1.26	硬
Sc^{3+}	14.70	2.92	2.92	6.40	2.53	硬	Rh^{3+}	18.87	—	6.64	1.27	1.13	交界
Be^{2+}	13.77	5.91	2.58	6.32	2.51	硬	Na^{+}	5.14	2.30	1.26	0.99	1.00	硬
H^{+}	13.60	6.42	2.69	5.87	2.42	硬	Li^{+}	5.39	2.39	1.40	0.72	0.85	硬
Cl^{3+}	25.45	4.62	6.87	5.35	2.31	硬	K^{+}	4.34	1.92	1.09	0.61	0.78	硬
Cr^{3+}	17.72	3.06	4.62	5.17	2.27	硬	Ba^{2+}	7.62	2.88	1.62	0.16	0.40	硬
Sn^{4+}	23.37	3.05	6.93	5.05	2.25	硬	Fe^{2+}	11.96	3.84	4.42	−0.09	−0.30	交界

续表

酸	$\frac{\sum I_n}{n}$	$\frac{I+E_A}{2}$	$\frac{Z^*}{r_c}$	SH_A	P_A	分类	酸	$\frac{\sum I_n}{n}$	$\frac{I+E_A}{2}$	$\frac{Z^*}{r_c}$	SH_A	P_A	分类
Mn^{2+}	11.54	—	4.49	−0.69	−0.83	硬	Cr^0	—	3.06	3.33	−6.27	−2.50	软
Ru^{2+}	12.07	—	4.36	−0.83	−0.91	交界	N^0	—	7.27	5.07	−6.41	−2.53	软
Tl^{3+}	18.78	—	7.68	−1.42	−1.19	软	Cu^+	7.73	3.23	5.38	−6.72	−2.59	软
I^+	10.45	—	5.84	−1.50	−1.23	软	Fe^0	—	3.84	3.83	−6.86	−2.62	软
Co^{2+}	12.46	—	5.23	−1.61	−1.27	交界	I^0	—	3.75	4.13	−7.57	−2.75	软
Pb^{2+}	11.23	—	4.74	−1.62	−1.27	交界	Pd^{2+}	13.89	—	6.72	−8.61	−2.93	软
Cd^{2+}	13.00	—	5.46	−1.65	−1.29	软	Hg^+	10.44	5.32	7.33	−8.88	−2.98	软
Cu^{2+}	14.01	—	5.90	−1.74	−1.32	交界	Co^0	—	3.58	4.63	−9.00	−3.00	软
Sb^{3+}	16.82	3.80	7.09	−1.91	−1.38	交界	Au^+	9.23	3.46	7.39	−10.25	−3.20	软
Zn^{2+}	13.68	4.65	5.85	−1.94	−1.39	交界	O^0	—	6.08	6.36	−10.80	−3.29	软
Ni^{2+}	12.90	—	6.26	−2.22	−1.49	交界	Br^0	—	4.23	6.26	−12.42	−3.52	软
Al^0	—	2.77	2.53	−4.56	−2.14	软	Cl^0	—	4.62	6.46	−12.53	−3.54	软
Os^{2+}	12.90	—	6.62	−4.65	−2.16	交界	Pt^{2+}	13.78	3.44	10.45	−13.34	−3.64	软
Tl^+	6.17	—	4.06	−5.04	−2.25	软	Hg^0	—	5.32	7.08	−13.38	−3.66	软
Hg^{2+}	14.59	5.32	7.57	−5.33	−2.31	软	Pt^0	—	3.44	6.90	−14.81	−3.85	软
Br^+	11.81	4.23	6.57	−5.61	−2.37	软	Au^0	—	3.46	7.13	−15.36	−3.92	软
Ag^+	7.58	3.14	5.00	−5.92	−2.43	软	F^0	—	7.04	9.06	−16.61	−4.08	软

表 3-17 碱的软硬度[26]

碱	$\frac{\sum EA_n}{n}$	$\frac{Z^*}{r_c}$	电负性	SH_B, P_B	分类	碱	$\frac{\sum EA_n}{n}$	$\frac{Z^*}{r_c}$	电负性	SH_B, P_B	分类
F^-	3.34	7.03	4.0	−6.2	硬	Cl^-	3.61	6.10	3.19	−0.64	硬
NO_3^-	—	—	3.91	−6.1	硬	Br^-	3.36	5.96	2.94	−0.10	交界
SO_4^{2-}	—	—	3.83	−5.9	硬	Se^{2-}	−2.19	4.96	—	0.03	
OH^-	1.83	—	3.51	−4.5	硬	Se^-	2.02	5.26	—	3.15	
O^{2-}	−3.64	5.30	3.5	−3.35	硬	N^-	0	4.57	—	4.44	
O^-	1.47	5.83	—	−1.25		S^{2-}	−1.92	4.23	2.64	4.47	软

续表

碱	$\frac{\sum EA_n}{n}$	$\frac{Z^*}{r_c}$	电负性	SH_B, P_B	分类	碱	$\frac{\sum EA_n}{n}$	$\frac{Z^*}{r_c}$	电负性	SH_B, P_B	分类
As^-	0.80	4.55	—	5.35		P^-	0.77	—	2.52	13.3	
Bi^-	1.05	4.54	—	5.64		Tc^-	1.9	3.28	—	13.66	
S^-	2.08	4.57	—	6.52		SH^-	2.32	—	2.45	15.5	软
SCN^-	2.16	—	2.70	7.6	软	Sb^-	1.05	2.70	—	16.1	
I^-	3.06	4.37	2.68	8.63	软	H^-	0.75	1.08	2.1	25.1	软
CN^-	3.82	3.73	—	9.98	软						

酸碱加合反应就是酸接受碱的电子对形成配位键的过程。$\sum I_n / n$是带 n 个正电荷的离子(酸)的平均电离势，代表酸对碱的电子对的吸引静电势能，即形成电价键(离子键)的势能。原子势 Z^*/r_c 代表离子酸在它的共价半径处对碱的电子对的吸引势能，即形成共价键的势能。按式(3-8)，酸的静电键项($\sum I_n / n-1$)大于共价键项($2.5Z^*/r_c$)，SH_A 为正，是硬酸，趋向于形成离子键。反之，SH_A 为负，是软酸，趋向于形成共价键。两者约相等，则为交界酸，趋向于形成较弱的极性键。

负离子都是碱，皆有电子对可供形成配位键。如果碱的原子势($5.68Z^*/r_c$)较小，就容易给出电子对与酸共用而形成共价键，SH_B 为正，是软碱。反之，SH_B 为负，则仅以静电吸引相结合，形成离子键，为硬碱。离子键或共价键并非纯离子键或纯共价键，而是以离子键或共价键为主的极性键。

酸碱在反应时和在加合物中大多是“硬亲硬，软亲软”。为了使酸碱的软硬度变化幅度大致相等，在表 3-16 和表 3-17 中 $P_A = \sqrt{SH_A}$，$P_B = SH_B$。硬酸和硬碱或软酸和软碱亲和程度高，所形成的加合物就稳定。硬酸和软碱或软酸和硬碱亲和程度低，形成的加合物的稳定性也低。

4. 皮尔森酸碱绝对硬度

1983 年，皮尔森等从密度泛函理论出发，采用半经验的分子轨道理论计算方法，定义了酸碱的绝对硬度[27-28]：

$$2\eta = \left(\frac{\partial^2 E}{\partial N^2}\right)_z \tag{3-10}$$

式中，E 为化学物种(原子、离子、分子)的电子能量；N 为电荷数；z 为核电荷数。数值 2 是为了对称计算人为增加的。

由于绝对电负性 $\chi = -(\partial E / \partial N)_z$ 以及密度泛函理论的化学势$\mu = -\chi$，因此

$$2\eta = \left(\frac{\partial^2 E}{\partial N^2}\right)_z = \left(\frac{\partial \mu}{\partial N}\right)_z = -\left(\frac{\partial \chi}{\partial N}\right)_z \tag{3-11}$$

式(3-11)表明了硬度的物理意义。硬度就是化学物种阻止电子逃逸的一种能力，也可以认为硬度是化学物种的电负性或化学势随电子数或密度变化的速率，是内在性质的表现。假定核电荷数不变(限制条件，化学物种处于基态)，采用有限差分方法处理，便可得到η的实际算式：

$$\eta = \frac{1}{2}(I - A) \tag{3-12}$$

式中，I为电离能；A为电子亲和能。

碱的绝对硬度η_B为

$$\eta_B = \frac{1}{2}(I_{B^+} - A_{B^+}) \tag{3-13}$$

酸的绝对硬度η_A为

$$\eta_A = \frac{1}{2}(I_A - A_A) \tag{3-14}$$

根据相应的数据，计算得到碱和酸的绝对硬度值(表 3-18 和表 3-19)。所得数据为元素各价态离子的软硬分类提供了参考数据。η_A和η_B数值越大，酸和碱越硬，相反，数值越小则越软。

表 3-18　部分碱的硬度参数(eV)[27]

碱	I_{B^+}	A_{B^+}	η_B
F^-	17.42	3.40	7.0
Cl^-	13.01	3.62	4.7
Br^-	11.84	3.36	4.2
I^-	10.45	3.06	3.7
H^-	13.59	0.75	6.8
CH_3^-	9.82	1.8	4.0
N_3^-	11.6	1.8	4.9
NH_2^-	11.3	0.74	5.3
OH^-	13.0	1.83	5.6
NO_2^-	12.9	3.99	4.5
CN^-	14.2	3.6	5.3
SH^-	10.4	2.3	4.1
ClO^-	11.1	2.2	4.5

续表

碱	I_{B^-}	A_{B^-}	η_B
CO	26	14.0	6.0
H_2O	26.6	12.6	7.0
H_2S	21	10.5	5.3
NH_3	24	10.2	6.9
PH_3	20	10.0	5.0

表 3-19　部分酸的硬度参数(eV)[27]

酸	I_A	A_A	X_A	η_A
H^+	∞	13.59	∞	∞
Li^+	75.6	5.39	40.5	35.1
Na^+	47.3	5.14	26.2	21.1
Rb^+	27.5	4.18	15.8	11.7
Cu^+	20.3	7.72	14.0	6.3
Ag^+	21.5	7.57	14.6	6.9
Au^+	20.5	9.22	14.9	5.7
Tl^+	20.4	6.11	13.3	7.2
Mg^{2+}	80.1	15.03	47.6	32.5
Ca^{2+}	51.2	11.87	31.6	19.7
Ti^{2+}	27.5	13.57	20.6	7.0
Mn^{2+}	33.7	15.14	24.4	9.3
Fe^{2+}	30.6	16.18	23.4	7.3
Ni^{2+}	35.2	18.15	26.7	8.5
Cu^{2+}	36.8	20.29	28.6	8.3
Zn^{2+}	39.7	17.96	28.8	10.8
Cd^{2+}	37.5	16.90	27.2	10.3
Hg^{2+}	34.2	18.75	26.5	7.7
Pb^{2+}	31.9	15.03	23.5	8.5
Ba^{2+}	35.5	10.00	22.8	12.8
Pd^{2+}	32.9	19.42	26.2	6.8
Al^{3+}	120.0	28.4	74.2	45.8
Sc^{3+}	73.9	24.8	49.3	24.6
Fe^{3+}	56.8	30.6	43.7	13.1
La^{3+}	50.0	19.2	34.6	15.4
Tl^{3+}	50.7	29.8	40.3	10.5

续表

酸	I_A	A_A	X_A	η_A
I^+	19.1	10.5	14.8	4.3
Br^+	21.6	11.8	16.7	4.9
I_2	9.3	2.6	6.0	3.4
Cl_2	11.4	2.4	6.9	4.5
CO_2	13.8	0.0	6.9	6.9
SO_2	12.3	1.1	6.7	5.6
$AlCl_3$	12.8	约 1	6.9	5.9

从表中数据可以看出，硬碱的绝对硬度值η_B大，如F^-和OH^-的绝对硬度分别为 7.0 和 5.6。软碱的绝对硬度值小，如SH^-和CH_3^-的绝对硬度分别为 4.1 和 4.0。Na^+、Mg^{2+}、Al^{3+}这些硬酸都具有较大的η_A，而软酸如Ag^+、Pb^{2+}等绝对硬度数值小。对于同一族来说，如从Mg^{2+}到Ba^{2+}或从Ni^{2+}到Pd^{2+}，从上到下，离子的硬度值减小。皮尔森对硬软度不同的酸碱的划分，以及关于软硬酸碱原理的总结，对研究化学反应规律有重要的意义。

除了上述简要叙述的几种方法，对于软硬酸碱标度的研究还有很多[29-37]，也各有其优势。例如，微扰理论和密度泛函研究的标度问题，理论基础好，微扰理论直接反映出反应的能量变化，从而阐述化学反应性质；密度泛函理论在物理意义上更为明确，计算简便，尤其是定域软度与化学物种的性质联系为酸碱软硬度键参数的定量运用提供基础。总之，在实验数据测定、量子化学发展以及统计学发展的基础上，对路易斯酸碱概念的定量化将取得更准确的结果。

3.3.3 路易斯酸碱实例

1. BX_3的路易斯酸性[38-62]

BX_3($X = F, Cl, Br$)作为典型的路易斯酸，在化学领域中有广泛的应用。通常认为，BX_3的路易斯酸性按$BF_3 < BCl_3 < BBr_3$的顺序依次增强。最常见的解释是BX_3中卤素原子的 np 轨道与 B 原子的 2p 空轨道形成π_4^6大 π 键。BX_3作为路易斯酸在接受电子对形成酸碱配合物时，需要破坏π_4^6大 π 键。由于卤素原子的体积按 F、Cl、Br 的顺序增大，np 轨道能量也随之升高，与 B 的 2p 轨道形成大 π 键的能力按 F、Cl、Br 的顺序减弱，因而它能与路易斯碱形成配合物的稳定性顺序是$BF_3 < BCl_3 < BBr_3$(图 3-14)。

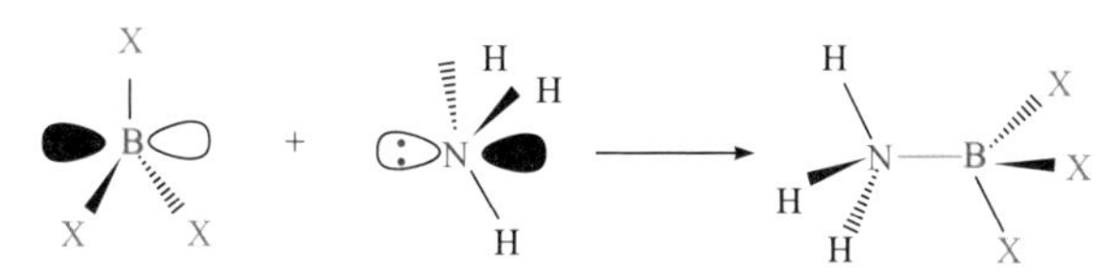

图 3-14　BX_3 与路易斯碱形成配合物的键合过程

实际上，BX_3 酸性强弱顺序不是一成不变的。实验和理论研究表明，当与给电子能力较弱的路易斯碱如 CO、HCN、CH_3CN 和 CH_3F 作用时，BX_3 酸性按 $BF_3 > BCl_3 > BBr_3$ 的顺序依次减弱；但当与给电子能力较强的路易斯碱如 $N(CH_3)_3$、NH_3、$O(CH_3)_2$ 和 H_2O 等作用时，其酸性按 $BF_3 < BCl_3 < BBr_3$ 的顺序依次增强。

研究者从不同的角度分析了影响其路易斯酸性的因素：

(1) 用电荷容量分析。1993 年，Brinck 等[48]用从头计算法计算了 BX_3 与 NH_3 形成配合物的结构和能量。BF_3、BCl_3 和 BBr_3 的电荷容量分别为 0.063 eV^{-1}、0.089 eV^{-1} 和 0.103 eV^{-1}，电荷容量的大小顺序为 $BF_3 < BCl_3 < BBr_3$。Brinck 等认为，当 BX_3 与碱形成配合物时，电荷容量越大的酸转移的电荷数越多，越容易形成酸碱配合物，酸性越强。

(2) 用配体密堆积模型分析。1999 年，吉列斯比等[43]采用配体密堆积模型(ligand close packing，LCP)分析了 BX_3 的路易斯酸性强度。LCP 理论认为，AY_n 分子结构主要取决于配体 Y 原子间的斥力。对 BF_3 和 BCl_3 与 NH_3、$N(CH_3)_3$、H_2O、$O(CH_3)_2$ 等形成配合物的几何结构的计算结果表明，与 BF_3 相比，BCl_3 配合物中的 B—N 键或 B—O 键较强。在形成配合物的过程中，卤素配体一直保持紧密堆积，X⋯X 距离保持不变。在酸碱相互作用时，强的路易斯碱[如 NH_3、$N(CH_3)_3$ 等]被具有较大正电荷的 B 原子吸引，它将排斥卤素配体，因此使得键角∠XBX 减小，BX_3 从平面结构扭曲为锥形结构，扭曲的情况取决于 B—X 键的强度。

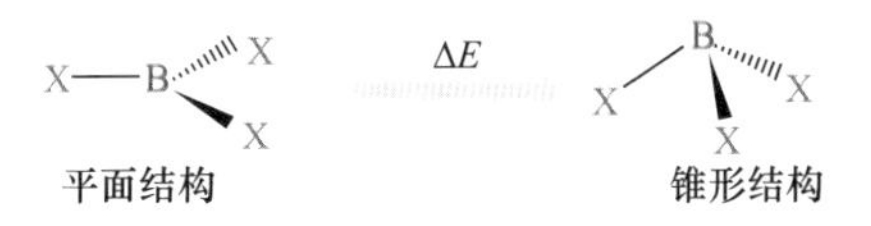

图 3-15　BX_3 的结构形变

锥形化能是平面结构和扭曲的锥形结构间的能量差(图 3-15)。计算 BF_3 和 BCl_3 几个不同扭曲程度(∠XBX = 95.0°、100.0°、105.0°、110.0°)的锥形化能，结果显示，无论扭曲程度大或小，BF_3 的锥形化能均大于 BCl_3，即 B—X 键越强，锥形化能越大。与强碱如 NH_3 作用时，$BF_3 \cdot NH_3$ 中的 B—N 键比 $BCl_3 \cdot NH_3$ 中的弱，BF_3 的路易斯酸性比 BCl_3 弱。但是，当 BX_3 与弱碱如 CO 作用时，平面结构很少扭曲变形，不需要锥形化能，BX_3 的酸强度只取决于 B 原子的正电荷大小。由于 F 具有较大的电负性，BF_3 中 B 具有较大的正电荷。因此，当与弱碱作用时，BF_3

是最强的路易斯酸。

(3) 用酸碱轨道相互作用分析。1999 年，Fujimoto 等[51]从酸碱轨道相互作用方面研究了 BF_3、BF_2Cl、$BFCl_2$ 和 BCl_3 的路易斯酸性。Fujimoto 等认为化学反应本质上是定域的，反应性主要由分子中的原子或官能团的定域能力决定。例如，BH_3 与 NH_3 作用时，电子从 NH_3 的 HOMO 离域到 BH_3 的 LUMO 上，此时 LUMO 定域在 B 原子上，而在 BX_3 与 NH_3 作用时，LUMO 则离域在所有卤素原子上。计算结果表明，从 BF_3 到 BCl_3，反应轨道的定域率(localizablity of reactive orbital)非常相似，分别为 BF_3(0.74)、BF_2Cl(0.752)、$BFCl_2$(0.762)和 BCl_3(0.769)，分子中未占据的反应轨道有近 75%定域在 B 的 p 轨道上。所以，卤素孤对电子反馈到 B 的 p 轨道即 n→2p(B)的差别不是造成 BX_3 酸性差别的主要因素。与碱作用的硼的原子轨道上未占据的反应轨道的定域率以及 B 中心的极化率共同决定了 BX_3 路易斯酸性的大小。

(4) 用软硬酸碱原理分析。2001 年，陈志达等[42]用密度泛函理论 DFT-LDA/NIL 方法，优化了 BX_3(X = F, Cl, Br)与 NH_3 配合物的结构。计算结果表明，BX_3 与 NH_3 的配合物 $BX_3 \cdot NH_3$ 中 B—N 键键长从 F 到 Cl 分别为 0.1706 nm、0.1631 nm 和 0.1613 nm，即键长依次减小，键能依次增强，这表明 BX_3 的酸性强度顺序为 $BF_3 < BCl_3 < BBr_3$。如果把 NH_3 换为弱碱 CH_3F，则 BX_3 的酸性强度顺序与和强碱作用时正好相反。因此，BX_3 路易斯酸性与参加反应的路易斯碱密切相关。

对 BX_3、NH_3 和 CH_3F 等分子硬度的计算结果表明，BX_3 分子硬度按 $BF_3 > BCl_3 > BBr_3$ 的顺序依次减小。给电子能力强、硬度相对较小的路易斯碱 NH_3 易与硬度较小的路易斯酸 BBr_3 结合，而给电子弱、硬度大的路易斯碱 CH_3F 易与硬度较大的路易斯酸 BF_3 结合。因此，BX_3 与不同的碱作用时呈现出不同的酸性强度顺序。

(5) 用价电子缺失数分析。Plumley 和 Evanseck[52]采用量子化学计算方法考查了 21 种含硼路易斯酸的酸性强度，指出以酸碱配位共价键的强度(或结合能)作为路易斯酸强度的测量指标是不充分的，相反，酸性强弱应从路易斯最初提出的酸性概念出发，以酸形成共价键的活性为标准，即由 B 原子的价层电子缺失数(valence deficiency)或接受一个电子对的能力来评估酸的强度。计算得到的 BF_3 和 BCl_3 中 B 原子的价层电子缺失数分别为 1.64 和 0.50，原子电荷分别是 1.60 和 0.44，二者均反映出 BF_3 中的 B 具有较强的亲电性，其酸性较强。通过价电子缺失数判断酸性的方法，可以很好地判断配位到 B 原子上的第二周期和第三周期取代基对硼的路易斯酸性的影响规律。

(6) 用最大硬度原理和最小亲电性原理分析。化学势(chemical potential，μ)、硬度(hardness，η)、亲电指数(electrophilicity index，w)等都常用来描述化学反应的

活性、选择性和稳定性。Parr 等[53]定义了体系的亲电指数，用来衡量由于给体和受体间大的电子流动导致的能量降低。皮尔森提出了最大硬度原理(maximum hardness principle，MHP)[54-55]，即反应方向总是倾向于最大硬度[54,56-59]。另一方面，原子重新组合的方向总是倾向于最小亲电性，即最小亲电性原理(minimum electrophilicity principle，MEP)[53,60-62]。

路易斯酸和路易斯碱相互作用也是倾向于最大硬度和最小亲电性。2008 年，Noorizadeh 和 Shakerzadeh[41]计算了 BX_3(X = F, Cl, Br)与强碱[NH_3, H_2O, $N(CH_3)_3$, $O(CH_3)_2$]和弱碱(CO, CH_3F, HCN, CH_3CN)形成的路易斯酸碱配合物的 HOMO 和 LUMO 能量，得到了 BX_3 路易斯酸碱配合物的化学势、硬度和亲电指数。无论是硬碱还是软碱，硬度值顺序均为 BF_3-碱＞BCl_3-碱＞BBr_3-碱。根据最大硬度原理，BF_3 的酸性最强，这与 BX_3 和硬碱反应的实验结果不符(因为忽略了 BX_3 与强碱相互作用时的锥形化能)，而与 BX_3 和软碱反应的实验结果相符(BX_3 与软碱相互作用时的锥形化能可忽略)。BX_3 与硬碱配合物的亲电指数从 BF_3 到 BBr_3 依次减小，BX_3 与软碱配合物的亲电指数从 BF_3 到 BBr_3 依次增大。根据最小亲电性原理，BX_3 与硬碱反应表现出的酸性顺序为 BF_3＜BCl_3＜BBr_3，BX_3 与软碱反应表现出的酸性顺序为 BF_3＞BCl_3＞BBr_3，这与实验结果完全相符。

虽然 BX_3 分子很简单，但有关其路易斯酸性根源的研究还在进行中。总之，遇到不同的碱时，BX_3 的路易斯酸性变化规律不同，这一点是理论计算和实验的共同结果。随着计算水平的提高，关于其酸性的分析会更合理和充分。

2. CO_2 的路易斯酸性

随着经济的发展，CO_2 的大量排放带来的温室效应给人类的生存带来诸多影响。CO_2 分子是弱电子给予体及强电子接受体：因为其第一电离能(13.79 eV)大，难以给出电子；因为具有较低能级的空轨道和较高的电子亲和能(38 eV)，容易接受电子，是路易斯酸。化学吸收法正是利用 CO_2 的酸性与弱碱性物质发生作用。例如，利用金属有机骨架材料(metal-organic framework，MOF)进行 CO_2 的捕集受到了广大研究者的关注。美国加利福尼亚大学伯克利分校 Kim 等[63]报道了用四胺修饰的镁基 MOF[Mg_2(dobpdc)(3-4-3)]从潮湿的空气中捕获 CO_2 气体(图 3-16)。Cr(Ⅲ)与对苯二甲酸形成的多孔 MOF[$Cr^{III}(OH)(OOC\text{-}C_6H_4\text{-}COO)$]，因结构中羟基与 CO_2 间的酸碱强相互作用(图 3-17)，可以大大提升材料对 CO_2 的吸附量[63]。

相对于未改性的分子筛，乙醇胺修饰的 13X 型分子筛(13X 型分子筛的化学式为 $Na_2O \cdot Al_2O_3 \cdot 2.45SiO_2 \cdot 6.0H_2O$)[64]对 CO_2 的吸附量在 30℃时提高了 1.6 倍，在 120℃时提高了 3.5 倍。另外，改性后的吸附剂具有较好的 CO_2 选择性，且在有水分的情况下，CO_2 选择性进一步提高。

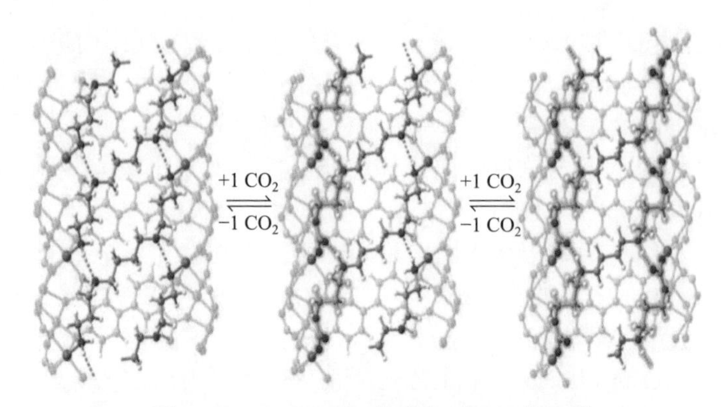

图 3-16 Mg_2(dobpdc)化合物对 CO_2 的吸附

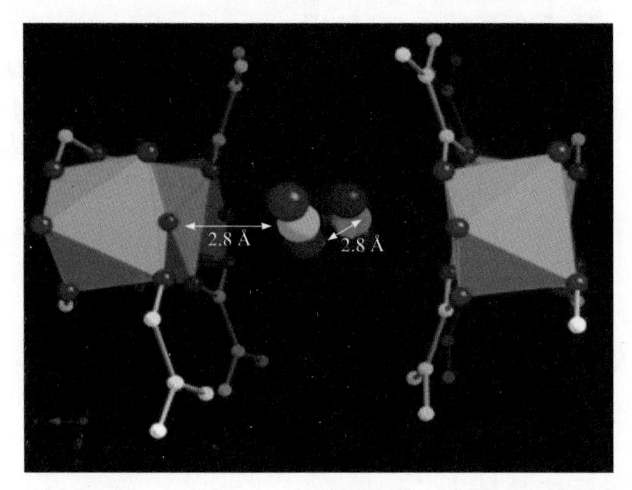

图 3-17 [Cr^{III}(OH)(OOC-C_6H_4-COO)]中羟基与 CO_2 间的相互作用示意图

3. MX_4(M = Si, Ge, Sn；X = F, Cl, Br)的路易斯酸性

已知 SiF_4 可以和两个 F^- 结合形成$[SiF_6]^{2-}$，即 SiF_4 显示出路易斯酸性。Davydova 等[65]通过理论计算得到了气相条件下 MX_4 (M = Si, Ge, Sn；X = F, Cl, Br)与含氮给体(L = NH_3, Py, 2,2′-bipy, 1,10-phen)间形成配合物 $MX_4 \cdot nL$ 过程的能量变化，通过键长数据证明了给体和受体间正常共价键的形成。$MX_4 \cdot nL$ 配合物是亚稳态物种，M—N 键的能量强烈依赖于配位多面体的构型(图 3-18)。对于给定类型的配位多面体，M—N 键的能量与给体分子(NH_3, Py, 2,2′-bipy, 1,10-phen)的性质无关。研究结果表明，受体分子结构重组过程的能量(36～280 $kJ \cdot mol^{-1}$)决定配合物的稳定性，而供体分子的重组能(1～32 $kJ \cdot mol^{-1}$)却小得多。在有些情况下，受体分子大的重组能常导致配合物具有小的解离焓。因此，如果用解离焓判断给体和受体间的键的强弱，有时会造成错误的判断。虽

然 MX_4 是较强的路易斯酸，但由于形成配合物时重组能的影响，其表观酸性会被减弱。

(a) $MX_4 \cdot NH_3$　(b) 顺式-$MX_4 \cdot 2NH_3$　(c) 反式-$MX_4 \cdot 2NH_3$

(d) $MX_4 \cdot Py$　(e) 顺式-$MX_4 \cdot 2Py$　(f) 反式-$MX_4 \cdot 2Py$ (D_{2h})　(g) 反式-$MX_4 \cdot 2Py$(D_{2d})

(h) $MX_4 \cdot$ bipy　(i) $MX_4 \cdot$ phen

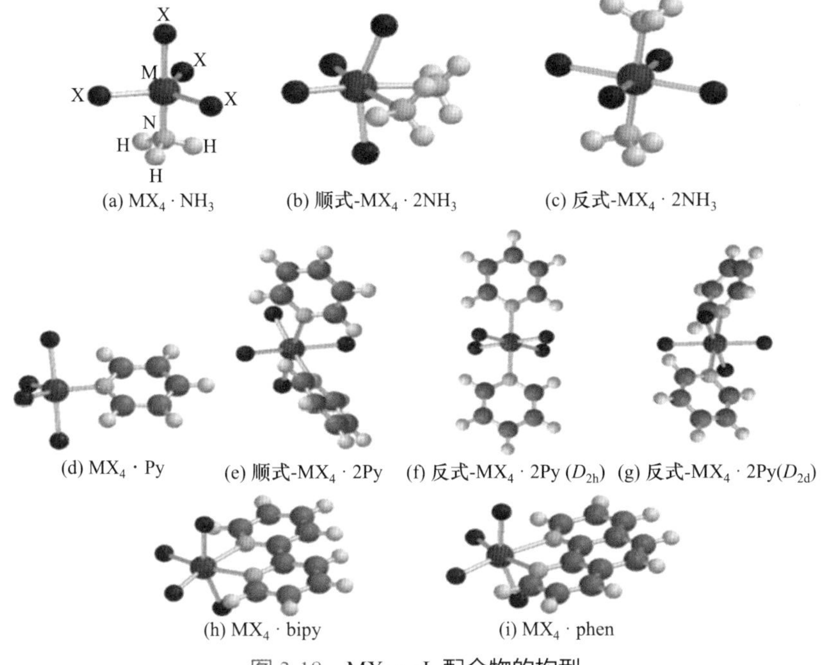

图 3-18　$MX_4 \cdot nL$ 配合物的构型

例如，对于特定几何构型的配位多面体($MX_4 \cdot 2L$，顺式和反式)和给定的卤素原子 X，给体和受体间 M—N 键能与给体分子(NH_3, Py, 2,2′-bipy, 1,10-phen)无关，按 F>Cl>Br 的顺序递减。气相配合物的稳定性按 Sn>Ge>Si 和 F>Cl>Br 的顺序降低。

4. SO_2 和 SO_3 的路易斯酸碱性

二氧化硫的 S 原子能接受一对孤对电子起到路易斯酸的作用。作为路易斯碱，SO_2 分子既能将 S 原子上的孤对电子给予路易斯酸，又能将 O 原子上的孤对电子给予路易斯酸。因此，二氧化硫既是路易斯酸，也是路易斯碱。

SO_2 与三烷基胺(路易斯碱)形成配合物的事实能用来说明其路易斯酸性(图 3-19)。

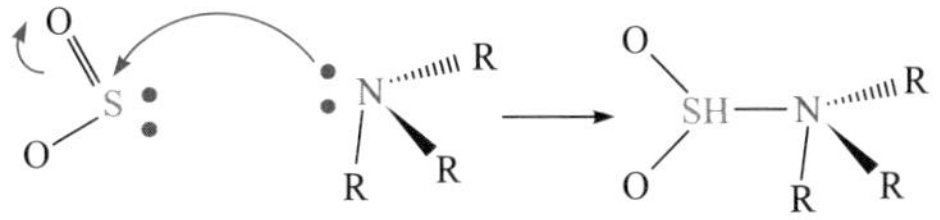

图 3-19　SO_2 与三烷基胺的键合

作为路易斯碱，当酸为 SbF_5 时，SO_2 的 O 原子是电子对给予体；当 Ru(Ⅱ)为酸时，则 SO_2 的 S 原子是电子对给予体($[RuCl(NH_3)_4SO_2]^+$)(图 3-20)。

三氧化硫是强路易斯酸，也是很弱的路易斯碱(O 为电子对给予体)。其酸性可用下述反应说明(图 3-21)。

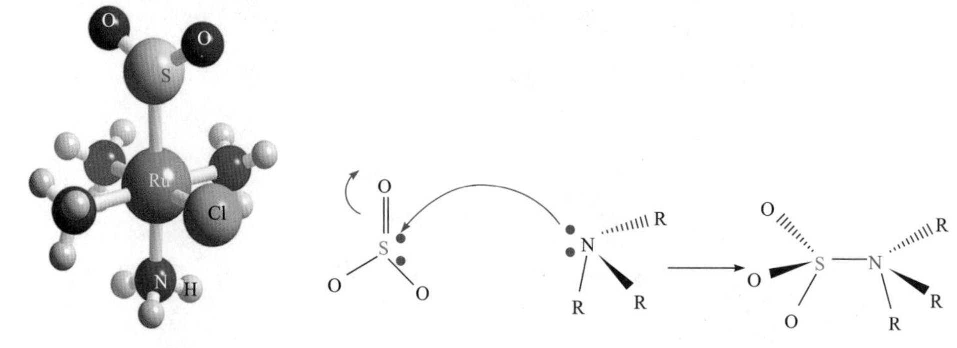

图 3-20 $[RuCl(NH_3)_4SO_2]^+$的分子结构

图 3-21 SO_3 与三烷基胺的键合

SO_3 最典型的酸性性质体现是与水生成硫酸的强放热反应。为解决放热问题，稀释之前先将 SO_3 溶于 H_2SO_4 形成“发烟硫酸”(图 3-22)，该反应是路易斯酸碱形成配合物的一个实例。

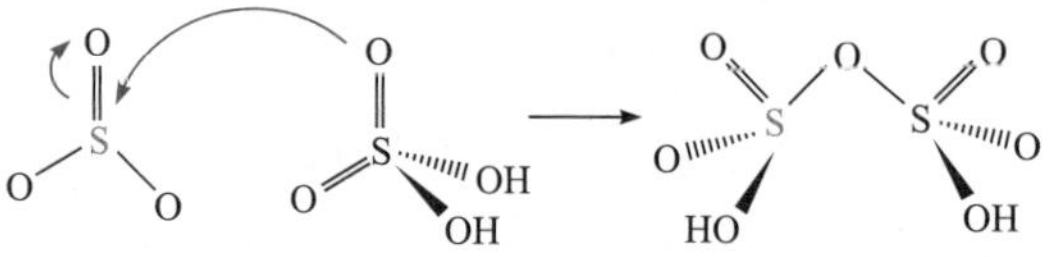

图 3-22 SO_3 与硫酸的反应

5. 卤素路易斯酸

溴和碘是路易斯酸。Br_2 和 I_2 的可见吸收光谱都很强，这种光谱是由满轨道向两个低能级未满反键轨道跃迁产生的。物种所显示的颜色表明，空轨道的能量可能足够低，在路易斯酸碱配合物形成反应中可作为接受体轨道。碘在固相、气相和非给体溶剂(如三氯甲烷)中为紫色，在水、丙酮、乙醇和所有路易斯碱溶剂中为棕色。颜色的变化是由于给予体分子中 O 原子的孤对电子与卤素分子的低位 σ^*轨道形成了溶剂-溶质配合物。Br_2 与丙酮羰基的相互作用示于图 3-23。电子跃迁的起始轨道主要是碱(丙酮)的孤对轨道，而接受跃迁电子的轨道则主要是酸(卤素分子)的 LUMO。作为一级近似，可以认为电子由碱移至酸即电荷转移跃迁(charge-transfer transition，CT)。

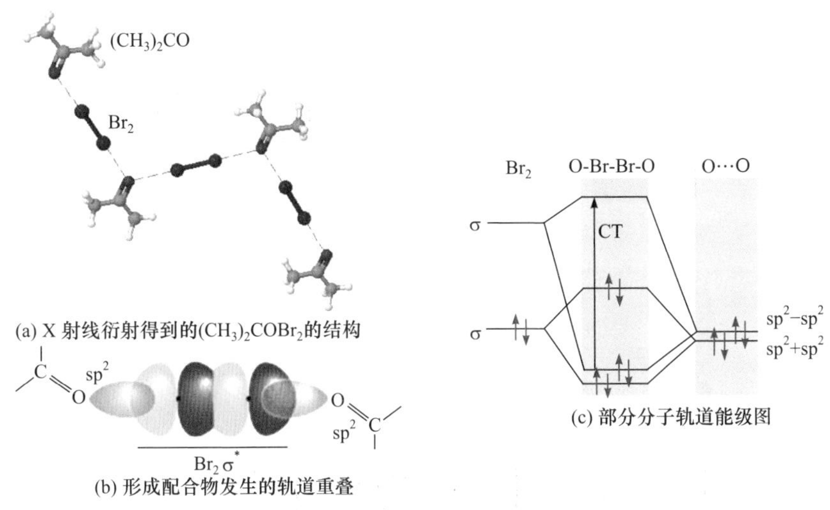

图 3-23 Br_2与丙酮羰基的相互作用[7]

3.3.4 软硬酸碱原理的应用

1. 软硬酸碱原理与元素的存在形式

元素在地壳中并不是均匀分布的，而是聚集成矿(图 3-24)。聚集过程体现的是元素之间化学键的种类和强度的不同，可用软硬酸碱原理给予解释。硬酸金属阳离子优先选择与硬碱阴离子成矿，硬酸与硬碱之间以离子键为主，金属氧化态的不同引起的离子键强度差异都会引起分异成矿。软酸金属阳离子优先选择与软碱阴离子成矿，软酸与软碱之间主要表现为共价键作用，其化学键种类与硬酸与硬碱之间的明显不同。无论是硬亲硬还是软亲软，都体现了形成的化学键种类和强弱的差异。例如，元素以化合态形式存在时，有些元素亲氧、有些元素亲硫；在亲氧元素中，有些以氧化物形式存在，有些只形成含氧酸盐。非金属以负氧化态形式成矿时，F 和 O 属于典型的成矿硬碱，但由于 O 的丰度高得多，因此成为主流成矿元素。含氧的矿包括氧化物、氢氧化物和含氧酸盐矿。Cl、Br 和 I 与硬酸类阳离子形成的化合物都易溶于水，富集在海洋中或形成盐矿。S、Se、Te、P、As 等负氧化态形式都是软碱，其中 S 丰度高，是最常见的成矿元素之一，可作为软碱的成矿代表，形成硫化物矿。其他元素的阴离子常与硫化物伴生成矿，如碲金矿($AuTe_2$)和辉砷钴矿(CoAsS)等。

非金属元素对应的高氧化态含氧酸根阴离子为硬碱，它们可与硬酸形成含氧酸盐，如智利硝石($NaNO_3$)、石膏($CaSO_4 \cdot 2H_2O$)和氟磷灰石[$Ca_5(PO_4)_3F$]等；而 As、Te、Si 和 B 等除存在含氧酸盐矿，也存在相应氧化物矿，如砒霜(As_2O_3)和石英(SiO_2)等。当 As 表现低的正氧化态时，形成雄黄矿(As_4S_4)和雌黄矿(As_4S_6)，满足软亲软的规则。

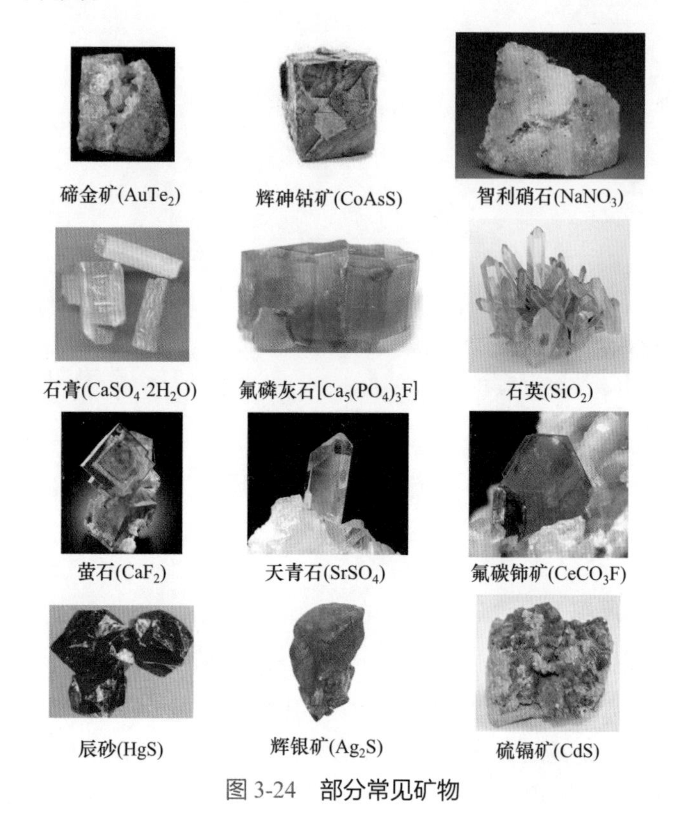

图 3-24　部分常见矿物

对于金属元素来说，金属活动性顺序排在 Be 前的金属阳离子，由于其对应的氢氧化物碱性强，会与 SiO_2 中和，因此这些金属阳离子很难以氧化物形式存在，而以含氧酸盐形式存在，如石灰石($CaCO_3$)和天青石($SrSO_4$)等。一些稀土元素和锕系元素会出现高氧化态离子，这些离子的碱性相对较弱或表现为两性，因而它们可以存在氧化物矿，如 CeO_2、ThO_2、UO_2、UO_3 和 U_3O_8 等。亲氧的元素往往也亲氟，因此在氟相对富集的区域也会形成氟化物矿或与氧同时形成含氧酸盐矿，如 Ca 可形成 $CaCO_3$，也可以形成萤石矿(CaF_2)。稀土离子除了形成含氧矿外，也可以形成氟碳铈矿，主要成分为 $CeCO_3F$。重过渡金属离子属于软酸，常形成硫化物矿，如辰砂(HgS)、辉银矿(Ag_2S)和硫镉矿(CdS)等，符合软亲软的规则。

具有一定 d 电子的金属元素，在氧化态低时为软酸，在氧化态高时为硬酸。W 有白钨矿($CaWO_4$)，Sn 有锡石矿(SnO_2)，Cr(Ⅲ)和 Fe(Ⅲ)的氧化态形成含氧矿，满足硬亲硬的规则。Cu(Ⅰ)、Pb(Ⅱ)和 Tl(Ⅰ)都易形成硫化物矿，满足软亲软的规则。处于中间氧化态的离子既可以含氧矿的形式存在，也可以硫化物矿的形式存在，如 Zn(Ⅱ)一般情况下形成硫化物矿，但被空气氧化后可以转化为 ZnO 矿或碱式盐矿。如果环境中有水和 CO_2 共同存在，硫化物会转化成氢氧化物或碳酸盐，如孔雀石 $Cu_2(OH)_2CO_3$ 和蓝铜矿 $Cu_3(OH)_4CO_3$ 等。

2. 软硬酸碱原理在分析化学中的应用

滴定分析中隐蔽剂(图 3-25)的选择对滴定结果有重要影响[66-67]。EDTA(乙二胺四乙酸)是含氧的硬配位体，对一些硬的阳离子如 Ba^{2+}、Ca^{2+}等在碱性溶液中能很好地隐藏以防止金属离子沉淀。为了防止 Fe^{3+}、Al^{3+}等硬酸水解，常加入一些羧酸盐类硬碱如酒石酸盐、柠檬酸盐。Hg^{2+}是软酸，软碱试剂如 2,3-二巯基丙烷磺酸钠作隐蔽剂很好。Fe^{3+}是硬酸，用三乙醇胺隐蔽效果比用巯基乙酸好，这是由于三乙醇胺较硬。高价硬酸如 $Zr^{Ⅳ}$、$Hf^{Ⅳ}$、$Ti^{Ⅳ}$、$Nb^{Ⅴ}$、$Ta^{Ⅴ}$等，可使用多元羧酸以及烯醇类试剂很好地隐蔽，从而防止其在碱性溶液中沉淀。而软的含硫配位体，如 2,3-二巯基丙醇，则对一些软酸如 Cd^{2+}、Cu^{2+}、Hg^{2+}等合适。

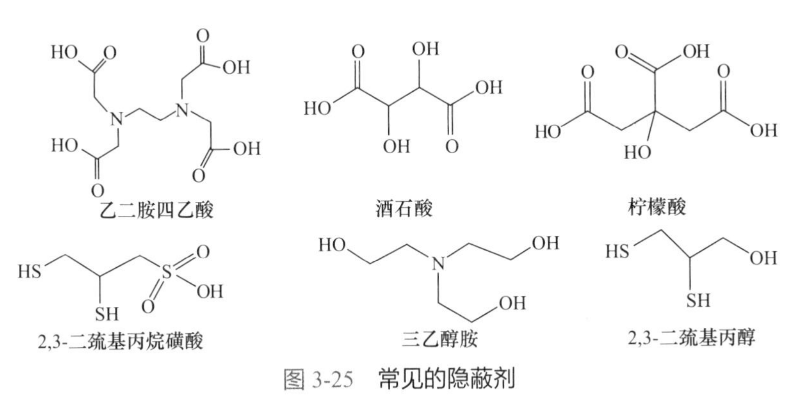

图 3-25 常见的隐蔽剂

3. 判断配合物的稳定性

软硬酸碱原理在判断配合物的稳定性方面一直发挥着重要的作用。配合物的稳定性可根据其生成反应的累积稳定常数来衡量。图 3-26 给出了常见的配合物稳定常数对数值与化学硬度的关系[68]。

图 3-26(a)中，OH^-硬度较大，与硬度很大的 Al^{3+}形成的配合物$[Al(OH)_4]^-$，相比于$[Zn(OH)_4]^{2-}$稳定性高。Cl^-和 CN^-较软，与较软的 Hg^{2+}(η = 7.7)形成的配合物稳定性大于与 Zn^{2+}(η = 10.8)和 Cd^{2+}(η = 10.3)形成的相应配合物稳定性。CN^-配合物稳定性显著高于其他种类，这与 CN^-中反键 π 轨道有关。图 3-26(b)中，Hg^{2+}和 Cd^{2+}均为软酸，当阴离子硬度增大时，配合物稳定性下降。且 Hg^{2+}硬度小于 Cd^{2+}，因此 Hg^{2+}配合物稳定性更高，符合软硬酸碱原理预测。

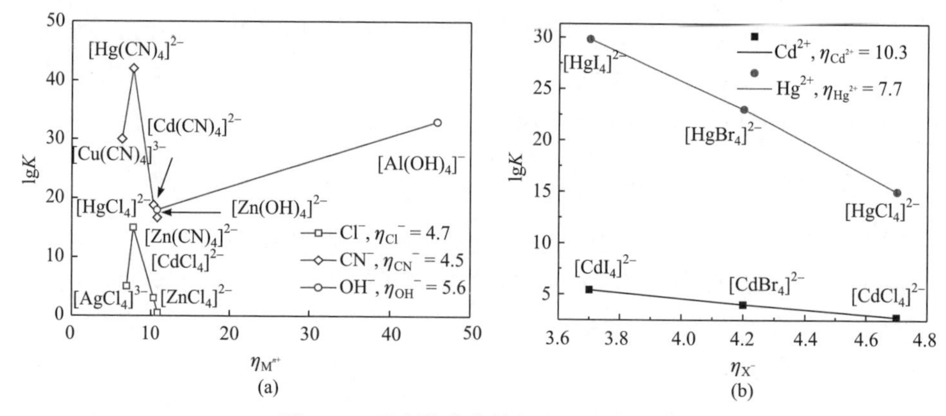

图 3-26　配合物稳定性与离子硬度关系

另外，软硬酸碱原理也能很好地解释配合物的形成规律。例如，稀土与 EDTA 及邻苯二酚类化合物能形成稳定的配合物，属于硬亲硬。冠醚与碱金属和碱土金属结合牢固，属于硬亲硬，而当冠醚中的氧原子被氮或硫原子取代后，取代冠醚就不与硬酸结合。大多数氮掺杂化合物均与交界酸如 Fe^{2+}、Zn^{2+}、Cu^{2+}等形成稳定配合物，而硫掺杂大环化合物与更软的 Ag^{+}和 Hg^{2+}配位。

在 MOF 的设计合成中，软硬酸碱原理也得到了很好的运用。MOF 中金属-配体间配位键的强度是影响 MOF 稳定性的主要因素。例如，在 UIO-66 系列 MOF 的设计中，与硬的羧酸配体连接的通常为硬的高价金属离子，而与软的氮唑类配体相连的则为软的金属离子(图 3-27)。

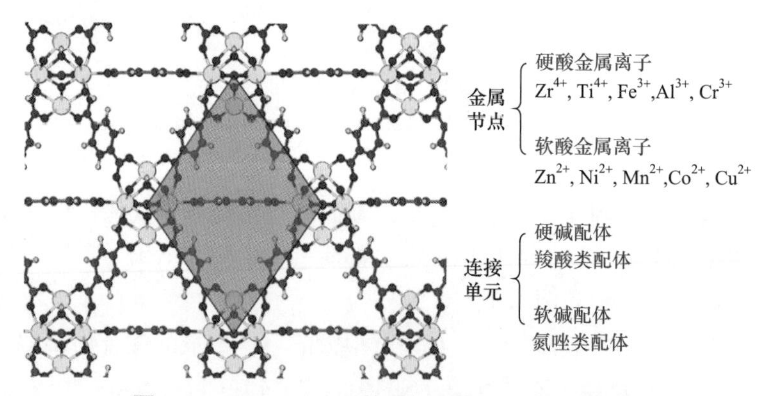

图 3-27　UIO-66 MOF 的骨架和软硬酸碱作用模式

4. 沉淀反应中沉淀剂的选择

用氢氧化物、碳酸盐、磷酸盐及硫酸盐为载体与用硫化物为载体进行沉淀的金属离子有明显的分界[69]，前者亲氧，如 Mg^{2+}、Ca^{2+}、Sr^{2+}、Ba^{2+}、Al^{3+}等，后者亲硫，如 Cu^{2+}、Ag^{+}、Hg^{2+}等，属于“硬亲硬，软亲软”。另外，进行金属离子沉淀富集时，也是选用性质相近的金属离子的化合物作为载体。例如，Ba^{2+}常用 Ca^{2+}的化合物如碳酸钙富集，Hg^{2+}常用硫化锌富集，Pd^{2+}多用硫化铜富集等。对 As(Ⅴ)用氢氧化锌共沉淀比用硫化物更佳，可用氢氧化铝携带水溶液中的 Tl^{3+}，而氢氧化铝却不能富集 Ti^{+}。但是，用硫化银等可使 Tl^{+}共沉淀以达到富集的目的。

5. 判断化学反应的方向和程度

利用软硬酸碱原理可以粗略判断反应进行的方向。例如

$$KI + AgNO_3 = KNO_3 + AgI$$

$$AlI_3 + 3NaF = AlF_3 + 3NaI$$

$$BeI_2 + HgF_2 = BeF_2 + HgI_2$$

这些反应能够向右进行是由于反应物都是软硬结合，产物都是硬硬和软软结合。

对于此类复分解反应，也可以通过计算反应的能量进行进一步的解释。

$$LiBr(s) + RbF(s) = LiF(s) + RbBr(s)$$

忽略反应过程的熵变时，复分解反应的玻恩-哈伯循环为

$$\begin{array}{ccccccc} LiBr(s) & + & RbF(s) & \xrightarrow{\Delta H} & RbBr(s) & + & LiF(s) \\ \downarrow U_{LiBr} & & \downarrow U_{RbF} & & \uparrow -U_{RbBr} & & \uparrow -U_{LiF} \\ Li^{+}(g) & + & Br^{-}(g) & + & Rb^{+}(g) & + & F^{-}(g) \end{array}$$

反应焓变为

$$\Delta H = U_{LiBr} + U_{RbF} - U_{LiF} - U_{RbBr} = 761 + 757 - 1017 - 632 = -131(kJ)$$

化合物电荷相同时，晶格能与半径成反比：

$$\frac{1}{r_{Li^{+}} + r_{Br^{-}}} + \frac{1}{r_{Rb^{+}} + r_{F^{-}}} - \frac{1}{r_{Li^{+}} + r_{F^{-}}} - \frac{1}{r_{Rb^{+}} + r_{Br^{-}}} < 0$$

用 a、b、c、d 代表上述 Li^{+}、Br^{-}、Rb^{+}和 F^{-}的半径，则

$$\frac{1}{a+b} + \frac{1}{c+d} - \frac{1}{a+d} - \frac{1}{b+c} < 0$$

$$ad + bc - ab - cd > 0$$

$$(a-c)(d-b) > 0$$

上式成立的条件是 $a>c$、$d>b$ 或者 $a<c$、$d<b$。也就是说，复分解反应能

进行时的产物是大半径阳离子与大半径阴离子以及小半径阳离子与小半径阴离子结合的产物，即软软结合和硬硬结合的产物。

例题 3-4

根据软硬酸碱原理，分析为什么水溶液中 NH_3 的碱性远大于 PH_3。

解 NH_3 和 PH_3 水溶液的 K_b 分别为 1.8×10^{-5} 和约 10^{-26}。根据软硬酸碱原理，NH_3 和 PH_3 接受 H_2O 提供的 H^+，生成 NH_4^+ 和 PH_4^+，同时生成 OH^-。H^+为硬酸，NH_3 与 PH_3 相比，N 原子半径小于 P，则硬度 NH_3 大于 PH_3。所以，NH_4^+ 比 PH_4 易于形成，使得 NH_3 与 H_2O 的反应更易进行，其溶液碱性更强。事实上，软的 PH_4^+ 与软碱如 I^-结合形成稳定的 PH_4I，相反 PH_4F 就不稳定。

例题 3-5

预测下列反应的平衡常数是大于 1、等于 1 还是小于 1。

(a) $2HF + (CH_3Hg)_2S \rightleftharpoons 2CH_3HgF + H_2S$

(b) $[Ag(NH_3)_2]^+ + 2PH_3 \rightleftharpoons [Ag(PH_3)_2]^+ + 2NH_3$

(c) $[Ag(PH_3)_2]^+ + 2H_3B\text{-}SH_2 \rightleftharpoons 2H_3B\text{-}PH_3 + Ag(SH_2)^+$

(d) $H_3B\text{-}NH_3 + F_3B\text{-}SH_2 \rightleftharpoons H_3B\text{-}SH_2 + F_3B\text{-}NH_3$

解

(a) $K \ll 1$，因为反应是硬-硬+软-软向生成软-硬和硬-软的方向进行。

(b) $K \gg 1$，因为反应是硬-软+软-硬向生成软-软和硬-硬的方向进行。

(c) $K \approx 1$，反应前后都是软-软结合。

(d) $K \gg 1$，因为 BH_3 是比 BF_3 更软的酸，而 H_2S 中的 S 比 NH_3 中的 N 更软。

思考题

3-3　根据软硬酸碱原理判断 $PCl_3 + AsF_3 = PF_3 + AsCl_3$ 向哪个方向进行。

6. 判断盐的溶解度大小

软硬酸碱原理也可以用来有效地定性估计盐类在水溶剂和其他非水溶剂中的溶解度。相似相溶原理表明，溶质易于溶解在与其性质相似的溶剂中。一般来说，小半径高电荷的粒子或者极性分子，易于被小体积高极性的分子溶剂化。因此，NaCl 易溶于水，而单质硫 S_8 却难溶于水。相反，S_8 易溶于 CS_2，而 NaCl 却难溶于 CS_2。25℃时，NaCl 在水中的溶解度为 35.9 g/100 g H_2O，但在 CH_3OH、C_2H_5OH、i-C_3H_7OH 中的溶解度分别为 0.237 g/100 g 溶剂、0.0675 g/100 g 溶剂、

0.0041 g/100 g 溶剂。下面通过分析 Ag^+和 Li^+的卤化物在 H_2O 和 SO_2 溶剂中的溶解度(表 3-20)来说明软硬酸碱原理的具体应用。

表 3-20　卤化物在水和 SO_2 溶剂中的溶解度(g/100 g 溶剂)

离子	F^-	Cl^-	Br^-	I^-
Li^+(在水中)	0.27	64	145	165
Li^+(在 SO_2 中)	0.06	0.012	0.05	20
Ag^+(在水中)	182	10^{-4}	10^{-5}	10^{-7}
Ag^+(在 SO_2 中)		0.29	10^{-3}	0.016

在水溶液中，H_2O 分子中给体氧原子电负性大，是硬碱，但它的硬度比 F^- 小，而比其他卤离子大。Li^+是典型的硬酸，在水溶剂中，Li^+更倾向于和比水更硬的碱 F^-结合，因而 LiF 的溶解度很小；而遇到 Cl^-、Br^-、I^-时，Li^+却趋向于与硬度较大的水结合，因而这些盐在水溶剂中的溶解度较大。对于卤化银，Ag^+是软酸，它倾向于和比水软的 Cl^-、Br^-、I^-键合，因而这些盐的溶解度较小。F^-与 Ag^+的键合比 Ag^+与 H_2O 的键合弱，所以 AgF 的溶解度大。

对在 SO_2 溶剂中的溶解度也有同样的估计。SO_2 是较软的碱，因此硬-硬结合的 LiF、LiCl 在 SO_2 溶剂中的溶解度较小，而 LiI 是硬-软结合，I^-是比 SO_2 较软的碱，因此在 SO_2 溶剂中 LiI 的溶解度较大。相反，对于软-软结合的 AgI 在 SO_2 溶剂中的溶解度就小。

软硬酸碱原理不仅可以用来判断盐的溶解度，也可以用来判断多种离子共存体系中盐的析出问题。例如，水溶液中同时存在 Li^+、Cs^+、F^-、I^-，在进行蒸发浓缩时，会析出 LiI 与 CsF 还是 LiF 与 CsI？盐的结晶是溶解的相反过程，阴阳离子的结合依然可以用软硬酸碱原理解释。更硬的酸 Li^+与更硬的碱 F^-结合成稳定的 LiF，而相对较软的酸 Cs^+则与较软的碱 I^-结合。通过离子间结合反应的焓变也证实了这一点：

$$M^+ + X^- \longrightarrow MX$$

对于 LiF、LiI、CsF 和 CsI，上述结晶过程的焓变分别约为 0 $kJ\cdot mol^{-1}$、66.9 $kJ\cdot mol^{-1}$、58.6 $kJ\cdot mol^{-1}$ 和 20.9 $kJ\cdot mol^{-1}$，即更有利于生成 LiF 和 CsI。

例题 3-6

根据软硬酸碱原理，判断下列化合物哪些易溶于水。

$$CaI_2,\ CaF_2,\ PbCl_2,\ PbCl_4,\ CuCN$$

解　CaI_2 为硬-软结合，易溶于水；CaF_2 为硬-硬结合，难溶于水；$PbCl_2$ 为交界酸与较硬碱结合，可溶于水；$PbCl_4$ 为硬酸与较硬碱结合，难溶于水；CuCN 为软酸与软碱结合，难溶于水。

思考题

3-4 在水溶液中，$AgNO_3$ 与 KCl 反应生成 AgCl 沉淀。在液氨中，是否仍能生成 AgCl 沉淀?

7. 在有机化学中的应用

早在 1967 年，皮尔森就将软硬酸碱原理应用于有机化学中[70]。有机分子可以看作路易斯酸碱配合物。

一般来说，中心原子较重或带正电的原子团是同系列中较软的碱。这一规律与给体原子电负性的标度是一致的。例如，下列常见的简单路易斯碱从软到硬的次序为

$$R_3Sb > R_3As > R_3P > R_3N$$

$$CH_3^- > NH_2^- > OH^- > F^-$$

$$I^- > Br^- > Cl^- > F^-$$

$$S^{2-} > SO_3^{2-}$$

碳为给体原子的有机碱是软碱，碳为受体原子的酸也常为软酸。又由于氢的电正性比碳强，因此下面这些碳正离子的硬度从大到小的顺序为

$$C_6H_5^+ > (CH_3)_3C^+ > (CH_3)_2CH^+ > C_2H_5^+ > CH_3^+$$

利用软硬酸碱原理也可以判断有机反应的方向。例如，下列反应都是热力学上可行的反应：

$$(CH_3)_3N + ZH_3 \longrightarrow (CH_3)_3Z + NH_3 \quad (Z = P, As)$$

$$(CH_3)_2O + H_2S \longrightarrow (CH_3)_2S + H_2O$$

在反应中，CH_3^+ 的硬度小于 H^+，因此，H^+会与$(CH_3)_3N$ 和$(CH_3)_2O$ 中的 N 和 O 结合使反应顺利进行。

软硬酸碱原理在判断有机反应的选择性等方面也有很好的应用[71-72]。有机化学中常将路易斯酸碱与亲核试剂和亲电试剂相联系。亲核试剂(nucleophile)指的是原子、离子或分子拥有电子对，具有富电子性，在与缺电性物种反应时，能提供电子对而成键；物种所拥有的这种性质称为亲核性(nucleophilicity)。亲电试剂(electrophile)指的是原子、离子或分子缺少电子对，具有缺电子性，在与富电性物种反应时，能够接受电子对而成键；物种所拥有的这种性质称为亲电性(electrophilicity)。即亲核试剂是路易斯碱，亲电试剂是路易斯酸。

另外，软硬酸碱原理也可以说明含有金属催化剂的多相催化，由于体积较大

的过渡金属是软酸，它们选择性地吸附软碱(如烯烃和 CO)。如果催化体系中含有 P、As、Sb、Se 和 Te 等低氧化态的软碱，金属催化剂会与这些软碱结合而中毒，但是含配位 O 和 N 原子的硬碱对催化剂没有影响。

软硬酸碱原理在解释和预测酸碱的化学性质方面用途很大，但毕竟是经验性的定性规律，只考虑了影响稳定性的电子因素，因此在应用中应当考虑到它的局限性和可靠性。

参 考 文 献

[1] 朱文祥. 化学教育, 1987, (1): 43.
[2] 刘绍乾, 王稼国, 钟世安. 大学化学, 2018, 33(4): 57.
[3] Heslop R B, Robinson P L. Inorganic Chemistry: A Guide to Advanced Study. Amsterdam: Elsevier Scientic Publishing Company, 1976.
[4] 唐宗薰. 中级无机化学. 3 版. 北京: 高等教育出版社, 2022.
[5] Nightingale Jr E. J Phys Chem, 1959, 63(9): 1381.
[6] Pine A, Howard B. J Chem Phys, 1986, 84(2): 590.
[7] Shriver D, Weller M, Overton T, et al. Inorganic Chemistry. 6th ed. New York: W. H. Freeman and Company, 2014.
[8] Pauling L. General Chemistry. Massachusetts: Courier Corporation, 1988.
[9] 徐光宪, 吴瑾光. 北京大学学报(自然科学), 1956, (4): 489.
[10] Siggel M R, Streitwieser A, Thomas T D. J Am Chem Soc, 1988, 110(24): 8022.
[11] Hiberty P C, Byrman C P. J Am Chem Soc, 1995, 117(39): 9875.
[12] Wiberg K B, Ochterski J, Streitwieser A. J Am Chem Soc, 1996, 118(35): 8291.
[13] Exner O, Čársky P. J Am Chem Soc, 2001, 123(39): 9564.
[14] Kawata M, Ten-no S, Kato S, et al. J Phys Chem, 1996, 100(4): 1111.
[15] Safi B, Choho K, de Proft F, et al. J Phys Chem A, 1998, 102(27): 5253.
[16] de Proft F, Langenaeker W, Geerlings P. Tetrahedron, 1995, 51(14): 4021.
[17] Tunon I, Silla E, Pascual-Ahuir J L. J Am Chem Soc, 1993, 115(6): 2226.
[18] 北京师范大学, 华中师范大学, 南京师范大学. 无机化学下册. 4 版. 北京: 高等教育出版社, 2003.
[19] Pearson R G. J Am Chem Soc, 1963, 85(22): 3533.
[20] Pearson R G. Science, 1966, 151(3707): 172.
[21] Hu H, He H, Zhang J, et al. Nanoscale, 2018, 10(11): 5035.
[22] Klopman G. J Am Chem Soc, 1968, 90(2): 223.
[23] Drago R S, Wayland B B. J Am Chem Soc, 1965, 87(16): 3571.
[24] Marks A P, Drago R S. J Am Chem Soc, 1975, 97(12): 3324.
[25] Marks A P, Drago R S. Inorg Chem, 1976, 15(8): 1800.
[26] 戴安邦. 化学通报, 1978, (1): 26.
[27] Parr R G, Pearson R G. J Am Chem Soc, 1983, 105(26): 7512.
[28] Pearson R G. J Am Chem Soc, 1985, 107(24): 6801.

[29] Gutmann V. Coord Chem Rev, 1976, 18(2): 225.
[30] Gutmann V. Angew Chem Int Ed, 1970, 9(11): 843.
[31] Yingst A, McDaniel D H. Inorg Chem, 1967, 6(5): 1067.
[32] Edwards J O. J Am Chem Soc, 1954, 76(6): 1540.
[33] Misono M, Ochiai E, Saito Y, et al. J Inorg Nuclear Chem, 1967, 29(11): 2685.
[34] 刘祁涛. 化学通报, 1976, (6): 26.
[35] 王远亮. 化学通报, 1991, (4): 13.
[36] 潘志权, 饶嗣平, 任建国, 等. 化学通报, 1993, (7): 6.
[37] 王纪镇, 印万忠. 东北大学学报(自然科学版), 2013, 34(7): 1035.
[38] 陈晓峰, 王萌, 吴勇, 等. 化学教育, 2017, 38(2): 63.
[39] 王芳, 吕仁庆, 于剑峰, 等. 大学化学, 2016, 31(12): 79.
[40] Franca C A, Diez R P. J Argent Chem Soc, 2009, 97(1): 119.
[41] Noorizadeh S, Shakerzadeh E. J Mol Struct-Theochem, 2008, 868(1-3): 22.
[42] 喻典, 陈志达, 王繁, 等. 高等学校化学学报, 2001, 22(7): 1193.
[43] Rowsell B D, Gillespie R J, Heard G L. Inorg Chem, 1999, 38(21): 4659.
[44] van der Veken B, Sluyts E. J Am Chem Soc, 1997, 119(47): 11516.
[45] Cai Z T, Li C R, Zhang R Q, et al. Chin J Chem, 1997, 15(1): 17.
[46] Branchadell V, Sbai A, Oliva A. J Phys Chem, 1995, 99(17): 6472.
[47] Jonas V, Frenking G, Reetz M T. J Am Chem Soc, 1994, 116(19): 8741.
[48] Brinck T, Murray J S, Politzer P. Inorg Chem, 1993, 32(12): 2622.
[49] Satchell D P, Satchell R. Chem Rev, 1969, 69(3): 251.
[50] Robinson E A, Heard G L, Gillespie R J. J Mol Struct, 1999, 485-486: 305.
[51] Hirao H, Omoto K, Fujimoto H. J Phys Chem A, 1999, 103(29): 5807.
[52] Plumley J A, Evanseck J D. J Phys Chem A, 2009, 113(20): 5985.
[53] Parr R G, Szentpály L, Liu S. J Am Chem Soc, 1999, 121(9): 1922.
[54] Arata K. Appl Catal A: Gen, 1996, 146(1): 3.
[55] Pearson R G. Acc Chem Res, 1993, 26(5): 250.
[56] Parr R G, Chattaraj P K. J Am Chem Soc, 1991, 113(5): 1854.
[57] Ayers P W, Parr R G. J Am Chem Soc, 2000, 122(9): 2010.
[58] Pearson R G, Palke W E. J Phys Chem, 1992, 96(8): 3283.
[59] Torrent-Sucarrat M, Luis J M, Duran M, et al. J Am Chem Soc, 2001, 123(32): 7951.
[60] Miranda-Quintana R A. J Chem Phys, 2017, 146(4): 046101.
[61] Miranda-Quintana R A, Ayers P W. J Chem Phys, 2018, 148(19): 196101.
[62] Parthasarathi R, Elango M, Subramanian V, et al. Theor Chem Acc, 2005, 113(5): 257.
[63] Kim E J, Siegelman R L, Jiang H Z, et al. Science, 2020, 369(6502): 392.
[64] Jadhav P D, Chatti R V, Biniwale R B, et al. Energy Fuels, 2007, 21(6): 3555.
[65] Davydova E I, Timoshkin A Y, Sevastianova T N, et al. J Mol Struct-Theochem , 2006, 767(1): 103.
[66] 慈云祥, 周天泽. 分析化学, 1982, (7): 441.
[67] Perrin D, Belcher R R. Crit Rev Anal Chem, 1975, 5(1): 85.
[68] 黄一珂, 邱晓航. 大学化学, 2016, 31(11): 45.

[69] 胡之德. 科学通报, 1980, (6): 267.

[70] Pearson R G, Songstad J. J Am Chem Soc, 1967, 89(8): 1827.

[71] Ho T L. Hard and Soft Acids and Bases Principle in Organic Chemistry. New York: Elsevier, 2012.

[72] Ho T L. Chem Rev, 1975, 75(1): 1.

第4章

水溶液中弱酸、弱碱的解离平衡

水溶液中酸碱的强弱最终表现为 pH 的大小，而 pH 的计算强调推理过程。本章的计算涉及一些假设和近似，充分理解这些假设的化学意义以及近似处理的限制条件，对于本章的学习非常重要。

4.1　一元弱酸、弱碱的解离平衡

对任一化学反应：

$$aA + bB \rightleftharpoons cC + dD$$

根据化学热力学原理，等温、等压下，化学反应的吉布斯自由能变为

$$\Delta G = \Delta G^{\ominus} + RT\ln\frac{a_C^c a_D^d}{a_A^a a_B^b} \tag{4-1}$$

当体系达到平衡时，$\Delta G = 0$，有

$$\Delta G^{\ominus} = -RT\ln\frac{a_C^c a_D^d}{a_A^a a_B^b} \tag{4-2}$$

按照平衡常数的定义

$$K^{\ominus} = \frac{a_C^c a_D^d}{a_A^a a_B^b} \tag{4-3}$$

$K^{\ominus}$ 也称为热力学平衡常数或活度平衡常数。

以一元弱酸 HA 的解离为例：

$$HA + H_2O \rightleftharpoons H_3O^+ + A^-$$

常简写为

$$HA \rightleftharpoons H^+ + A^-$$

$$K^{\ominus}=\frac{a(H^+)a(A^-)}{a(HA)} \tag{4-4}$$

根据活度 a 与浓度 c 的关系：$a=\gamma c$，同时以[HA]、[H^+]和[A^-]表示平衡浓度

$$K^{\ominus}=\frac{\gamma_{H^+}\gamma_{A^-}}{\gamma_{HA}}\frac{[H^+][A^-]}{[HA]}=\frac{\gamma_{H^+}\gamma_{A^-}}{\gamma_{HA}}K_c \tag{4-5}$$

在实际工作中，H^+的活度可直接通过仪器测定，则

$$K^{\ominus}=\frac{\gamma_{A^-}}{\gamma_{HA}}\frac{a_{H^+}[A^-]}{[HA]}=\frac{\gamma_{A^-}}{\gamma_{HA}}K_m \tag{4-6}$$

K_c 和 K_m 分别为浓度平衡常数和混合常数。当溶液浓度不同时，其离子强度不同，即使在同一温度下，$K^{\ominus}$ 与 K_c 和 K_m 在数值上也会有差异。需要说明的是，各种书籍和手册所给的平衡常数一般是热力学标准平衡常数 $K^{\ominus}$。但在实际计算中为了简便一般利用浓度代替活度，也不区分 $K^{\ominus}$ 与 K_c。对于稀溶液，这样的简化处理所产生的误差一般很小，因为浓度越小，活度系数越接近 1。但是当处理浓度较大的溶液时，必须注意到两者的差别。

另外，需要注意酸的解离平衡常数也是温度的函数，如无特殊说明，一般情况下所列出的解离常数都为 25℃(298 K)的数值。例如，对于 HAc，其不同温度下的解离平衡常数如表 4-1 所示。

表 4-1　乙酸的解离平衡常数 K_a 随温度的变化

温度/℃	0	10	20	30	40	50
10^5K_a	1.657	1.729	1.753	1.750	1.703	1.633

可以看出，20～30℃的解离常数最大。这说明在低温时平衡常数随温度升高而增大，反应的 $\Delta H^{\ominus}>0$；在温度较高时，平衡常数随温度升高而减小，反应的 $\Delta H^{\ominus}<0$。

所以，酸的解离平衡常数可简单表示为

$$K_a=\frac{[H^+][Ac^-]}{[HAc]} \tag{4-7}$$

布朗斯特-劳里质子酸碱理论中，NH_4^+、HCO_3^-、HS^-等都是酸，因此可以写出其解离平衡和平衡常数表达式：

$$NH_4^+ + H_2O \rightleftharpoons H_3O^+ + NH_3$$

$$K_a(NH_4^+) = \frac{[H_3O^+][NH_3]}{[NH_4^+]} \tag{4-8}$$

$$HS^- + H_2O \rightleftharpoons H_3O^+ + S^{2-}$$

$$K_a(HS^-) = \frac{[H_3O^+][S^{2-}]}{[HS^-]} \tag{4-9}$$

反应的平衡常数 K_a 称为酸的解离常数(acid dissociation constant)，也称为酸度常数(acidity constant)。由平衡常数的特点可知，温度一定，K_a 是常数。而且，K_a 越大，酸的强度越强。

对于一元弱碱，同样可以写出其解离平衡的表达式：

$$Ac^- + H_2O \rightleftharpoons OH^- + HAc \qquad K_b(Ac^-) = \frac{[HAc][OH^-]}{[Ac^-]} \tag{4-10}$$

$$NH_3 + H_2O \rightleftharpoons OH^- + NH_4^+ \qquad K_b(NH_3) = \frac{[NH_4^+][OH^-]}{[NH_3]} \tag{4-11}$$

K_b 称为碱的解离常数(base dissociation constant)，也称为碱度常数(basicity constant)。K_b 越大，碱的强度越大。

质子酸碱理论中的酸和碱都是共轭的，如 NH_4^+ 和 NH_3、HAc 和 Ac^-都是共轭酸碱对。共轭酸酸性越强，K_a 值越大，其相应的共轭碱的碱性越弱，K_b 值越小。以共轭酸碱对 HAc-Ac^-为例，其 K_a 与 K_b 之间的关系为

$$K_a(HAc) = \frac{[H^+][Ac^-]}{[HAc]} = \frac{[H^+][Ac^-]}{[HAc]}\frac{[OH^-]}{[OH^-]} = \frac{[Ac^-]}{[HAc][OH^-]}\frac{[H^+][OH^-]}{1} = \frac{K_w}{K_b(Ac^-)} \tag{4-12}$$

可以看出，共轭酸碱对 K_a 与 K_b 之间的关系为

$$K_a K_b = K_w \quad \text{或} \quad pK_a + pK_b = 14 \tag{4-13}$$

由于弱电解质解离过程的热效应不大，因此温度变化对 K_a 和 K_b 值影响较小。25℃时一些弱电解质的解离常数见表 4-2。

表 4-2　一些弱电解质的解离常数

酸	K_a	pK_a	碱	K_b	pK_b
HIO_3	1.69×10^{-1}	0.77	IO_3^-	5.1×10^{-14}	13.29
$H_2C_2O_4$	5.9×10^{-2}	1.23	$HC_2O_4^-$	1.69×10^{-13}	12.77
H_2SO_3	1.54×10^{-2}	1.81	HSO_3^-	6.49×10^{-13}	12.19

续表

酸	K_a	pK_a	碱	K_b	pK_b
HSO_4^-	1.20×10^{-2}	1.92	SO_4^{2-}	8.33×10^{-13}	12.08
H_3PO_4	7.52×10^{-3}	2.12	$H_2PO_4^-$	1.33×10^{-12}	11.88
HNO_2	4.6×10^{-4}	3.37	NO_2^-	2.17×10^{-11}	10.66
HF	3.53×10^{-4}	3.45	F^-	2.83×10^{-11}	10.55
$HC_2O_4^-$	6.4×10^{-5}	4.19	$C_2O_4^{2-}$	1.56×10^{-10}	9.81
HAc	1.77×10^{-5}	4.76	Ac^-	5.68×10^{-10}	9.25
H_2CO_3	4.3×10^{-7}	6.37	HCO_3^-	2.32×10^{-8}	7.63
HSO_3^-	1.02×10^{-7}	6.91	SO_3^{2-}	9.8×10^{-8}	7.01
$H_2PO_4^-$	6.23×10^{-8}	7.21	HPO_4^{2-}	1.6×10^{-7}	6.8
H_2S	5.7×10^{-8}	7.24	HS^-	1.75×10^{-7}	6.76
HClO	2.95×10^{-10}	7.53	ClO^-	3.39×10^{-7}	6.47
NH_4^+	5.64×10^{-10}	9.25	NH_3	1.77×10^{-5}	4.75
HCN	4.93×10^{-10}	9.31	CN^-	2.03×10^{-5}	4.69
HCO_3^-	5.61×10^{-11}	10.25	CO_3^{2-}	1.78×10^{-4}	3.75
HPO_4^{2-}	2.2×10^{-13}	12.66	PO_4^{3-}	4.54×10^{-2}	1.34
HS^-	1.2×10^{-15}	14.92	S^{2-}	8.33	-0.92

对于弱电解质的解离，解离程度除了用 K_a 和 K_b 表示外，还可以用解离度α表示：

$$\alpha=\frac{\text{已解离的分子数}}{\text{溶液中原有该弱电解质分子总数}}\times100\% \qquad (4\text{-}14)$$

例如，0.1 $mol\cdot L^{-1}$ HAc 的解离度是 1.32%，溶液中各离子浓度是

$$\begin{array}{lccc} & HAc & \rightleftharpoons & H^+ & + & Ac^- \\ c_{起始} & c & & 0 & & 0 \\ c_{平衡} & c(1-\alpha) & & c\alpha & & c\alpha \end{array}$$

$$[H^+]=[Ac^-]=0.10\times1.32\%=0.00132\,(mol\cdot L^{-1})$$

$$K_a=\frac{[H^+]\,[Ac^-]}{[HAc]}=\frac{(c\alpha)^2}{c(1-\alpha)}=\frac{c\alpha^2}{1-\alpha} \qquad (4\text{-}15)$$

写成 K_i 与 α 的一般关系式为

$$K_i = \frac{c\alpha^2}{1-c\alpha} \tag{4-16}$$

当α<5%时，$1-\alpha \approx 1$，可以用近似计算：

$$K_i = c\alpha^2 \quad 或 \quad \alpha = \sqrt{\frac{K_i}{c}} \tag{4-17}$$

式(4-17)所表示的就是奥斯特瓦尔德稀释定律(Ostwald dilution law)，其意义是：同一弱电解质的解离度与其浓度的平方根成反比，即浓度越稀，解离度越大；同一浓度的不同弱电解质的解离度与其解离常数的平方根成正比。

思考题

4-1　解离常数和解离度都能反映弱电解质的解离程度，分析两者的区别和联系。

4.2　一元弱酸、弱碱水溶液化学平衡的计算

4.2.1　一元弱酸 H^+浓度计算的近似式和最简式

一元弱酸(以通式 HA 代表)的水溶液在解离平衡时：

$$\begin{array}{lcccc} & HA & \rightleftharpoons & H^+ & + & A^- \\ c_{起始} & c_0 & & 0 & & 0 \\ c_{平衡} & [HA] & & [H^+] & & [A^-] \end{array}$$

当水溶液中水解离的 H^+浓度远小于酸时，可以忽略水的解离，此时，$[H^+] = [A^-]$，$[HA] = c_0 - [H^+]$，则平衡表达式为

$$K_a(HA) = \frac{[H^+][A^-]}{[HA]} = \frac{[H^+]^2}{c_0 - [H^+]} \tag{4-18}$$

此时，解一元二次方程：

$$[H^+]^2 + K_a[H^+] - K_a c_0 = 0 \tag{4-19}$$

$$[H^+] = \frac{-K_a + \sqrt{K_a^2 + 4K_a c_0}}{2} \tag{4-20}$$

式(4-20)为计算一元弱酸溶液 H^+浓度的近似式，它成立的前提是$[H^+] = [Ac^-]$。

当酸的解离度较小时，即 c_0/K_a>400 或酸的电离度α<5%，可以认为 $c_0 - [H^+] \approx c_0$，H^+浓度的计算式可简化为

$$K_a(\mathrm{HA})=\frac{[\mathrm{H}^+][\mathrm{A}^-]}{[\mathrm{HA}]}=\frac{[\mathrm{H}^+]^2}{c_0-[\mathrm{H}^+]}\approx\frac{[\mathrm{H}^+]^2}{c_0} \tag{4-21}$$

$$[\mathrm{H}^+]=\sqrt{K_a c_0} \tag{4-22}$$

式(4-22)为计算一元弱酸溶液 H^+浓度的最简式。

考虑到计算中所采用的解离常数本身有一定误差，且在计算中常忽略离子强度的影响，因此进行此类计算时一般允许±5%的误差。另外，在实际工作中，当溶液的酸碱性不是太强时(如 2＜pH＜12)，其酸度一般由 pH 计测得，用仪器测量也有±5%左右的误差。表 4-3 列出不同 α 时应用最简式计算的相对误差。因此，计算时进行适当简化是合理的。

表 4-3　弱酸的 c_0/K_a、解离度 α 和使用最简式计算的相对误差

c_0/K_a	解离度 α/%	相对误差/%
100	9.51	+5.2
300	5.6	+2.9
500	4.4	+2.2
1000	3.1	+1.6

4.2.2　一元弱酸 H^+浓度计算的精确式

1. *一元弱酸溶液酸碱组分布分数*

对于极稀或极弱酸的溶液，由于溶液中 H^+的浓度非常小，这时不能忽略水本身解离出的 H^+。考虑水的解离时，一元弱酸 HA 的溶液中存在的酸碱组分有 H^+、OH^-、H_2O、A^-和 HA，此时无法用最简式和近似式进行 H^+浓度的准确计算。例如，对 HA 来说，平衡时在溶液中以 HA 和 A^-的形式存在，每个组分的浓度随溶液中 H^+浓度的变化而变化。因此，需要清楚组分浓度随溶液 pH 的分布。溶液中某酸碱组分的平衡浓度占其总浓度的分数称为分布分数(distribution fraction)，以 δ 表示。分布分数的大小能定量说明溶液中的各种酸碱组分的分布情况。已知分布分数便可计算有关组分的平衡浓度。

一元弱酸仅有一级解离，其分布较简单。以弱酸 HAc 为例，它在溶液中以 HAc 和 Ac^-两种形式存在。设 c_0 为 HAc 的总浓度，δ_0 和 δ_1 分别为 HAc 和 Ac^-的分布分数

$$\delta_0=\frac{[\mathrm{HAc}]}{c_0}=\frac{[\mathrm{HAc}]}{[\mathrm{HAc}]+[\mathrm{Ac}^-]}=\frac{[\mathrm{HAc}]}{[\mathrm{HAc}]+\dfrac{K_a[\mathrm{HAc}]}{[\mathrm{H}^+]}}=\frac{[\mathrm{H}^+]}{[\mathrm{H}^+]+K_a} \tag{4-23}$$

$$\delta_1 = \frac{[\mathrm{Ac^-}]}{c_0} = \frac{[\mathrm{Ac^-}]}{[\mathrm{HAc}]+[\mathrm{Ac^-}]} = \frac{[\mathrm{Ac^-}]}{\frac{[\mathrm{H^+}][\mathrm{Ac^-}]}{K_a}+[\mathrm{Ac^-}]} = \frac{K_a}{[\mathrm{H^+}]+K_a} \tag{4-24}$$

$$\delta_0 + \delta_1 = 1 \tag{4-25}$$

若将不同 pH 的δ_0与δ_1计算出来，并对 pH 作图，可得如图 4-1 所示的曲线。由图可知，δ_0随 pH 升高而增大，δ_1随 pH 升高而减小。当 pH = pK_a(对 HAc 为 4.74)时，$\delta_0 = \delta_1 = 0.50$。pH＜p$K_a$，主要存在型体是 HAc；pH＞p$K_a$，主要存在型体是 Ac^-。这种情况可以推广到其他一元酸。

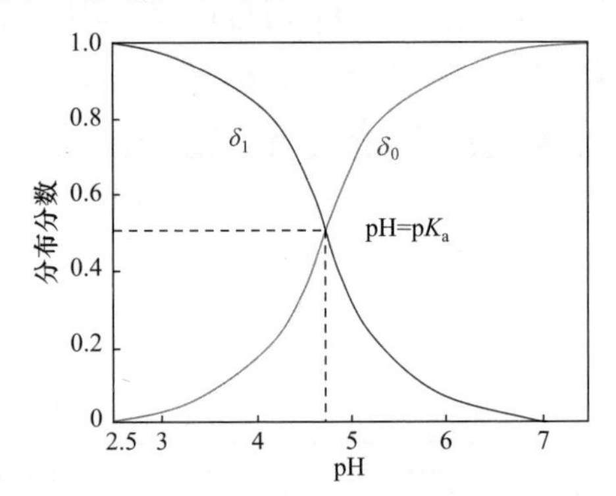

图 4-1　HAc 与 Ac^-的分布分数与溶液 pH 的关系

2. 溶液中的其他相关平衡

酸碱平衡常数表达式是进行酸碱平衡计算的基本关系式，当体系中考虑水的解离时，仅凭酸碱的解离平衡已无法解决问题。此时，需结合溶液中的其他平衡关系来处理问题。

(1) 物料平衡方程(material balance equation，MBE)：在一个化学平衡体系中，某一给定组分的总浓度等于各有关组分的平衡浓度之和。例如，浓度为 c 的 H_3PO_4 溶液，物料平衡方程为

$$c = [\mathrm{H_3PO_4}] + [\mathrm{H_2PO_4^-}] + [\mathrm{HPO_4^{2-}}] + [\mathrm{PO_4^{3-}}]$$

(2) 电荷平衡方程(charge balance equation，CBE)：体系中正、负电荷的总数目是相等的，即在体系中维持电中性。浓度为 c 的 H_3PO_4 溶液的电荷平衡方程为

$$[\mathrm{H^+}] = [\mathrm{OH^-}] + [\mathrm{H_2PO_4^-}] + 2[\mathrm{HPO_4^{2-}}] + 3[\mathrm{PO_4^{3-}}]$$

(3) 质子平衡方程(proton balance equation，PBE)：根据质子得失数和相关组分浓度列出的得失质子的表达式。

按照酸碱质子理论，酸碱反应的实质是质子的转移。溶液中酸碱反应的结果是有些物质失去质子，有些物质得到质子。得质子物质(碱)得到质子的量与失质

子物质(酸)失去质子的量应该相等，这就是质子平衡。由于溶液中的酸碱组分往往有多种，因此列质子平衡方程时，需要知道哪些组分得质子，哪些组分失质子。在判断谁得失质子时，通常要选择一些酸碱组分作为参考水准(reference level)。参考水准通常选原始的酸碱组分或溶液中大量存在的并与质子转移直接相关的酸碱组分。为了计算方便，通常将参与质子转移的溶剂及所加入的溶质定为质子参考水准。值得注意的是，对于同一物质，只能选择其中一种型体作为参考水准。另外，在涉及多元酸碱时，有些组分的质子转移数目超过 1，这时应在代表质子量的平衡浓度前乘以相应的系数。

例题 4-1

写出$(NH_4)_2HPO_4$水溶液的质子平衡方程。

解　以溶液中大量存在的NH_4^+、HPO_4^{2-}和H_2O为参考水准，得质子后的产物有$H_2PO_4^-$(得一个质子)、H_3PO_4(得两个质子)，失质子后的产物有PO_4^{3-}、NH_3和OH^-。质子平衡方程为(因为在同一溶液中，直接用浓度代替)：

$$[H^+]+[H_2PO_4^-]+2[H_3PO_4]=[OH^-]+[PO_4^{3-}]+[NH_3]$$

根据上述过程，一元弱酸 HA 的质子平衡方程为(以 HA 和 H_2O 为参考水准)

$$[H^+]=[A^-]+[OH^-]$$

由平衡常数式可得

$$[A^-]=\frac{K_a[HA]}{[H^+]} \qquad [OH^-]=\frac{K_w}{[H^+]}$$

代入质子平衡方程中，得

$$[H^+]=\frac{K_a[HA]}{[H^+]}+\frac{K_w}{[H^+]} \tag{4-26}$$

$$[H^+]=\sqrt{K_a[HA]+K_w} \tag{4-27}$$

式(4-27)中涉及的[HA]与溶液 pH 相关，可利用 HAc 的分布分数计算：

$$[HA]=c_0\frac{[H^+]}{[H^+]+K_a} \tag{4-28}$$

整理后可得

$$[H^+]^3+K_a[H^+]^2-(K_ac_0+K_w)[H^+]-K_aK_w=0 \tag{4-29}$$

这是计算一元弱酸溶液 H^+浓度的精确式，若直接用代数法求解，数学处理十分麻烦，在实际工作中也没有必要。

当 $c_0K_a \geqslant 10K_w$ 时，可忽略 K_w(忽略水解离所产生的 H^+)，此时 $c_0K_a+K_w\approx c_0K_a$，

K_aK_w因数值太小可忽略不计，则计算表达式变为

$$[H^+]^2 + K_a[H^+] - K_a c_0 = 0 \tag{4-30}$$

式(4-30)是H^+浓度计算的近似式，与直接不考虑水的解离得到的结果一致。

思考题

4-2　如果在计算时忽略了“$c_0K_a \geqslant 10K_w$”或“$c_0/K_a \gg 400$”等限定条件，会得到什么结果？

例题 4-2

计算 0.050 mol · L^{-1} NH_4Cl溶液的pH。

解　NH_4^+是NH_3的共轭酸。已知NH_3的$K_b = 1.76 \times 10^{-5}$，则$c_0K_a \geqslant 10K_w$且$c_0/K_a = 2841 \gg 400$。

可用最简式计算，得

$$[H^+] = \sqrt{c_0 K_a} = \sqrt{5.6 \times 10^{-10} \times 0.05} = 5.29 \times 10^{-6}\ (\text{mol} \cdot \text{L}^{-1})$$

$$\text{pH} = 5.28$$

4.2.3　一元弱碱OH^-浓度的计算

一元弱碱(以通式B代表)的水溶液在解离平衡时：

	B	+	H_2O	$\rightleftharpoons$	HB^+	+	OH^-
$c_{起始}$	c_0				0		0
$c_{平衡}$	[B]				$[HB^+]$		$[OH^-]$

忽略水的解离时，表达式为

$$K_b = \frac{[OH^-][HB^+]}{[B]} = \frac{[OH^-]^2}{c_0 - [OH^-]} \tag{4-31}$$

与一元弱酸的解离类似，可得到OH^-浓度计算的近似式：

$$[OH^-] = \frac{-K_b + \sqrt{K_b^2 + 4K_b c_0}}{2} \tag{4-32}$$

若$c_0/K_b > 400$或解离度$\alpha < 5\%$，可得到OH^-浓度计算的最简式：

$$[OH^-] = \sqrt{K_b c_0} \tag{4-33}$$

设一元弱碱中B和HB^+的分布分数为δ_0与δ_1 $(\delta_0 + \delta_1 = 1)$，则

$$\delta_0 = \frac{[B]}{c_0} = \frac{[OH^-]}{[OH^-]+K_b} \qquad \delta_1 = \frac{[HB^+]}{c_0} = \frac{K_b}{[OH^-]+K_b} \tag{4-34}$$

一元弱碱 B 的质子平衡方程为

$$[OH^-] = [HB^+] + [H^+]$$

$$[OH^-] = \frac{K_b[B]}{[OH^-]} + \frac{K_w}{[OH^-]} \tag{4-35}$$

$$[OH^-] = \sqrt{K_b[B]+K_w} \tag{4-36}$$

则一元弱碱溶液 OH^-浓度的精确式为

$$[OH^-]^3 + K_b[OH^-]^2 - (K_b c_0 + K_w)[OH^-] - K_b K_w = 0 \tag{4-37}$$

例题 4-3

计算 $1\times10^{-4}\ mol \cdot L^{-1}$ CN^-水溶液的 pH。已知 HCN 的 $K_a = 6.2\times10^{-10}$。

解　CN^-是 HCN 的共轭碱，CN^-的 $K_b = K_w / K_a = 1.6\times10^{-5}$，则

$$c_0 K_b \geqslant 10K_w \text{ 且 } c_0 / K_b \ll 400$$

需要用近似式计算，得

$$[OH^-] = \frac{-K_b + \sqrt{K_b^2 + 4c_0K_b}}{2}$$

$$= \frac{-1.6\times10^{-5} + \sqrt{(1.6\times10^{-5})^2 + 4\times1.0\times10^{-4}\times1.6\times10^{-5}}}{2} = 3.3\times10^{-5}(mol\cdot L^{-1})$$

$$pOH = 4.48 \qquad pH = 9.52$$

4.2.4　多元弱酸、弱碱的解离平衡

结构中含两个或两个以上可被置换的 H^+的弱酸称为多元弱酸，常见的多元弱酸有 H_2CO_3、H_2S、H_3PO_4 等。多元弱酸的解离是分步进行的，每步有一个解离平衡常数。

碳酸　$H_2CO_3 \rightleftharpoons H^+ + HCO_3^-$　　$K_{a1} = 4.3\times10^{-7}$

$HCO_3^- \rightleftharpoons H^+ + CO_3^{2-}$　　$K_{a2} = 5.61\times10^{-11}$

硫化氢　$H_2S \rightleftharpoons H^+ + HS^-$　　$K_{a1} = 1.3\times10^{-7}$

$HS^- \rightleftharpoons H^+ + S^{2-}$　　$K_{a2} = 7.1\times10^{-15}$

磷酸 $H_3PO_4 \rightleftharpoons H^+ + H_2PO_4^-$ $K_{a1} = 7.6 \times 10^{-3}$

$H_2PO_4^- \rightleftharpoons H^+ + HPO_4^{2-}$ $K_{a2} = 6.3 \times 10^{-8}$

$HPO_4^{2-} \rightleftharpoons H^+ + PO_4^{3-}$ $K_{a3} = 4.4 \times 10^{-13}$

1. 二元弱酸溶液酸度的计算

以 H_2CO_3 为例，当解离达到平衡时，溶液中存在的组分有 H_2CO_3、HCO_3^-、H^+、H_2O、CO_3^{2-}、OH^-。不考虑水的解离时，H_2CO_3 的一级解离可表示为

$$H_2CO_3 \rightleftharpoons H^+ + HCO_3^-$$

溶液中的 HCO_3^- 会发生进一步的解离，并生成 H^+和 CO_3^{2-}：

$$HCO_3^- \rightleftharpoons H^+ + CO_3^{2-}$$

假设第一步解离产生的氢离子浓度为 x，第二步解离的氢离子浓度为 y，则最终平衡的溶液中，氢离子浓度为 $x + y$。HCO_3^- 浓度为第一步解离产生的 x，减去第二步解离消耗掉的 y，平衡浓度为 $x - y$。CO_3^{2-} 只由第二步解离产生，浓度为 y。

	H_2CO_3	$\rightleftharpoons$	H^+	+	HCO_3^-
$c_{起始}$	c_0		0		0
$c_{平衡}$	$c_0 - x$		$x + y$		$x - y$

	HCO_3^-	$\rightleftharpoons$	H^+	+	CO_3^{2-}
$c_{平衡}$	$x - y$		$x + y$		y

$$K_{a1} = \frac{[H^+][HCO_3^-]}{[H_2CO_3]} = \frac{(x+y)(x-y)}{c_0 - x} \tag{4-38}$$

$$K_{a2} = \frac{[H^+][CO_3^{2-}]}{[HCO_3^-]} = \frac{(x+y)y}{(x-y)} \tag{4-39}$$

联立式(4-38)和式(4-39)，解方程得到 x 和 y。

然而，对于多元酸，观察其解离平衡常数可以发现，$K_{a1}/K_{a2} \gg 10^3$，$K_{a2}/K_{a3} \gg 10^3$，解离常数相差很大，说明溶液中的 H^+主要来自第一步反应，那么计算时就可以做一定的简化处理。对于 H_2CO_3 水溶液的解离，$K_{a1}/K_{a2} = 7665$，计算 H^+浓度时可只考虑第一步解离。即 y 很小，$x + y \approx x$，$x - y \approx x$，此时计算与一元弱酸相同，即可以用处理一元酸酸度计算的近似式和最简式来计算溶液 pH。

但是，当水的解离不能忽略时，此时二级解离通常也不能忽略。那么，要计算溶液中氢离子的浓度，需要列出其他平衡表达式。假设二元弱酸为 H_2B，其初始浓

度为 c，解离常数为 K_{a1} 和 K_{a2}。以 H_2O 和 H_2B 为参考水准，其质子平衡方程为

$$[H^+] = [HB^-] + 2[B^{2-}] + [OH^-] \tag{4-40}$$

根据解离平衡关系，得

$$K_{a1} = \frac{[HB^-][H^+]}{[H_2B]} \quad K_{a2} = \frac{[H^+][B^{2-}]}{[HB^-]} \quad K_{a1}K_{a2} = \frac{[H^+]^2[B^{2-}]}{[H_2B]} \quad [OH^-] = \frac{K_w}{[H^+]} \tag{4-41}$$

与一元酸相似，此时需要表示出各物种的分布分数以求出各自的浓度。

H_2B 溶液中 H_2B、HB^-和 B^{2-}的分布分数分别为δ_0、δ_1 和δ_2，$\delta_0 + \delta_1 + \delta_2 = 1$。

$$\delta_0 = \frac{[H_2B]}{c} = \frac{[H_2B]}{[H_2B]+[HB^-]+[B^{2-}]} = \frac{[H_2B]}{[H_2B]+\frac{K_{a1}[H_2B]}{[H^+]}+\frac{K_{a1}K_{a2}[H_2B]}{[H^+]^2}}$$
$$= \frac{1}{1+\frac{K_{a1}}{[H^+]}+\frac{K_{a1}K_{a2}}{[H^+]^2}} = \frac{[H^+]^2}{[H^+]^2 + K_{a1}[H^+] + K_{a1}K_{a2}} \tag{4-42}$$

$$\delta_1 = \frac{[HB^-]}{c} = \frac{[HB^-]}{[H_2B]+[HB^-]+[B^{2-}]} = \frac{K_{a1}[H^+]}{[H^+]^2 + K_{a1}[H^+] + K_{a1}K_{a2}} \tag{4-43}$$

$$\delta_2 = \frac{[B^{2-}]}{c} = \frac{[B^{2-}]}{[H_2B]+[HB^-]+[B^{2-}]} = \frac{K_{a1}K_{a2}}{[H^+]^2 + K_{a1}[H^+] + K_{a1}K_{a2}} \tag{4-44}$$

将各个量代入质子平衡式，得

$$[H^+] = c\delta_1 + 2c\delta_2 + \frac{K_w}{[H^+]} \tag{4-45}$$

整理后为

$$[H^+]^4 + K_{a1}[H^+]^3 + (K_{a1}K_{a2} - K_{a1}c - K_w)[H^+]^2 - (K_{a1}K_w + 2K_{a1}K_{a2}c)[H^+] - K_{a1}K_{a2}K_w = 0 \tag{4-46}$$

式(4-46)是计算二元弱酸溶液 H^+浓度的精确公式。若采用此公式计算，数学处理比较复杂。通常根据具体情况对其进行近似、简化处理。

一般情况下，当酸的强度较大、两级解离常数 ΔpK 较小时，近似式与精确式计算结果的相对误差也较大，这是由于近似式忽略了酸的二级解离。因此，从酸的强度是否太大、可否忽略二级解离的方面，考虑能否使用近似式[1]。通常情况下，$\Delta pK \geqslant 2$，$c = 1 \sim 10^{-3}\ mol \cdot L^{-1}$，$pK_{a1} = 3 \sim 9$，即浓度不是很稀，酸的强度不是较强或很弱，$K_{a1}$ 和 K_{a2} 相差足够大，均可按近似式处理。

总之，由于二元酸有二级解离，推导近似式时又同时忽略了水的解离和酸的二级解离两个因素，因此在实际应用中必须周密考虑。具体运算时可根据对结果

准确度的要求灵活处理。

例题 4-4

计算浓度为 0.001 mol · L^{-1} 的 $H_2C_2O_4$ 溶液的$[H^+]$。已知 $H_2C_2O_4$ 的 pK_{a1} = 1.27，pK_{a2} = 4.27。

解 $\Delta pK_a = 3$。浓度为 0.001 mol · L^{-1}时，$c/K_{a1} = 1.86 \times 10^{-2}$。若按近似式计算

$$[H^+]=\frac{-10^{-1.27}+\sqrt{10^{-2.54}+4\times10^{-1.27}\times10^{-3}}}{2}=9.8\times10^{-4}(mol\cdot L^{-1})$$

如果忽略水的解离，但考虑酸的二级解离，则计算表达式为

$$[H^+]^3+K_{a1}[H^+]^2+(K_{a1}K_{a2}-K_{a1}c-K_w)[H^+]-2K_{a1}K_{a2}c=0$$

代入相应数据，解方程得$[H^+] = 1.03 \times 10^{-3}$ mol · L^{-1}。

两种计算的相对误差为 4.8%。

此例题说明，ΔpK_a 较大时，若酸的浓度较小，酸的强度也较大，忽略二级解离时会带来较大的误差。

例题 4-5

计算浓度为 0.1 mol · L^{-1} 和 0.001 mol · L^{-1} 的酒石酸$(CHOHCOOH)_2$溶液的$[H^+]$。已知其 $pK_{a1} = 3.04$，$pK_{a2} = 4.37$。

解 $\Delta pK_a = 1.33$。当浓度为 0.1 mol · L^{-1} 时，$c/K_{a1} = 110$，所以

$$[H^+]=\frac{-10^{-3.04}+\sqrt{10^{-6.08}+4\times10^{-3.04}\times0.1}}{2}=9.1\times10^{-3}(mol\cdot L^{-1})$$

用精确式计算的结果为：$[H^+] = 9.15 \times 10^{-3}$ mol · L^{-1}。

两种计算的相对误差为 0.5%。

当浓度为 0.001 mol · L^{-1} 时，若按近似式计算

$$[H^+]=\frac{-10^{-3.04}+\sqrt{10^{-6.08}+4\times10^{-3.04}\times10^{-3}}}{2}=6.02\times10^{-4}(mol\cdot L^{-1})$$

如果忽略水的解离，但考虑酸的二级解离，则计算表达式为

$$[H^+]^3+K_{a1}[H^+]^2+(K_{a1}K_{a2}-K_{a1}c-K_w)[H^+]-2K_{a1}K_{a2}c=0$$

代入相应数据，解方程得$[H^+] = 6.4 \times 10^{-4}$ mol · L^{-1}。

两种计算的相对误差为 6%。

此例题说明，ΔpK_a 较小时，如果酸的浓度较大，可忽略二级解离。但当酸的浓度较小时，忽略二级解离也会带来较大的误差。

2. 二元弱碱溶液酸度的计算

多元弱碱，如 S^{2-}或 CO_3^{2-} 溶液 OH^-浓度的计算方法与二元弱酸相似，只需要注意弱碱解离常数的表达。

二元弱碱 $CO_3^{2-} + H_2O \rightleftharpoons HCO_3^- + OH^- \quad K_{b1} = \dfrac{K_w}{K_{a2}(H_2CO_3)}$

$$HCO_3^- + H_2O \rightleftharpoons H_2CO_3 + OH^- \quad K_{b2} = \frac{K_w}{K_{a1}(H_2CO_3)}$$

例题 4-6

室温下饱和 H_2S 水溶液的浓度为 $0.1\ mol \cdot L^{-1}$，求溶液中各物种的浓度(忽略水的解离)。已知 $K_{a1} = 1.3 \times 10^{-7}$，$K_{a2} = 7.1 \times 10^{-15}$。

解　假设第一步解离产生的氢离子浓度为 x，第二步解离的氢离子浓度为 y。

	$H_2S \rightleftharpoons$	H^+	+	HS^-
平衡浓度/($mol \cdot L^{-1}$)	$0.1 - x$	$x + y$		$x - y$

	$HS^- \rightleftharpoons$	H^+	+	S^{2-}
平衡浓度/($mol \cdot L^{-1}$)	$x - y$	$x + y$		y

由于 $K_{a1} \gg K_{a2}$，可忽略二级解离，当一元酸处理。而且 $c/K_{a1} = 0.100/(1.0 \times 10^{-7}) \gg 400$，可进一步近似处理：

$$0.100 - x \approx x$$

$$x = \sqrt{K_{a1}c} = \sqrt{1.3 \times 10^{-7} \times 0.1} = 1.14 \times 10^{-4}(mol \cdot L^{-1})$$

$$y = K_{a2}$$

结论：

$$[H_2S] = 0.1 - x \approx 0.1(mol \cdot L^{-1})$$

$$[H^+] = [HS^-] = x = 1.14 \times 10^{-4}\ mol \cdot L^{-1}$$

$$[S^{2-}] \approx y = K_{a2} = 7.1 \times 10^{-15}\ mol \cdot L^{-1}$$

3. 三元弱酸、弱碱溶液酸度的计算

以 H_3B 为三元酸的通式，设其初始浓度为 c，选择 H_2O 和 H_3B 为质子参考水准，得失质子情况为

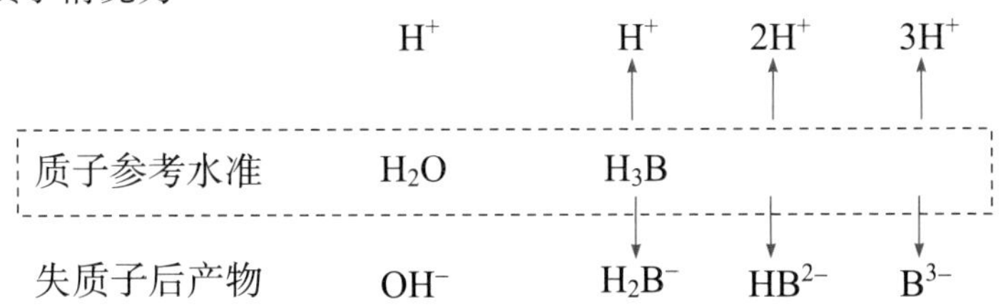

则其质子平衡式为

$$[H^+] = [H_2B^-] + 2[HB^{2-}] + 3[B^{3-}] + [OH^-] \tag{4-47}$$

H_3B 溶液中 H_3B、H_2B^-、HB^{2-}和 B^{3-}的分布分数分别为δ_0、δ_1、δ_2和δ_3，$\delta_0 + \delta_1 + \delta_2 + \delta_3 = 1$。

$$\delta_0 = \frac{[H_3B]}{c} = \frac{[H^+]^3}{[H^+]^3 + K_{a1}[H^+]^2 + K_{a1}K_{a2}[H^+] + K_{a1}K_{a2}K_{a3}} \tag{4-48}$$

$$\delta_1 = \frac{[H_2B^-]}{c} = \frac{K_{a1}[H^+]^2}{[H^+]^3 + K_{a1}[H^+]^2 + K_{a1}K_{a2}[H^+] + K_{a1}K_{a2}K_{a3}} \tag{4-49}$$

$$\delta_2 = \frac{[HB^{2-}]}{c} = \frac{K_{a1}K_{a2}[H^+]}{[H^+]^3 + K_{a1}[H^+]^2 + K_{a1}K_{a2}[H^+] + K_{a1}K_{a2}K_{a3}} \tag{4-50}$$

$$\delta_3 = \frac{[B^{3-}]}{c} = \frac{K_{a1}K_{a2}K_{a3}}{[H^+]^3 + K_{a1}[H^+]^2 + K_{a1}K_{a2}[H^+] + K_{a1}K_{a2}K_{a3}} \tag{4-51}$$

将各表达式代入质子平衡式，整理后得

$$[H^+]^5 + K_{a1}[H^+]^4 - (K_{a1}c - K_{a1}K_{a2} + K_w)[H^+]^3 - (2K_{a1}K_{a2}c - K_{a1}K_{a2}K_{a3} + K_{a1}K_w)[H^+]^2$$
$$-(3K_{a1}K_{a2}c + K_{a1}K_{a2}K_w)[H^+] - K_{a1}K_{a2}K_{a3}K_w = 0 \tag{4-52}$$

当 $cK_{a1} \gg K_w$，可忽略水的解离；当 $K_{a1} \gg K_{a2} \gg K_{a3}$，则可按照一元酸的解离进行计算。

对于三元弱碱，处理方式相同：

$$PO_4^{3-} + H_2O \rightleftharpoons HPO_4^{2-} + OH^- \qquad K_{b1} = \frac{K_w}{K_{a3}(H_3PO_4)}$$

$$HPO_4^{2-} + H_2O \rightleftharpoons H_2PO_4^- + OH^- \qquad K_{b2} = \frac{K_w}{K_{a2}(H_3PO_4)}$$

$$H_2PO_4^- + H_2O \rightleftharpoons H_3PO_4 + OH^- \qquad K_{b3} = \frac{K_w}{K_{a1}(H_3PO_4)}$$

思考题

4-3　试计算 0.1 mol · L^{-1} H_3PO_4 溶液中 H^+、$H_2PO_4^-$、HPO_4^{2-}、PO_4^{3-} 的浓度。

4.2.5　酸碱两性物质

多元酸的酸式盐如 $NaHCO_3$、KH_2PO_4、K_2HPO_4 等，在水中既可以发生酸式解离，也可以发生碱式解离。按质子酸碱理论，这些物质既是酸又是碱，即两性物质。另外，弱酸弱碱盐如 NH_4Ac 以及氨基酸，结构中既含有酸性物质部分，也含有碱性物质部分，也是两性物质。两性物质溶液中的酸碱平衡比较复杂，做定性判断时可对比酸解离和碱解离的常数。例如，对于 HCO_3^-，$K_{a1} = 5.61 \times 10^{-11}$，$K_{b2} = 2.3 \times 10^{-8}$，碱的解离常数大于酸的解离常数，因此可粗略地判断溶液为碱性。但是，若进行定量计算，则需要通过复杂计算来完成。

1. 酸式盐

设二元弱酸的酸式盐为 NaHA，其浓度为 c_0。存在的平衡如下：

$$HA^- \rightleftharpoons H^+ + A^{2-} \qquad K_{a2}$$

$$HA^- + H_2O \rightleftharpoons H_2A + OH^- \qquad K_{b2}$$

$$H_2O \rightleftharpoons H^+ + OH^- \qquad K_w$$

在此溶液中，若选择 HA^-和 H_2O 为质子参考水准，则质子平衡方程为

$$[H^+] + [H_2A] = [A^{2-}] + [OH^-] \tag{4-53}$$

代入各个组分的浓度后得

$$[H^+] = \frac{K_{a2} \cdot [HA^-]}{[H^+]} + \frac{K_w}{[H^+]} - \frac{K_{b2} \cdot [HA^-]}{[OH^-]} \tag{4-54}$$

整理后得

$$[H^+] = \frac{K_{a2} \cdot [HA^-]}{[H^+]} + \frac{K_w}{[H^+]} - \frac{[HA^-][H^+]}{K_{a1}} \tag{4-55}$$

根据$[HA^-]$的分布分数表达式

$$\delta_{HA^-} = \frac{[HA^-]}{c_0} = \frac{[HA^-]}{[H_2A]+[HA^-]+[A^{2-}]} = \frac{[HA^-]}{\dfrac{[HA^-][H^+]}{K_{a1}} + [HA^-] + \dfrac{K_{a2} \cdot [HA^-]}{[H^+]}} \tag{4-56}$$

得

$$[HA^-] = \frac{c_0 K_{a1}[H^+]}{[H^+]^2 + K_{a1}[H^+] + K_{a1}K_{a2}} \tag{4-57}$$

将式(4-57)代入式(4-55)，整理后得

$$[H^+]^4 + (c_0 + K_{a1})[H^+]^3 + (K_{a1}K_{a2} - K_w)[H^+]^2 - (K_{a1}K_w + c_0 + K_{a2})[H^+] - K_{a1}K_{a2}K_w = 0 \tag{4-58}$$

当 MHA 的浓度不是很低，它所对应的多元酸不是很强或极弱时，可以忽略水的解离。同时，HA^-的酸式解离和碱式解离的倾向都较小，因此溶液中的 HA^-

消耗很少，可近似认为 HA^-的平衡浓度$[HA^-]$近似等于其原始浓度 c_0。此时

$$[H^+] = \sqrt{\frac{K_{a1}(K_{a2} \cdot c_0 + K_w)}{K_{a1} + c_0}} \tag{4-59}$$

若 $c_0K_{a2} > 10K_w$，水的解离可以忽略，则 $c_0K_{a2} + K_w \approx c_0K_{a2}$。若酸的浓度不太小，则一般有 $c_0 \gg K_{a1}$，$c_0 + K_{a1} \approx c_0$，此时上式简化为

$$[H^+] = \sqrt{K_{a1}K_{a2}} \tag{4-60}$$

这是计算的最简式。应当注意，最简式只有在两性物质的浓度不是很小且水的解离可以忽略的情况下才能应用。

例题 4-7

计算 0.1 mol · L^{-1} $NaHCO_3$溶液的 pH。已知 H_2CO_3的 $K_{a1} = 4.3 \times 10^{-7}$，$K_{a2} = 5.61 \times 10^{-11}$。

解 $c_0K_{a2} = 5.61 \times 10^{-12} > 10K_w$，所以可以忽略水的解离。而且 $c_0 \gg K_{a1}$，所以可以用最简式计算：

$$[H^+] = \sqrt{K_{a1}K_{a2}} = \sqrt{4.3\times10^{-7}\times5.61\times10^{-11}} = 4.9\times10^{-9}$$

$$pH = 8.31$$

2. *弱酸弱碱盐*[2]

弱酸弱碱盐溶液中 H^+浓度的计算方法与酸式盐溶液相似。以 NH_4Ac 为例，假定其浓度为 c_0，则存在的平衡有

$$NH_4Ac = NH_4^+ + Ac^-$$

$$NH_4^+ + H_2O \rightleftharpoons H^+ + NH_3 \cdot H_2O \qquad K_a = K_w / K_b(NH_3)$$

$$Ac^- + H_2O \rightleftharpoons HAc + OH^- \qquad K_b = K_w / K_a(HAc)$$

$$H_2O \rightleftharpoons H^+ + OH^- \qquad K_w$$

在此溶液中，若选择 NH_4^+、Ac^-和 H_2O 为质子参考水准，则质子平衡方程为

$$[H^+] + [HAc] = [NH_3] + [OH^-] \tag{4-61}$$

代入各组分的浓度后得

$$[H^+] + \frac{[H^+][Ac^-]}{K_a(HAc)} = \frac{K_w \cdot [NH_4^+]}{K_b(NH_3)\cdot[H^+]} + \frac{K_w}{[H^+]} \tag{4-62}$$

由于 $c_0/K_a > 400$，$c_0/K_b > 400$，则$[NH_4^+] \approx c_0$，$[Ac^-] \approx c_0$，整理后得

$$[H^+]^2 = \frac{K_w K_a (c_0 - K_b)}{K_b (K_a + c_0)} \tag{4-63}$$

只要溶液的浓度不是太小，即 $c_0 \gg K_a$，$c_0 \gg K_b$，则

$$[H^+] = \sqrt{K_w \frac{K_a}{K_b}} = 10^{-7}\sqrt{\frac{K_a}{K_b}} \tag{4-64}$$

因此，溶液 pH 与初始浓度无关，只与酸和碱的相对强度有关。

对于 NH_4Ac，$[H^+] = 10^{-7}\sqrt{\dfrac{1.75\times10^{-5}}{1.76\times10^{-5}}} = 10^{-7}(mol \cdot L^{-1})$，$pH = 7$；

对于 NH_4F，$[H^+] = 10^{-7}\sqrt{\dfrac{6.31\times10^{-4}}{1.76\times10^{-5}}} = 5.99\times10^{-7}(mol \cdot L^{-1})$，$pH = 6.2$；

对于 NH_4CN，$[H^+] = 10^{-7}\sqrt{\dfrac{6.17\times10^{-10}}{1.76\times10^{-5}}} = 5.92\times10^{-10}(mol \cdot L^{-1})$，$pH = 9.2$。

例题 4-8

不通过质子平衡方程，求出 NH_4Ac 溶液 H^+浓度的表达式(不考虑水的解离)。

解

$$NH_4Ac = NH_4^+ + Ac^-$$

$$NH_4^+ + Ac^- + H_2O \rightleftharpoons HAc + NH_3 \cdot H_2O$$

$$K = \frac{[NH_3 \cdot H_2O][HAc]}{[NH_4^+][Ac^-]} = \frac{[NH_3 \cdot H_2O][HAc][H^+][OH^-]}{[NH_4^+][Ac^-][H^+][OH^-]} = \frac{K_w}{K_a K_b}$$

$$\frac{[NH_3 \cdot H_2O][HAc]}{[NH_4^+][Ac^-]} = \frac{[HAc]^2}{[Ac^-]^2} = \frac{[HAc]^2[H^+]^2}{[Ac^-]^2[H^+]^2} = \frac{[H^+]^2}{K_a^2} = \frac{K_w}{K_a K_b}$$

$$[H^+]^2 = K_w \frac{K_a}{K_b} \qquad [H^+] = \sqrt{K_w \frac{K_a}{K_b}}$$

以上讨论的弱酸弱碱盐溶液中，酸碱组成比均为 1∶1，对于酸碱组成比不为 1∶1 的弱酸弱碱盐溶液，其溶液 pH 的计算比较复杂，应根据情况进行近似处理。例如，浓度为 c_0 的$(NH_4)_2CO_3$ 溶液，选 NH_4^+、CO_3^{2-}、H_2O 为质子参考水准，质子平衡方程为

$$[H^+] + [HCO_3^-] + 2[H_2CO_3] = [NH_3] + [OH^-] \tag{4-65}$$

CO_3^{2-} 解离平衡常数为

$$K_{b2} = \frac{K_w}{K_{a2}} = \frac{10^{-14}}{5.61\times10^{-11}} = 1.78\times10^{-4} \tag{4-66}$$

NH_4^+解离平衡常数为

$$K_a = \frac{K_w}{K_b} = \frac{10^{-14}}{1.78 \times 10^{-5}} = 5.62 \times 10^{-10} \tag{4-67}$$

通过解离常数可定性判断出碱式解离远大于酸式解离，因此溶液呈弱碱性，$[H^+]$和$[H_2CO_3]$均可忽略；另一方面，只要 c 不是太小，水的解离就可以忽略。因此，上述质子平衡方程可简化为

$$[HCO_3^-] \approx [NH_3]$$

由

$$(NH_4)_2CO_3 = 2NH_4^+ + CO_3^{2-}$$

可得

$$\delta_{HCO_3^-} c_0 = 2\delta_{NH_3} c_0$$

其中

$$\delta_{HCO_3^-} = \frac{[HCO_3^-]}{[H_2CO_3]+[HCO_3^-]+[CO_3^{2-}]} = \frac{K_{a1} \cdot [H^+]}{[H^+]^2 + K_{a1} \cdot [H^+] + K_{a1}K_{a2}} \tag{4-68}$$

$$\delta_{NH_3} = \frac{[NH_3]}{[NH_3]+[NH_4^+]} = \frac{K_w}{K_w + K_b \cdot [H^+]} \tag{4-69}$$

需要说明的是，K_{a1}和K_{a2}指H_2CO_3的酸解离常数，K_b指NH_3的碱解离常数。将分布分数代入后可得氢离子浓度计算的表达式。但是，表达式仍很复杂，可进行一定的简化。考虑到CO_3^{2-}体系的一级解离远大于二级，因此溶液中主要存在CO_3^{2-}和HCO_3^-，此时

$$\delta_{HCO_3^-} \approx \frac{[HCO_3^-]}{[HCO_3^-]+[CO_3^{2-}]} = \frac{[H^+]}{[H^+]+K_{a2}} \tag{4-70}$$

氢离子浓度计算式可简化为

$$\frac{[H^+]}{[H^+]+K_{a2}} c_0 = \frac{K_w}{K_w + K_b \cdot [H^+]} 2c_0 \tag{4-71}$$

整理后为

$$K_b[H^+]^2 - K_w[H^+] - 2K_wK_{a2} = 0 \tag{4-72}$$

解方程得

$$[H^+] = \frac{K_w + \sqrt{K_w{}^2 + 8K_wK_bK_{a2}}}{2K_b} \tag{4-73}$$

从计算表达式可以看出，H^+浓度与溶液的初始浓度无关。

例题 4-9

计算 0.1 $mol \cdot L^{-1}$ $(NH_4)_2CO_3$ 水溶液的 pH。

解　$(NH_4)_2CO_3$ 浓度较大，可忽略水的解离，并且认为溶液中 H_2CO_3 浓度极小，可忽略。

$$[H^+]=\frac{10^{-14}+\sqrt{(10^{-14})^2+8\times10^{-14}\times1.78\times10^{-5}\times5.61\times10^{-11}}}{2\times1.78\times10^{-5}}=6.6\times10^{-10}(mol\cdot L^{-1})$$

$$pH = 9.18$$

4.2.6 混合溶液

1. *弱酸-强酸混合溶液*

以 HA-HCl 的混合溶液为例进行讨论。

设其浓度分别为 c_{HA} 和 c_{HCl}，弱酸解离常数为 K_{HA}。体系的质子平衡方程为

$$[H^+] = [A^-] + [OH^-] + c_{HCl}$$

$$[H^+]=\frac{c_{HA}K_{HA}}{[H^+]+K_{HA}}+c_{HCl} \tag{4-74}$$

整理后得

$$[H^+]^3+(K_{HA}-c_{HCl})[H^+]^2-(c_{HA}K_{HA}+c_{HCl}K_{HA})[H^+]-K_{HA}K_w=0 \tag{4-75}$$

若混合酸溶液的浓度不是很稀，且弱酸的强度不是很弱时，可忽略水的解离，则

$$[H^+]^2+(K_{HA}-c_{HCl})[H^+]-K_{HA}(c_{HA}+c_{HCl})=0 \tag{4-76}$$

如果弱酸的解离可以忽略，则溶液的酸度主要由强酸提供。

2. *弱酸-弱酸混合溶液*

以一元弱酸 HA 和 HB 的混合溶液进行讨论。设其浓度分别为 c_{HA} 和 c_{HB}，解离常数分别为 K_{HA} 和 K_{HB}。若 K_{HA} 与 K_{HB} 相差很大，则可忽略一方的解离。但当两者解离常数比较接近时，需要用质子平衡方程进行计算：

$$[H^+] = [A^-] + [B^-] + [OH^-]$$

代入各种关系式：

$$[H^+]=\frac{K_{HA}[HA]}{[H^+]}+\frac{K_{HB}[HB]}{[H^+]}+\frac{K_w}{[H^+]} \tag{4-77}$$

如果混合酸的浓度不是太低、酸的强度不是太弱，可忽略水的解离。另外，

由于两种酸解离出的 H^+会彼此抑制而减弱酸的解离，可近似认为[HA] ≈ c_{HA} 和[HB] ≈ c_{HB}，则混合酸溶液酸度计算的最简式为

$$[H^+] = \sqrt{K_{HA}c_{HA} + K_{HB}c_{HB}} \tag{4-78}$$

思考题

4-4 海洋表层水的 pH 约为 8.2，为弱碱性。科学家研究表明，由于人类活动影响，预计到 2100 年海水表层 pH 将下降到 7.8，到那时海水酸度将比 1800 年高 150%。查阅资料说明海洋酸化形成的原因及危害。

4.3 同离子效应与盐效应

在 HAc 溶液中存在下列平衡：

$$HAc(aq) + H_2O(l) \rightleftharpoons H_3O^+(aq) + Ac^-(aq)$$

当向溶液中加入与 HAc 含有相同离子的强电解质，如 NaAc 时，$[Ac^-]$增加，则平衡向左移动，使得 HAc 的解离度减小。

这种在弱电解质溶液中加入与其含有相同离子的易溶强电解质而使弱电解质的解离度降低的现象称为同离子效应。

盐效应最初用于解释非电解溶液的一些现象。如果将盐加入饱和的非电解质水溶液，非电解质的溶解度发生变化。如果溶解度下降，称为盐析作用；如果溶解度增加，称为盐溶作用。

1889 年，塞成诺(J. Setschenow，1829—1905)提出盐效应的经验公式：

$$\lg\frac{S_0}{S} = Kc_s \tag{4-79}$$

式中，K 为盐析常数；S_0 为非电解质在纯水中的溶解度；S 为它在盐溶液中的溶解度。K 是正值，为盐析作用；反之，为盐溶作用。

非电解质溶解度的改变是由于加入的盐改变了其活度系数。即使对于和水互溶的非电解质溶液体系，盐的加入仍能影响它的活度系数。黄子卿等[3-6]进行了大量非电解质在盐水溶液中活度系数的研究，从盐、水、非电解质之间的相互作用力分析了盐效应的机理。

虽然盐效应最初应用于非电解质体系，之后研究者们对电解质体系中盐效应也做了探讨[7-11]。早在 1927 年，Kolthoff 和 Bosch[12]通过电动势方法测定了不同盐存在下 HCl 的活度系数和溶液中的 H^+浓度，发现在盐浓度较低时，HCl 的活度系数降低，在盐浓度较大时，活度系数反而上升。Critchfield 和 Johnson[7]测定了

$0.1\ \mathrm{mol \cdot L^{-1}}$ HCl 溶液中加入盐(NaCl、KCl、$MgCl_2$、$MgBr_2$ 等)后溶液的 pH 和酸度函数 H_0(表 4-4)。可以看出，当保持溶液中的粒子总浓度($C=C_{阳离子}+C_{阴离子}$)相同时，盐的加入降低了溶液 pH 和酸度函数。

表 4-4　含有盐的 $0.1\ \mathrm{mol \cdot L^{-1}}$ HCl 溶液的 pH 和酸度函数 H_0

盐	pH	H_0
无	1.10	0.98
NaCl	0.32	0.18
KCl	0.58	0.42
LiCl	0.12	0.03
KSCN	0.65	0.49
$NaNO_3$	0.45	0.27
$CaCl_2$	−0.08	−0.13
$MgCl_2$	−0.31	−0.31
$MgBr_2$	−0.65	−0.52

Kolthoff 和 Bosch[13]测定了一系列酸及其共轭碱体系中加入不同盐(NaCl、KCl、LiCl、$NaNO_3$、$MgCl_2$、$CaCl_2$ 等)后溶液的 pH。以 $0.005\ \mathrm{mol \cdot L^{-1}}$ HAc 和 $0.005\ \mathrm{mol \cdot L^{-1}}$ NaAc 混合体系的结果为例(表 4-5)，盐的加入都会降低溶液的 pH。盐的浓度增大，溶液 pH 降低；盐中离子电荷增大，pH 降低。

以弱酸 HA 为例：

$$K_a = \frac{a(H^+)\,a(A^-)}{a(HA)} \tag{4-80}$$

$$pH = pK_a + \lg\frac{a(A^-)}{a(HA)} = pK_a + \lg\frac{\gamma_{A^-}[A^-]}{\gamma_{HA}[HA]} = pK_a + \lg\frac{[A^-]}{[HA]} + \lg\frac{\gamma_{A^-}}{\gamma_{HA}} \tag{4-81}$$

在溶液离子强度不太高时，可以应用德拜-休克尔公式计算酸根阴离子的活度系数。然后，通过 γ_{A^-}/γ_{HA} 的比值求得未解离的酸的活度系数。盐的浓度增加，γ_{HA} 增大。

表 4-5　盐对 HAc-NaAc 体系 pH 的影响

盐	盐的浓度/($\mathrm{mol \cdot L^{-1}}$)	测量的 pH	$-\lg(\gamma_{A^-}/\gamma_{HA})$
无	—	4.697	—
KCl	0.1	4.610	0.125

续表

盐	盐的浓度/(mol · L^{-1})	测量的 pH	$-\lg(\gamma_{A^-}/\gamma_{HA})$
KCl	0.25	4.567	0.168
	0.5	4.544	0.191
NaCl	0.1	4.573	0.162
	0.25	4.506	0.229
	0.5	4.459	0.276
LiCl	0.1	4.560	0.175
	0.25	4.480	0.255
	0.5	4.388	0.347
KBr	0.5	4.570	0.165
KI	0.5	4.577	0.158
K_2SO_4	0.25	4.591	0.144
$BaCl_2$	0.25	4.346	0.389

当然，存在同离子效应的同时也存在盐效应。但是，一般溶液的浓度不大时，同离子效应比盐效应大得多，二者共存时常忽略盐效应，只考虑同离子效应。

例题 4-10

在 0.1 mol · L^{-1}HAc 溶液中加入 NaAc 固体，使 NaAc 浓度为 0.10 mol · L^{-1}。计算该溶液的 pH 和 HAc 的解离度 α'。对比未加入 NaAc 的解离度 α，α'/α 值能说明什么问题？已知 HAc 的 $K_a = 1.76 \times 10^{-5}$。

解 $HAc \rightleftharpoons H^+ + Ac^-$

初始浓度/(mol · L^{-1}) 0.1 0 0.10

平衡浓度/(mol · L^{-1}) $0.1 - x$ x $0.10 + x$

$0.1/(1.76\times10^{-5}) \gg 400$，所以 $0.1 + x \approx 0.1$，$0.1 - x \approx 0.1$，计算得

$$[H^+] = x = 1.76 \times 10^{-5} \qquad pH = 4.74$$

$$\alpha' = (1.76 \times 10^{-5}/0.10) \times 100\% = 0.018\%$$

未加入 NaAc 时，0.10 mol · L^{-1} HAc 溶液中

$$c(H^+) = \sqrt{0.1\times1.76\times10^{-5}} = 1.32\times10^{-3}(mol\cdot L^{-1}) \qquad pH = 2.89$$

$$\alpha = 1.3\%$$

$\alpha'/\alpha = 1.4\%$，说明加入 NaAc 后，因为同离子效应，解离度降到原来的 1.4%。

4.4　酸碱平衡移动

1. 温度的影响

根据化学热力学基础知识

$$\Delta G^{\ominus} = \Delta H^{\ominus} - T\Delta S^{\ominus}$$

$$\Delta G^{\ominus} = -RT\ln K^{\ominus}$$

在一定温度范围内，反应的平衡常数随温度的变化关系为

$$\ln K_a^{\ominus} = -\frac{\Delta H^{\ominus}}{RT} + \frac{\Delta S^{\ominus}}{R}$$

由表 4-1 乙酸解离平衡常数可以看出，温度变化时酸的解离常数也会发生微小的改变。

2. 沉淀平衡与酸碱平衡

水中溶解二氧化碳生成的 H_2CO_3 会发生部分解离形成 HCO_3^-。硬水中存在钙镁离子时，加热后会形成碳酸盐型水垢，反应如下：

$$2HCO_3^- = CO_3^{2-} + CO_2 + H_2O$$

$$CO_3^{2-} + Ca^{2+} = CaCO_3$$

$$CO_3^{2-} + Mg^{2+} = MgCO_3$$

因此，常用防止形成水垢的方法是加入酸脱除水中的 CO_2：

$$HCO_3^- + H^+ = CO_2 + H_2O$$

将 $AgNO_3$ 加入 H_3PO_4、NaH_2PO_4 及 Na_2HPO_4 溶液中时，是否都会生成 Ag_3PO_4 沉淀？需要由下面的弱酸解离平衡和沉淀溶解平衡共同决定：

$$3Ag^+ + H_3PO_4 = Ag_3PO_4 + 3H^+ \qquad K = \frac{K_{a1}K_{a2}K_{a3}}{K_{sp}}$$

$$3Ag^+ + H_2PO_4^- = Ag_3PO_4 + 2H^+ \qquad K = \frac{K_{a2}K_{a3}}{K_{sp}}$$

$$3Ag^+ + HPO_4^{2-} = Ag_3PO_4 + H^+ \qquad K = \frac{K_{a3}}{K_{sp}}$$

例题 4-11

AgAc 的 $K_{sp} = 2.3 \times 10^{-3}$，HAc 的 $K_a = 1.8 \times 10^{-5}$，将 20 mL 1.2 mol · L^{-1}的 $AgNO_3$ 与 30 mL 1.4 mol · L^{-1}的 HAc 混合，会有沉淀生成吗？

解 混合后 $AgNO_3$ 的浓度：

$$1.2 \times (20/50) = 0.48(\text{mol} \cdot \text{L}^{-1}) \qquad [Ag^+] = 0.48(\text{mol} \cdot \text{L}^{-1})$$

混合后 HAc 的浓度：

$$1.4 \times (30/50) = 0.84(\text{mol} \cdot \text{L}^{-1})$$

$$[Ac^-] = \sqrt{K_a c} = \sqrt{1.8 \times 10^{-5} \times 0.84} = 3.9 \times 10^{-3}(\text{mol} \cdot \text{L}^{-1})$$

$[Ag^+][Ac^-] = 0.48 \times 3.9 \times 10^{-3} = 1.9 \times 10^{-3} < K_{sp}$，所以没有 AgAc 沉淀生成。

3. 氧化还原平衡与酸碱平衡

在水溶液中，H_2O 既是酸，又是碱，其解离生成 H^+与 OH^-。在水溶液中进行氧化还原反应时，H_2O 既可以作为氧化剂，也可以作为还原剂。

$$2H_2O + e^- \Longrightarrow H_2 + 2OH^-$$

$$2H_2O - 4e^- \Longrightarrow O_2 + 4H^+$$

当溶液 pH 不同时，根据能斯特方程，上述反应的电极电势也发生改变。假定上述表达式中 $p(H_2) = 100$ kPa，$p(O_2) = 100$ kPa，则

$$\varphi(H_2O/H_2) = \varphi^{\ominus}(H^+/H_2) + 0.0592\lg[H^+] = 0 - 0.0592\text{pH}$$

$$\varphi(O_2/H_2O) = \varphi^{\ominus}(O_2/H_2O) + 0.0592\lg[H^+] = 1.229 - 0.0592\text{pH}$$

以图解的形式表示出 φ 随 pH 的变化，得到 H_2O 的 φ-pH(电极电势-pH)图(图 4-2)。

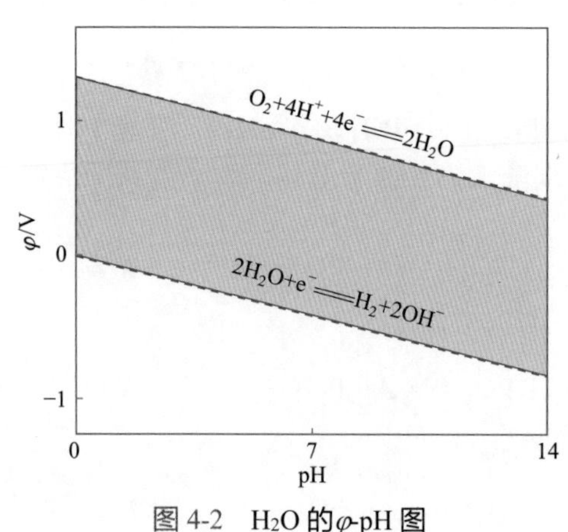

图 4-2 H_2O 的φ-pH 图

铅酸蓄电池的充放电过程涉及H_2SO_4的解离以及$PbSO_4$的生成(图 4-3)。例如，放电时，电池的反应为

正极反应 $PbO_2 + HSO_4^-(aq) + 3H^+ + 2e^- = PbSO_4(s) + 2H_2O(l)$

负极反应 $Pb(s) + HSO_4^-(aq) = PbSO_4(s) + H^+(aq) + 2e^-$

总反应 $Pb(s) + PbO_2 + 2H_2SO_4(aq) = 2PbSO_4(s) + 2H_2O(l)$

充电时反应方向与放电时相反。

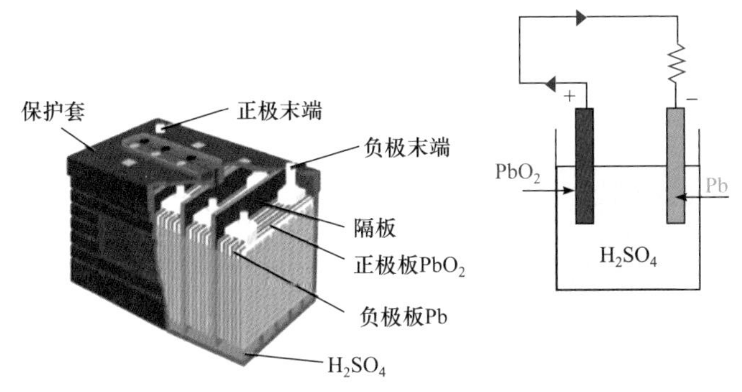

图 4-3　铅酸蓄电池工作原理示意图

例题 4-12

已知 298 K 时 HAc 的 $K_a = 1.75\times10^{-5}$。求反应 $2HAc + 2e^- = H_2 + 2Ac^-$的 $\varphi^\ominus$ 。

解　$\varphi^\ominus(HAc/H_2) = \varphi(H^+/H_2) = \varphi^\ominus(H^+/H_2) + 0.0592\lg[H^+]$

当$[Ac^-]$、$[HAc]$均处于标准态时

$$[Ac^-] = [HAc] = 1\ mol \cdot L^{-1}$$

根据 HAc 的解离平衡

$$[H^+] = K_a = 1.75 \times 10^{-5}\ mol \cdot L^{-1}$$

$$\varphi^\ominus(HAc/H_2) = 0.00 + 0.0592\lg(1.75 \times 10^{-5}) = -0.282(V)$$

4. 配位解离平衡与酸碱平衡

酸碱反应涉及 H^+和 OH^-，同时对于有些质子酸如 HCN，其解离后的共轭碱CN^-可与多种金属发生配位作用，因此在这些体系中不仅存在酸碱的解离平衡，还存在配位解离平衡。下面以湿法冶金过程的反应为例进行简单说明。

金在自然界中主要以分散的单质形式存在，需要先富集再提炼。富集后的精矿用混汞法、氰化法等工艺提取金。氰化法是在氧化剂(如空气或氧气)存在下，用可溶性氰化物(如 NaCN)溶液，浸出矿石中的金(浸出产物为$[Au(CN)_2]^-$)，再用置换法或电沉积法从浸出液中回收金。在氰化法浸出过程中，反应液的 pH 应维持在 9 左右。过程涉及的反应有

$$CN^- + H_2O \rightleftharpoons HCN + OH^-$$
$$4Au + 8CN^- + O_2 + 2H_2O \rightleftharpoons 4[Au(CN)_2]^- + 4OH^-$$
$$2[Au(CN)_2]^- + Zn \rightleftharpoons 2Au + [Zn(CN)_4]^{2-}$$

例题 4-13

根据已知数据判断下列反应能否发生。

$$[Pb(CN)_4]^{2-} + 2H_2O + 2H^+ \rightleftharpoons Pb(OH)_2 + 4HCN$$

$K_{稳}[Pb(CN)_4^{2-}] = 1.0 \times 10^{11}$，$K_{sp}[Pb(OH)_2] = 2.5\times10^{-16}$，$K_a(HCN) = 4.93 \times 10^{-10}$

解 对于反应$[Pb(CN)_4]^{2-} + 2H_2O + 2H^+ \rightleftharpoons Pb(OH)_2 + 4HCN$

$$K = \frac{[HCN]^4}{[Pb(CN)_4^{2-}][H^+]^2} = \frac{[HCN]^4[Pb^{2+}][CN^-]^4[H^+]^2[OH^-]^2}{[Pb(CN)_4^{2-}][H^+]^2[Pb^{2+}][CN^-]^4[H^+]^2[OH^-]^2}$$

$$= \frac{1}{K_a^4}\cdot\frac{1}{K_{稳}}\cdot\frac{1}{K_{sp}}\cdot K_w^2 = \frac{(1.0\times10^{-14})^2}{(4.93\times10^{-10})^4\times1.0\times10^{-11}\times2.5\times10^{-16}} = 6.8\times10^{13}$$

反应的平衡常数非常大，上述反应向右进行的程度很大。

4.5 缓 冲 溶 液

4.5.1 缓冲溶液概念

1900 年，费恩巴赫(A. Fernbach，1860—1939)等微生物学家发现[14]，向微生物培养液中添加 1 mL 0.01 mol · L^{-1} 的盐酸，溶液的 pH 几乎没有变化，相比之下，将同量的盐酸加入纯水中，溶液 pH 从 7.0 降至 5.0，这个实验表明培养液对使溶液 pH 发生变化的强酸有抵御作用。实验发现，用强碱或水(稀释)代替强酸时，情况也一样。他们借用汽车缓冲器(buffer)的概念，将这种能抵抗外来少量强酸、强碱或稍加稀释而其 pH 保持基本不变的溶液称为缓冲溶液(buffer solution)，并将缓冲溶液对强酸、强碱或稀释的抵抗作用称为缓冲作用。

他们在对淀粉酶的研究中发现，部分中和的磷酸溶液可以防止酸度或碱度突然变化，即磷酸盐的作用类似于缓冲液。之后又发现在一些混合物如磷酸一氢盐/磷酸二氢盐、氨/氯化铵、乙酸盐/乙酸、邻苯二甲酸盐/邻苯二甲酸等的溶液加入痕量酸或碱时，相比于强酸和强碱的稀溶液，这类溶液的 pH 几乎不受影响。

缓冲溶液在自然界中广泛存在。哺乳动物血液的 pH 维持在 7.38 左右，这与血液中血红蛋白/氧合血红蛋白以及 $H_2PO_4^-/HPO_4^{2-}$、CO_2、H_2CO_3/HCO_3^- 等有机物和无机物间复杂的相互作用有关。活的植物组织的正常 pH 范围为 4.0～6.2，其主要的缓冲液通常为磷酸盐、碳酸盐及有机酸，如苹果酸、柠檬酸、草酸、酒石酸和一些氨基酸等。海水的 pH 通常在 7.9～8.3，主要与铝硅酸盐的平衡有关。

4.5.2　缓冲溶液组成

缓冲溶液由一定浓度的共轭酸碱对，即由抗碱组分(弱质子酸)和抗酸组分(弱质子碱)组成。其中，能对抗外来强碱的称为共轭酸，能对抗外来强酸的称为共轭碱，共轭酸碱对通常称为缓冲对(buffer pair)、缓冲剂或缓冲体系(buffer system)。常见的缓冲对主要有三种类型。

(1) 弱酸及其对应的盐，如 HAc-NaAc、H_2CO_3-$NaHCO_3$、$H_2C_8H_4O_4$-$KHC_8H_4O_4$(邻苯二甲酸-邻苯二甲酸氢钾)等。

(2) 多元弱酸的酸式盐及其对应的次级盐，如 $NaHCO_3$-Na_2CO_3、NaH_2PO_4-Na_2HPO_4、$NaH_2C_5HO_7$(柠檬酸二氢钠)-$Na_2HC_6H_5O_7$、$KHC_8H_4O_4$(邻苯二甲酸氢钾)-$K_2C_8H_4O_4$。

(3) 弱碱及其对应的盐，如 NH_3-NH_4Cl、RNH_2-RNH_3A(伯胺及其盐)、Tris-TrisHA(三羟甲基氨基甲烷及其盐)。

(4) 自缓冲体系(self buffer system)。四硼酸钠($Na_2B_4O_7$)解离后可形成等浓度的酸——硼酸(H_3BO_3)及其共轭碱——$[B(OH)_4]^-$，这两种物质可以充当缓冲溶液的共轭酸碱对。另外，当酸具有两级及两级以上解离时，其部分中和的盐与未中和的酸就形成了自缓冲体系。例如，邻苯二甲酸是二元酸，25℃时的 pK_a 分别为 2.95 和 5.41，邻苯二甲酸氢钾溶液的 pH 大致介于两级解离常数之间(由于离子强度的影响会有一定偏差)。此类例子很多，如酒石酸氢钾(酒石酸的 pK_a 为 3.04 和 4.37)有较好的缓冲能力，只是其在水溶液中的溶解度较差。苹果酸氢钠(其母酸的 pK_a 为 3.40 和 5.13)和柠檬酸二氢钾(pK_a 为 3.13 和 4.76)也作为缓冲溶液广泛使用。例如，浓度为 0.05 $mol \cdot L^{-1}$ 的柠檬酸二氢盐溶液在 25℃的 pH 为 3.68。各级 pK_a 相差较大的酸式盐，如磷酸二氢盐(磷酸的 pK_a 为 2.16、7.21、12.33)也是非常有用的自缓冲体系。

弱酸弱碱盐的溶液也被认为可作为自缓冲体系，如乙酸铵(NH_4Ac，pK_a 为 4.75 和 9.25)，其溶液 pH 接近 7$\{pH \approx \frac{1}{2}[pK_a(HAc) + pK_b(NH_3)]\}$，但是此类溶液由于 pH 和 pK_a 或 pK_b 差别较大(＞2)，所以缓冲能力有限。因此，实际使用中常通过高浓度盐在一定程度上弥补这种不足。NH_4HCO_3(pK_a 为 6.35 和 9.25)以及$(NH_4)_2HPO_4$(pK_a 为 7.20 和 9.25)的 pH 约为 7.4 和 8.0，可通过增加盐的浓度增加其缓冲容量。

(5) 赝缓冲溶液(pseudo buffer solution)。当将少量强酸或强碱加入强酸或强碱溶液时，溶液的 pH 不会有大的变化。这类溶液不是传统定义中的缓冲溶液，因此也被称为赝缓冲体系。

4.5.3 缓冲作用原理

以 HAc-NaAc 缓冲溶液为例，说明缓冲溶液能抵抗少量强酸或强碱使 pH 稳定的原理。

乙酸是弱酸，在溶液中的解离度很小，主要以 HAc 分子形式存在，Ac^-的浓度很低。乙酸钠是强电解质，在溶液中全部解离成 Na^+和 Ac^-。由于同离子效应，加入 NaAc 后使 HAc 解离平衡向左移动，使 HAc 的解离度减小，[HAc]增大。因此，在 HAc-NaAc 混合溶液中存在大量的 HAc 和 Ac^-。其中 HAc 主要来自共轭酸 HAc，Ac^-主要来自 NaAc。HAc 解离的$[H^+]$决定了溶液的 pH(图 4-4)。

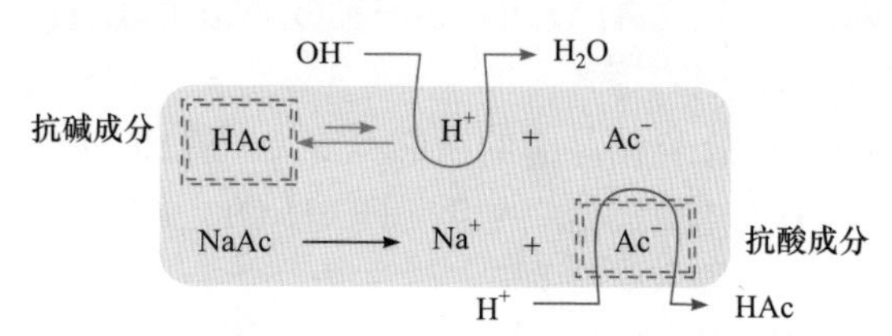

图 4-4 HAc-NaAc 缓冲溶液的缓冲原理示意图

加入少量 H^+，它会和 Ac^-结合生成 HAc，平衡向左移动。因加入 H^+较少，溶液中 Ac^-浓度较大，加入的 H^+绝大部分转变成弱酸 HAc，故 pH 不会明显降低。

加入少量 OH^-，它会和 H^+结合成更难解离的 H_2O，平衡向右移动。因为加入的 OH^-少，溶液中抗碱成分即共轭酸 HAc 的浓度较大，故 pH 不发生明显升高。

加入少量水稍加稀释时，$[H^+]$降低，$[Ac^-]$同时降低，同离子效应减弱，促使 HAc 的解离度增加，所产生的 H^+可维持溶液的 pH 不发生明显变化。

多元酸的酸式盐及其对应的次级盐的作用原理与前面讨论的相似。例如，对 NaH_2PO_4-Na_2HPO_4 体系，HPO_4^{2-} 是抗酸成分，通过平衡左移能对抗外加酸的影响。$H_2PO_4^-$ 是抗碱成分，通过平衡右移能对抗外加碱的影响。

弱碱及其对应盐的缓冲体系，如 $NH_3 \cdot H_2O$-NH_4Cl，其中 $NH_3 \cdot H_2O$ 能对抗外加酸的影响是抗酸成分，NH_4^+ 能对抗外加碱的影响是抗碱成分。

4.5.4 缓冲溶液 pH 的计算

以 HAc-NaAc 缓冲溶液为例，有以下解离平衡：

$$HAc \rightleftharpoons H^+ + Ac^-$$

	HAc	H^+	Ac^-
初始浓度	c_a	0	c_b
平衡浓度	$c_a-[H^+]$	$[H^+]$	$c_b+[H^+]$

若 $c/K_a>400$，且因为 Ac^-的同离子效应，$[H^+]$很小，$c_a-[H^+]\approx c_a$，$c_b+[H^+]\approx c_b$，故

$$K_a = \frac{[H^+][Ac^-]}{[HAc]} \approx \frac{[H^+] \cdot c_b}{c_a} \tag{4-82}$$

$$[H^+] = K_a \frac{c_a}{c_b} \tag{4-83}$$

等式两边各取负对数，则

$$-\lg[H^+] = -\lg K_a - \lg \frac{c_a}{c_b} \tag{4-84}$$

$$pH = pK_a - \lg \frac{c_a}{c_b} \tag{4-85}$$

HAc 的解离度比较小，由于溶液中大量的 Ac^- 对 HAc 所产生的同离子效应，HAc 的解离度变得更小。因此上式中的[HAc]可以看作与共轭酸 HAc 的总浓度 c_a 相等。同时，在溶液中 NaAc 全部解离，可以认为溶液中$[Ac^-]$等于共轭碱 NaAc 的总浓度 c_b，则公式变为

$$pH = pK_a - \lg \frac{c_{共轭酸}}{c_{共轭碱}} \tag{4-86}$$

式(4-86)称为亨德森-哈塞尔巴赫方程式，简称为亨德森(L. J. Henderson，1878—1942)方程式。这是计算缓冲溶液 pH 的最简式。它表明缓冲溶液的 pH 取决于共轭酸的解离常数 K_a 和组成缓冲溶液的共轭碱与共轭酸浓度的比值。与一元酸的计算类似，如果酸的解离度较大，则不能应用最简式。

同理，可以推导出弱碱及其共轭酸体系的 pH 计算表达式。以 $NH_3 \cdot H_2O$-NH_4Cl 体系为例：

	$NH_3 \cdot H_2O$	$\rightleftharpoons$	OH^-	+	NH_4^+
初始浓度	c_b		0		c_a
平衡浓度	$c_b - [OH^-]$		$[OH^-]$		$c_a + [OH^-]$

若 $c/K_b > 400$，则$[OH^-]$很小，$c_b - [OH^-] \approx c_b$，$c_a + [OH^-] \approx c_a$，故

$$K_b = \frac{[OH^-][NH_4^+]}{[NH_3 \cdot H_2O]} \approx \frac{[OH^-] \cdot c_a}{c_b} \tag{4-87}$$

$$[OH^-] = K_b \frac{c_b}{c_a} \tag{4-88}$$

$$pOH = pK_b - \lg \frac{c_b}{c_a} \tag{4-89}$$

$$pH = 14 - pOH = 14 - pK_b + \lg \frac{c_b}{c_a} \tag{4-90}$$

当构成缓冲溶液的共轭酸碱对的浓度均较大时，就可以按照上述计算忽略水的解离。若考虑水的解离，则需要借助质子平衡条件。以 HA-A⁻体系为例，质子平衡式为

$$[H^+] = [OH^-] + [A^-] - c_b \quad 或 \quad [H^+] = [OH^-] - [HA] + c_a$$

将 $K_a = \frac{[H^+][A^-]}{[HA]}$ 和 $K_w = [H^+][OH^-]$ 代入后，可得计算 pH 的精确式：

$$[H^+]^3 + (c_b + K_a)[H^+]^2 - (c_a K_a + K_w)[H^+] - K_a K_w = 0 \tag{4-91}$$

例题 4-14

将 10 mL 0.3 mol · L^{-1} HAc 溶液与 10 mL 0.1 mol · L^{-1} NaOH 溶液混合后制成缓冲溶液，计算此溶液的 pH (2.5℃时，HAc 时 pK_a = 4.75)。

解 混合后溶液中 c(HAc) = 0.1 mol · L^{-1}，c(Ac$^-$) = 0.05 mol · L^{-1}，c/K_a = 0.1/(1.78 × 10^{-5}) ≫ 400

$$pH = pK_a - \lg\frac{c_a}{c_b} = 4.75 - \lg\frac{0.1}{0.05} = 4.45$$

例题 4-15

0.08 mol · L^{-1} 二氯乙酸和 0.12 mol · L^{-1} 二氯乙酸钠配成缓冲溶液，计算溶液的 pH。已知二氯乙酸的 K_a = 5.5 × 10^{-2}。

解 $c/K_a = 0.08/(5.5 \times 10^{-2}) = 1.45$

若按照最简式计算：

$$[H^+] = \frac{0.080}{0.12} \times 10^{\ 1.26} = 10^{-1.44} = 3.7 \times 10^{-2} (mol \cdot L^{-1})$$

$$K_a = \frac{[H^+] \cdot (c_b + [H^+])}{c_a - [H^+]}$$

解方程得 $[H^+] = 2.2 \times 10^{-2} (mol \cdot L^{-1})$

所以，在利用公式之前应先判断是否符合最简式使用的条件。

4.5.5 影响缓冲溶液 pH 的因素

1. 离子强度的影响

本质上，弱酸弱碱的解离平衡常数是热力学平衡常数，即表达式中相关的离

子和分子浓度都以活度来表示。实际测定的溶液 pH 是 H^+活度的体现。因此，采用浓度计算所得 pH 会与实际测定值有一定的偏差。下面以 0.025 $mol \cdot L^{-1}$ KH_2PO_4-0.025 $mol \cdot L^{-1}$ Na_2HPO_4组成的缓冲体系为例进行说明。

按照一般方法计算：

$$\mathrm{pH} = \mathrm{p}K_{a2} - \lg\frac{c_a}{c_b} = 7.198 - \lg\frac{0.025}{0.025} = 7.198$$

然而，实测的溶液 pH 为 6.86，与用浓度计算的结果相差很大，这就是溶液离子强度较大导致的影响。溶液中各种离子的浓度为

$$[K^+] = 0.025\ mol \cdot L^{-1},\ [Na^+] = 0.05\ mol \cdot L^{-1},\ [H_2PO_4^-] = 0.025\ mol \cdot L^{-1},$$
$$[HPO_4^{2-}] = 0.025\ mol \cdot L^{-1}$$

离子强度 $I = 1/2\sum(c_i z_i^2) = 1/2(0.025 + 0.05 + 0.025 + 0.025 \times 4) = 0.10(mol \cdot L^{-1})$

根据离子强度可计算得活度系数，$\gamma(H_2PO_4^-) = 0.77$，$\gamma(HPO_4^{2-}) = 0.355$，此时再进行溶液 pH 的计算：

$$\mathrm{pH} = \mathrm{p}K_{a2} - \lg\frac{c_a}{c_b} = 7.198 - \lg\frac{0.77 \times 0.025}{0.355 \times 0.025} = 6.86$$

结果与实测值一致。

2. 盐效应的影响

在弱酸弱碱解离平衡常数一节，曾提到热力学平衡常数 $K^\ominus$、浓度平衡常数 K_c 和混合平衡常数 K_m。几种平衡常数在数值上的差别主要是由溶液中离子的活度和浓度的差别造成的。对于一元弱酸，随溶液离子强度变化，其 pK_m 与 pK_a 之间存在一定的关系(表 4-6)[15]。因此，在实际应用中，有时需要通过加入一些与溶液组成无关的电解质来维持溶液的离子强度。

表 4-6　离子强度对弱酸 pK_m 的影响

I	$pK_a - pK_m$	I	$pK_a - pK_m$	I	$pK_a - pK_m$	I	$pK_a - pK_m$
0.001	0.015	0.008	0.041	0.035	0.076	0.090	0.108
0.002	0.021	0.009	0.043	0.040	0.080	0.100	0.111
0.003	0.026	0.010	0.045	0.045	0.084	0.200	0.136
0.004	0.030	0.015	0.054	0.050	0.087	0.300	0.149
0.005	0.033	0.020	0.066	0.060	0.093	0.400	0.156
0.006	0.036	0.025	0.072	0.070	0.099	0.500	0.159
0.007	0.038	0.030	0.072	0.080	0.103		

例题 4-16

求 0.01 mol · L^{-1} HAc-0.02 mol · L^{-1} NaAc 缓冲溶液的 pH。已知 HAc 的 pK_a = 4.75。

解 溶液离子强度 $I = 0.02$，因此

$$pK_m = pK_a - 0.066 = 4.75 - 0.066 = 4.684$$

$$pH = pK_m - \lg(0.01/0.02) = 4.684 + 0.3 = 4.98$$

3. 稀释的影响

不考虑离子强度时，适当稀释不改变溶液的 pH。然而，实际随着溶液浓度降低，离子强度减小，溶液 pH 也会发生改变。一般情况下，稀释酸性缓冲溶液，pH 升高；稀释碱性缓冲溶液，pH 降低。尤其是溶液中有高价离子存在时，稀释对 pH 的影响就比较明显，这是由于离子强度与离子电荷的平方有关。常用 $\Delta pH_{1/2}$ 表示缓冲溶液被等体积水稀释时溶液 pH 的变化。当组成缓冲溶液的共轭酸碱对浓度相等时，共轭酸碱对的总浓度越大，稀释时 pH 变化越大(表 4-7)。

表 4-7 稀释对溶液 pH 变化的影响

摩尔浓度	$\Delta pH_{1/2}$	摩尔浓度	$\Delta pH_{1/2}$	摩尔浓度	$\Delta pH_{1/2}$
0.100	0.024	0.050	0.021	0.025	0.017
0.020	0.016	0.010	0.012	0.005	0.009

4. 温度的影响

温度对缓冲溶液 pH 的影响主要来源于温度对活度系数的影响和温度对 pK_a 的影响。对于有机碱 B 及其共轭酸 HB^+体系，pK_a 与温度的关系为[16]

一价离子：
$$\frac{-dpK_a}{dT} = \frac{pK_a - 0.9}{T} \tag{4-92}$$

二价离子：
$$\frac{-dpK_a}{dT} = \frac{pK_a}{T} \tag{4-93}$$

例如，对于哌啶(pK_a=11.12)，在 25℃左右时，温度每升高 1℃，pK_a 约降低 0.034。而对羧酸，在室温附近时，温度对 pK_a 的影响很小。

5. 压力的影响

高压会使离子水合程度增加，增加弱电解质的解离，但这种影响的程度很小。例如，25℃时，相对于常压，压强增加 3000 个大气压，甲酸 pK_a 降低 0.38，乙酸 pK_a 降低 0.50，丙酸 pK_a 降低 0.55[17]，$NH_3 \cdot H_2O$ pK_b 增加 1.14[18]。

4.5.6　标准缓冲溶液

缓冲溶液除用于控制溶液的酸度外，有些也用作测量溶液 pH 时的参照标准，称为标准缓冲溶液。标准缓冲溶液的 pH 是由精确实验确定的。如果通过理论计算核对，则必须同时考虑离子强度的影响。表 4-8 列出了几种测定溶液 pH 时的标准缓冲溶液。温度对缓冲溶液的 pH 也有影响，通常在利用标准缓冲溶液进行 pH 校准时，也要进行温度校正。

表 4-8　几种常见的标准缓冲溶液

标准缓冲溶液	pH(25℃)
0.050 mol · L^{-1} 邻苯二甲酸氢钾	4.010
0.025 mol · L^{-1} KH_2PO_4-0.025 mol · L^{-1} Na_2HPO_4	6.855
0.010 mol · L^{-1} 硼砂	9.180
饱和石灰水	12.454

在理论验算 pH 时，按一般的方法计算往往有较大的误差。以 0.050 mol · L^{-1} 邻苯二甲酸氢钾溶液 pH 计算为例(25℃实测值 4.010)。邻苯二甲酸氢钾 KHP 既可以作为酸，又可以作为碱，$pK_{a1} = 2.941$，$pK_{a2} = 5.408$。按照酸式盐 pH 计算方法，$pH = 1/2(pK_{a1} + pK_{a2}) = 4.174$，与实测值 4.010 差别较大。与 0.025 mol · L^{-1} KH_2PO_4-0.025 mol · L^{-1} Na_2HPO_4 缓冲溶液的处理方法相同，当考虑离子强度对活度系数的影响后，就可以得到与实测值接近的计算结果。

思考题

4-5　为什么饱和石灰水[$Ca(OH)_2$]可以作为标准缓冲溶液？

4.5.7　缓冲容量与缓冲范围

当向缓冲溶液中加入少量强酸或强碱，或者将其稍加稀释时，溶液的 pH 基本保持不变。而当加入的强酸浓度接近缓冲体系的共轭碱的浓度，或加入的强碱浓度接近其共轭酸的浓度时，缓冲溶液的缓冲能力将消失。由此可见，缓冲溶液的缓冲能力是有一定限度的。也就是说，缓冲溶液的缓冲作用有一个有效的 pH 范围，即有效缓冲范围，在该范围内缓冲溶液有最大的缓冲能力。不同的缓冲溶液其缓冲能力不同，为了衡量缓冲能力的大小，范斯莱克(D. D. Vanslyke，1883—1971)在 1922 年[19]提出了缓冲容量(buffer capacity)的概念，其定义式为

$$\beta = \frac{\mathrm{d}b}{\mathrm{dpH}} = -\frac{\mathrm{d}a}{\mathrm{dpH}} \tag{4-94}$$

缓冲容量的物理意义是：使 1 L 缓冲溶液的 pH 增加 dpH 单位所需强碱的量 b(mol)，或是使 1 L 缓冲溶液的 pH 降低 dpH 单位所需强酸的量 a(mol)，单位为 $\mathrm{mol \cdot L^{-1} \cdot pH^{-1}}$。酸增加使 pH 降低，故在 d$a$/dpH 前加负号，以使 β 具有正值。显然 β 值越大，表明缓冲溶液的缓冲能力越强。

现以 HA-A^-缓冲体系为例，说明缓冲组分的比值和总浓度对缓冲容量的影响。设缓冲溶液的总浓度为 c，其中 A^-的浓度为 b。显然，它相当于 $c(\mathrm{mol \cdot L^{-1}})$HA 与 $b(\mathrm{mol \cdot L^{-1}})$强碱的混合溶液。溶液的质子平衡方程为

$$[\mathrm{H^+}] = [\mathrm{OH^-}] + [\mathrm{A^-}] - b \tag{4-95}$$

所以

$$b = \frac{K_\mathrm{w}}{[\mathrm{H^+}]} + \frac{cK_\mathrm{a}}{[\mathrm{H^+}] + K_\mathrm{a}} - [\mathrm{H^+}] \tag{4-96}$$

$$\frac{\mathrm{d}b}{\mathrm{d}[\mathrm{H^+}]} = -1 - \frac{K_\mathrm{w}}{[\mathrm{H^+}]^2} - \frac{cK_\mathrm{a}}{([\mathrm{H^+}] + K_\mathrm{a})^2} \tag{4-97}$$

由于

$$\mathrm{pH} = -\lg[\mathrm{H^+}] = -\frac{1}{2.303}\ln[\mathrm{H^+}] \tag{4-98}$$

$$\mathrm{dpH} = -\frac{\mathrm{d}[\mathrm{H^+}]}{2.303[\mathrm{H^+}]}, \quad \frac{\mathrm{d}[\mathrm{H^+}]}{\mathrm{dpH}} = -2.303[\mathrm{H^+}] \tag{4-99}$$

故

$$\begin{aligned}\beta &= \frac{\mathrm{d}b}{\mathrm{dpH}} = \frac{\mathrm{d}b}{\mathrm{d}[\mathrm{H^+}]} \times \frac{\mathrm{d}[\mathrm{H^+}]}{\mathrm{dpH}} = -2.303[\mathrm{H^+}]\left(-1 - \frac{K_\mathrm{w}}{[\mathrm{H^+}]^2} - \frac{cK_\mathrm{a}}{([\mathrm{H^+}] + K_\mathrm{a})^2}\right) \\ &= 2.303\left([\mathrm{H^+}] + \frac{K_\mathrm{w}}{[\mathrm{H^+}]} + \frac{cK_\mathrm{a}[\mathrm{H^+}]}{([\mathrm{H^+}] + K_\mathrm{a})^2}\right)\end{aligned} \tag{4-100}$$

pH 在 3～11 范围时，溶液中$[\mathrm{H^+}]$和$[\mathrm{OH^-}]$均较小时，可忽略公式的前两项，得到近似式：

$$\beta = 2.303\frac{cK_\mathrm{a}[\mathrm{H^+}]}{([\mathrm{H^+}] + K_\mathrm{a})^2} = 2.303\delta_{\mathrm{HA}}\delta_{\mathrm{A^-}}c \tag{4-101}$$

对于弱碱及其共轭酸的体系，也可按照式(4-100)和式(4-101)计算缓冲容量，此时将 K_a 替换为 $K_\mathrm{w}/K_\mathrm{b}$ 即可。

对式(4-101)求导，令其等于 0，可使 $\mathrm{d}\beta/\mathrm{d}[\mathrm{H^+}]$有极值时，即

$$\frac{d\beta}{d[H^+]} = 2.303cK_a \frac{K_a - [H^+]}{(K_a + [H^+])^3} = 0 \tag{4-102}$$

可得$[H^+] = K_a$，此时缓冲容量的极大值为

$$\beta_{max} = 2.303c/4 = 0.575c \tag{4-103}$$

对于共轭酸碱对缓冲体系，当$[H^+] = K_a$时，$[HA] = [A^-]$，即共轭酸碱对组分浓度相等时，其缓冲容量最大。

当$[HB]/[B^-]$为 10 或 0.1 时，$\beta = 2.303 \times (10/11) \times (1/11)c = 0.19c$，约为$\beta_{max}$的 1/3。若比例进一步偏离该范围，如 $pH = pK_a \pm 2$ 时，缓冲容量接近于水，此时溶液中几乎只存在 HA 或 A^-，溶液的缓冲能力逐渐消失。一般当 c_a/c_b = 50 或 1/50 时(图 4-5)，可认为含有共轭酸碱对的溶液已经不能起缓冲作用了。

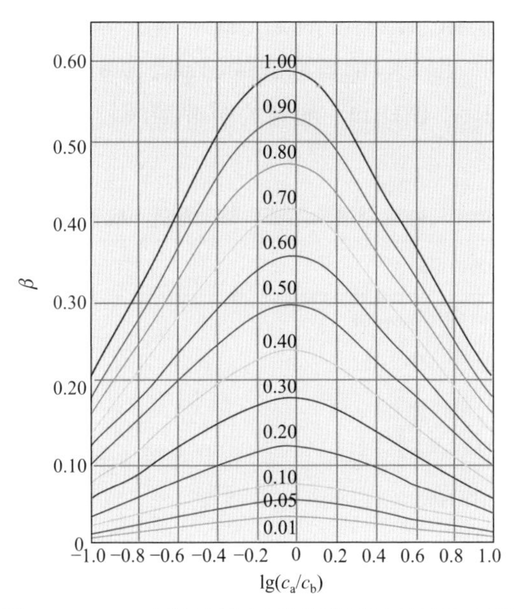

图 4-5　HA-A^-缓冲溶液在不同缓冲比时的缓冲容量

图中数据表示浓度，单位为 $mol \cdot L^{-1}$

由式(4-101)可知，缓冲容量的大小与缓冲溶液的缓冲比和总浓度有关。设 m 和 n 分别为缓冲比中共轭酸和共轭碱的量，即[共轭碱]∶[共轭酸] = n∶m，c 为总浓度，缓冲容量 β 可表示为

$$\beta = 2.303 \frac{m}{m+n} \frac{n}{m+n} c \tag{4-104}$$

可得出如下结论：

(1) 缓冲溶液的浓度越大，其缓冲容量也越大。当缓冲溶液的 pH 一定时，

即缓冲对的比值一定时，缓冲溶液的总浓度越大，pH 改变越小，缓冲容量就越大。

(2) 当缓冲溶液的总浓度一定时，缓冲容量以缓冲比等于 1 时为最大，这时溶液的 $pH = pK_a$。当 $m = n$ 时，$\beta_{max} = 2.303 \times 1/2 \times 1/2 \times c = 0.575c$。

4.5.8 缓冲溶液的配制

选择缓冲溶液的原则是：

(1) 缓冲溶液对分析过程应没有干扰。

(2) 所需控制的 pH 应在缓冲溶液的缓冲范围之内，一般为 $pK_a \pm 1$ 之内。

(3) 缓冲对中共轭酸的 pK_a 应尽量接近于配制溶液的 pH。表 4-9 列出了几种常用缓冲溶液和缓冲作用范围。例如，要配制 pH 为 5.3 的缓冲溶液时，可以选用 $HAc\text{-}Ac^-$或 $HC_8H_4O_4^-\text{-}C_8H_4O_4^{2-}$ 缓冲对，因为 pH 5.3 恰恰在这两种缓冲对的缓冲范围内。但是，前者共轭酸的 pK_a 为 4.75，后者共轭酸的 pK_a 为 5.41, 所以选用 $HC_8H_4O_4^-\text{-}C_8H_4O_4^{2-}$ 配制的缓冲溶液较选用 Hac-Ac⁻有更大的缓冲容量。

表 4-9　几种常用缓冲溶液中共轭酸的 pK_a 及缓冲范围

缓冲溶液的组成	共轭酸的 pK_a	缓冲范围
$H_2C_8H_4O_4$(邻苯二甲酸)-NaOH (即 $H_2C_8H_4O_4\text{-}HC_8H_4O_4^-$)	2.89(pK_{a1})	2.2～4.0
$KHC_8H_4O_4$(邻苯二甲酸氢钾)-NaOH (即 $HC_8H_4O_4^-\text{-}C_8H_4O_4^{2-}$)	5.41(pK_{a2})	4.0～5.8
HAc-NaOH(即 $HAc\text{-}Ac^-$)	4.75	3.7～5.6
$KH_2PO_4\text{-}Na_2HPO_4$	7.21(pK_{a2})	5.8～8.0
Tris-HCl[三(羟甲基)氨基甲烷-HCl]	8.21	7.1～8.9
H_3BO_3-NaOH	9.14(pK_{a1})	8.0～10.0
$NaHCO_3\text{-}Na_2CO_3$(即 $HCO_3^-\text{-}CO_3^{2-}$)	10.25(pK_{a2})	9.2～11.0

(4) 缓冲溶液应有足够的缓冲容量。通常缓冲组分的浓度在 0.01～1 $mol \cdot L^{-1}$ 之间。浓度太小缓冲容量太小，浓度太大会出现盐效应，并且组分浓度直接影响离子强度及活度系数。另外，共轭酸碱对的浓度比值越接近 1，缓冲容量越大。

例题 4-17

欲配制 pH 为 5.10 的缓冲溶液，计算在 50 mL 的 0.1 mol · L^{-1} HAc 溶液中应加 0.1 mol · L^{-1} NaOH 溶液多少毫升？

解　设需要加入的 NaOH 为 x mL

$$pH = pK_a + \lg\frac{0.1x/(50+x)}{(0.1\times 50 - 0.1x)/(50+x)} = 5.10$$

解得
$$x = 34.6$$

因此，在 50 mL 0.1 mol · L^{-1} HAc 溶液中加入 34.6 mL 0.1 mol · L^{-1} NaOH 溶液即得所需缓冲溶液。

需要注意：通常的计算中未考虑溶液离子强度的影响。

4.5.9　混合缓冲溶液

在实际工作中，有时需要 pH 缓冲范围广的缓冲溶液，这时可采用多种酸和碱组成的缓冲体系。在这样多组分的缓冲体系中，缓冲溶液的缓冲容量等于各组分缓冲容量的代数和。基于此将几种不同 pK_a 的一元弱酸相混合，与适量强碱配成在较宽的 pH 范围内能控制酸度的通用缓冲溶液，它们能在较宽的 pH 范围内起缓冲作用。

1921 年，姆西尔瓦因(T. C. McIlvaine，1875—1959)[20]将磷酸氢二钠和柠檬酸的混合溶液用于比色分析中，被称为 McIlvaine 广域缓冲溶液。该溶液 pH 范围为 2.2～8，只需将柠檬酸($pK_{a1} = 3.13$，$pK_{a2} = 4.76$，$pK_{a3} = 6.40$)和磷酸氢二钠(H_3PO_4 的 $pK_{a1} = 2.12$，$pK_{a2} = 7.20$，$pK_{a3} = 12.36$)两种储备液按不同比例混合即可。表 4-10 列出了不同比例混合的 McIlvaine 缓冲溶液的 pH。

表 4-10　McIlvaine 广域缓冲溶液的 pH

pH	体积/mL		pH	体积/mL	
	0.2 mol · L^{-1} Na_2HPO_4	0.1 mol · L^{-1} 柠檬酸		0.2 mol · L^{-1} Na_2HPO_4	0.1 mol · L^{-1} 柠檬酸
2.2	0.40	19.60	4.2	8.28	11.72
2.4	1.24	18.76	4.4	8.82	11.18
2.6	2.18	17.82	4.6	9.35	10.65
2.8	3.17	16.83	4.8	9.86	10.14
3.0	4.11	15.89	5.0	10.30	9.70
3.2	4.94	15.06	5.2	10.72	9.28
3.4	5.70	14.30	5.4	11.15	8.85
3.6	6.44	13.56	5.6	11.60	8.40
3.8	7.10	12.90	5.8	12.09	7.91
4.0	7.71	12.29	6.0	12.63	7.37

续表

pH	体积/mL		pH	体积/mL	
	0.2 mol · L^{-1} Na_2HPO_4	0.1 mol · L^{-1} 柠檬酸		0.2 mol · L^{-1} Na_2HPO_4	0.1 mol · L^{-1} 柠檬酸
6.2	13.22	6.78	7.2	17.39	2.61
6.4	13.85	6.15	7.4	18.17	1.83
6.6	14.55	5.45	7.6	18.73	1.27
6.8	15.45	4.55	7.8	19.15	0.85
7.0	16.47	3.53	8.0	19.45	0.55

克拉克-鲁布斯(Clark-Lubs)缓冲溶液[21]的 pH 在 1.0～10.0 之间，由 KCl、邻苯二甲酸氢钾($KHC_8H_4O_4$)、磷酸二氢钾(KH_2PO_4)、硼酸(H_3BO_3)、NaOH 配制而成。将浓度为 0.2 mol · L^{-1} 的储备液按照表 4-11 混合[22]，然后加水稀释至 200 mL，即得相应 pH 的缓冲溶液。

表 4-11　克拉克-鲁布斯缓冲溶液(20℃)

pH	体积/mL					
	KCl	HCl	$KHC_8H_4O_4$	NaOH	KH_2PO_4	H_3BO_3
1.0	25.00	48.50				
1.2	24.00	75.10				
1.4	52.60	47.40				
1.6	70.06	29.90				
1.8	81.14	18.86				
2.0	88.10	11.90				
2.2	92.48	7.52				
2.4		39.60	50.00			
2.6		33.00	50.00			
2.8		26.50	50.00			
3.0		20.40	50.00			
3.2		14.80	50.00			
3.4		9.95	50.00			
3.6		6.00	50.00			
3.8		2.65	50.00			
4.0			50.00	0.40		
4.2			50.00	3.65		
4.4			50.00	7.35		
4.6			50.00	12.00		
4.8			50.00	17.50		
5.0			50.00	23.65		
5.2			50.00	29.75		

续表

pH	体积/mL					
	KCl	HCl	$KHC_8H_4O_4$	NaOH	KH_2PO_4	H_3BO_3
5.4			50.00	35.25		
5.6			50.00	39.70		
5.8				3.72	50.00	
6.0				5.70	50.00	
6.2				8.55	50.00	
6.4				12.60	50.00	
6.6				17.74	50.00	
6.8				23.60	50.00	
7.0				29.54	50.00	
7.2				34.90	50.00	
7.4				39.34	50.00	
7.6				42.74	50.00	
8.2				5.90		50.00
8.4				8.55		50.00
8.6				12.00		50.00
8.8				16.40		50.00
9.0				21.40		50.00
9.2				26.70		50.00
9.4				32.00		50.00
9.6				36.85		50.00
9.8				40.80		50.00
10.0				43.90		50.00

4.5.10 缓冲溶液的应用

1. 生物化学和生物学中的缓冲溶液

人体体液的 pH 具有十分重要的意义，需控制在较小范围内，以保障机体的各种功能活动正常进行。几乎体内每项代谢都会有酸产生，如有机食物被完全氧化会产生碳酸，嘌呤被氧化产生尿酸，碳水化合物的厌氧分解产生乳酸，以及因氧化作用不完全而生成乙酰乙酸和β-羟基丁酸等。体内代谢也生成磷酸、硫酸及 $NaHCO_3$。这些代谢产生的酸或碱进入血液并没有引起 pH 明显的变化，说明血液具有足够的缓冲作用，也说明人体内的生理作用使得体内能及时地不断补充缓冲物。

人体血浆的 pH 相当恒定，这是由于血液是一种很好的缓冲溶液。血液中存在下列缓冲体系(HA 表示有机酸)：

血浆 $\dfrac{HCO_3^-}{H_2CO_3}$, $\dfrac{HPO_4^{2-}}{H_2PO_4^-}$, $\dfrac{\text{Na-蛋白质}}{\text{H-蛋白质}}$, $\dfrac{A^-}{HA}$

红细胞 $\frac{HCO_3^-}{H_2CO_3}$, $\frac{HPO_4^{2-}}{H_2PO_4^-}$, $\frac{\text{K-血红蛋白}}{\text{H-血红蛋白}}$, $\frac{\text{K-氧合血红蛋白}}{\text{H-氧合血红蛋白}}$

在这些缓冲体系中，碳酸氢盐缓冲体系(HCO_3^-/H_2CO_3)在血液中浓度很高，对维持血液正常 pH 非常重要。当人体内各组织和细胞在代谢中产生的酸进入血液时，缓冲体系中的HCO_3^-与H^+反应，并转变为其共轭酸H_2CO_3及CO_2。碳酸的解离度很小，而溶解的CO_2转变为气相CO_2从肺部呼出。如果代谢产生的碱进入血液，则血液中H_2CO_3的解离平衡向右移动，从而抑制 pH 的升高，血液中升高的[HCO_3^-]可通过肾脏功能的调节而降低。当产生的CO_2过多时，主要通过血红蛋白和氧合血红蛋白运送到肺部排出，或通过磷酸缓冲体系使[CO_2]降低。肺的呼吸可调节CO_2的量，而肾的功能之一是调节血液中HCO_3^-的浓度及磷酸盐缓冲系的含量。总之，血液 pH 能保持正常范围是多种缓冲对的缓冲作用以及有效的生理调节作用的结果。

微生物的培养、组织切片和细菌染色以及酶的催化都需要一定 pH 的缓冲溶液。此外，缓冲溶液还可以应用到医学检验、医用标本保存，如保存医用标本中特定的化学物质、修复医用标本组织，也应用到药物保存、药效控制等方面。

思考题

4-6 通过以上内容学习，如何看待“酸性体质是生病的根源”“酸碱体质论”等观点？

2. *络合滴定缓冲溶液*

利用 EDTA 与金属离子形成配合物是测定金属离子含量的常用方法。滴定过程中必须加入合适 pH 的缓冲溶液以保证滴定结果的准确性。主要原因有：溶液 pH 太低时，EDTA 上H^+未解离，配位能力下降，不能使金属离子全部络合；溶液 pH 太高时，一些金属离子会形成氢氧化物或氧化物沉淀，影响滴定结果。滴定过程使用的指示剂的变色范围强烈依赖于 pH。因此，使用合适的缓冲溶液可以提高滴定的准确性。但必须注意的是，缓冲液不能与金属发生各种反应(配位反应、沉淀反应)。磷酸盐缓冲溶液虽然广泛应用于多种体系，但由于许多金属磷酸盐是不溶的，因此并不适用于许多金属离子的滴定。用 EDTA 滴定水的硬度(钙离子)时常用NH_3-NH_4Cl缓冲溶液，EDTA 测定锌时用乙酸-乙酸钠缓冲溶液。缓冲溶液的选择依赖于金属离子的性质和指示剂的变色范围。络合滴定常用缓冲溶液列于表 4-12。

表 4-12　络合滴定常用缓冲溶液

pH	缓冲溶液
2～4	甘氨酸(碱性条件下具有强配位能力)，对氯苯胺，一氯乙酸
3.7	氯乙酸-乙酸钠
4～6.5	乙酸-乙酸钠
5	乙酸-吡啶
5～6	六次甲基四胺及其盐酸盐
6.5～8	三乙醇胺(浓度要控制，以防发生配位作用)
8～11	NH_3-NH_4Cl
12.5	二乙胺

3. 印染行业

织物染色过程中，大多数染料对染浴的 pH 较敏感，染浴的 pH 控制稍有不当，便会出现色浅、色差、色花等染疵[23]。为了使染液的 pH 具有良好的稳定性，染浴中须适当加入缓冲溶液。涂料印花中加入缓冲溶液如 $NH_3 \cdot H_2O$- NH_4Cl 等，可使色浆的 pH 稳定，印花色浆的黏度和流变性也最理想，有利于提高产品质量。硫化染料中硫化黑在上染过程中极易发生氧化而产生染斑，若加入 Na_2CO_3-$NaHCO_3$(比例 2.2%～4.2%)混合碱控制染浴 pH，可降低氧化速度，对减轻染斑有很好的效果。活性印花的固色碱剂若采用碱性较高的 Na_2CO_3(pH = 12 左右)，当色浆与织物接触时，染料极易被活化，大幅提高染料对纤维的亲和力，但染料渗透扩散能力会相应降低，导致在纤维表面固着不匀；采用 $NaHCO_3$ 作固色碱剂会影响染料的固色率；采用 Na_2CO_3-$NaHCO_3$ 混合碱作碱剂，印花色浆更稳定，汽蒸后织物色泽更正，得色量也相应提高。

利用缓冲溶液有效控制染浴的 pH 在所要求的范围内，从而有利于印染加工，确保产品质量。

4. 文物修复

文物被破坏大多是由环境中的酸性和碱性物质引起的，如青铜器和铁器的腐蚀、银器变黑、纸质文物的老化、石质文物的风化腐蚀等。在文物修复过程中，缓冲溶液能起到修复和保护作用，反应产物不会二次破坏文物[24]。例如，利用缓冲溶液 Na_2CO_3-$NaHCO_3$ 为青铜器除锈。青铜器长年深埋在地下，接触到相应的可溶性盐类、气体、水分等，出土后同样受到保存环境中各种介质如水、氧气、二氧化碳、氯化物等的作用，发生化学、电化学反应逐渐形成腐蚀锈层。有害锈的化学成分主要是氯化亚铜(CuCl)和碱式氯化铜[$CuCl_2 \cdot 3Cu(OH)_2$]。

Na_2CO_3-$NaHCO_3$浸泡液可将铜盐转化成难溶的$CuCO_3$，达到去除Cl^-的目的。除去铁器上的$FeCl_3$等也可选用Na_2CO_3-$NaHCO_3$缓冲溶液浸泡，将Cl^-完全置换出来，达到除锈的目的。

5. 电镀工业[25]

在电镀过程中，H^+在阴极放电析出氢气，阴极扩散层中的OH^-浓度急剧增加，导致阴极扩散层的 pH 比主体溶液高许多，尤其在高电流密度区域。阴极扩散层的 pH 决定镀层的质量。例如，在电镀镍过程中，若无硼酸存在会出现仅在低电流密度区有部分镍层，在稍高的电流密度区便会出现“烧焦”的镀层，此时 pH 不稳定。用硼酸作为缓冲剂，既发挥溶液的缓冲作用，也提高阴极极化，改善镀层性能。

另外，pH 的大小与电镀层的晶体结构有密切的关系。例如，在光亮镀镍溶液中，pH 过高时，由于阴极表面附近氢氧化物的产生，镀层出现脆性和针孔；当 pH 过低时，阴极电流效率降低。

6. 其他行业

大多数食品的 pH 范围为 3.5～7.5，磷酸盐可作为高效的食品 pH 调节剂和稳定剂，使食物味道更鲜美。人体直接注射用维生素 C 水溶液的 pH 较低(pH = 3.0)，常用$NaHCO_3$调节其 pH 在 5.5～6.0 之间，以减轻注射刺痛，并增加稳定性。配制某些抗生素的注射剂时经常加入适量的维生素 C 与甘氨酸钠作为缓冲剂，以减少机体的刺激，同时有利于药物吸收。有些注射液经高温灭菌后，为保持稳定的 pH，也常加入缓冲溶液。在材料制备中，利用缓冲溶液，可以制备介孔分子筛[26]、氧化锆纳米粉体[27]、过渡金属氧化物[28]等。此外，缓冲溶液在色谱分析[29]、极谱分析[30]、电泳[31]等分析测试以及农业、工业等各领域都被广泛应用。

4.6 酸碱指示剂

4.6.1 酸碱指示剂的作用原理

酸碱指示剂是一类在特定的 pH 范围内，随溶液 pH 改变而变色的化合物，通常是有机弱酸或有机弱碱。为了了解有机物质为什么能作为酸碱指示剂，奥斯特瓦尔德研究了 300 多种酸碱指示剂后，提出了指示剂的离子理论。奥斯特瓦尔德认为酸碱指示剂是有机弱酸或弱碱，由于指示剂分子与其解离所产生的离子具有不同的颜色，因而随介质 pH 的改变而显示了颜色的变化。例如，甲基橙(methyl orange，MO)是碱型指示剂(basic indicator)，它在碱性介质中以不解离的指示剂分子存在，为黄色，而在酸性介质中，由于指示剂分子被中和，生成能完全解离的盐，从而产生了指示剂的阳离子，为红色。

若以 HIn(indicator)表示一种弱酸型指示剂，In^-为其共轭碱：

$$HIn \rightleftharpoons H^+ + In^-$$

$$K_a(HIn) = \frac{[H^+][In^-]}{[HIn]} \tag{4-105}$$

K_a为指示剂的解离常数，也称为指示剂常数。将式(4-105)改写为

$$\frac{[In^-]}{[HIn]} = \frac{K_a(HIn)}{[H^+]} \tag{4-106}$$

K_a在一定条件下为常数，$[In^-]/[HIn]$只取决于溶液中$[H^+]$的大小，所以酸碱指示剂能指示溶液酸度。

酸碱指示剂在理论变色点时$[In^-] = [HIn]$，即 $pH = pK_a$。

指示剂离子理论虽然能清楚而定量地说明酸碱指示剂的变色与 pH 的关系，但它与客观实际也有些矛盾。例如，有机羧酸或含氮碱的 pK_a 或 pK_b 值约为 5。对于酸型指示剂应在 pH 约为 5 时，或碱型指示剂应在 pH 约为 9 时发生颜色变化，事实有时并非如此。例如，MO 是碱型指示剂，却在 pH 约为 4 时变色。

汉茨许(A. Hantzsch，1857—1935)等发展了生色团理论(chromophore theory)。例如，对硝基酚在酸度不同介质中的颜色变化是由于其结构变化与解离(图 4-6)。

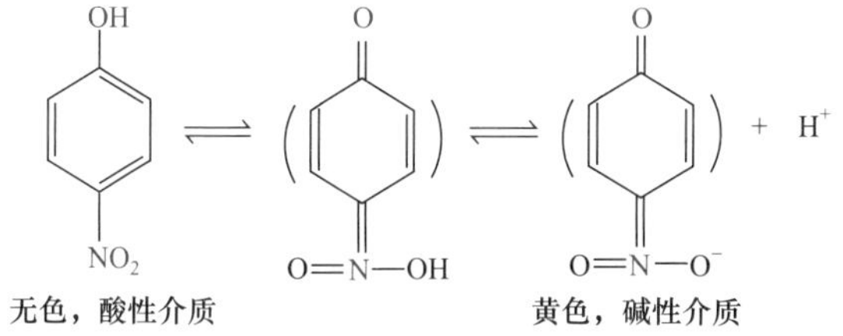

OH　O　O
NO_2　O=N—OH　O=N—O^-　+ H^+
无色，酸性介质　黄色，碱性介质

图 4-6　对硝基酚在酸度介质中的结构变化

指示剂在互变异构过程中发生的是分子异构化反应，因而有些指示剂的颜色变化是缓慢的。同时，介质 pH 的改变不仅引起酸碱指示剂解离平衡的移动，还引起分子内部的重新排布。这些可解离的酸式化合物或碱式化合物的结构重排，产生颜色变化。

对于常见的指示剂酚酞，在酸性溶液中以各种无色形式存在，在碱性溶液中转化为醌式后显红色(酸性化合物的阴离子)。而在浓碱溶液中，酚酞又可能转化为无色的羧酸盐式(表 4-13)。因此，酚酞在 pH = 8.3～10 时可指示溶液酸度的变化。

表 4-13　指示剂酚酞在不同 pH 时的存在状态

存在物种	H_3In^+	H_2In	In^{2-}	$In(OH)^{3-}$
结构	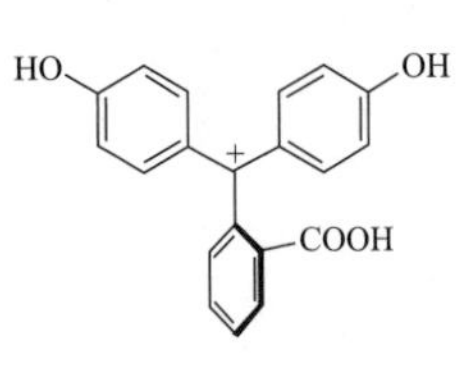 HO, OH, +, COOH	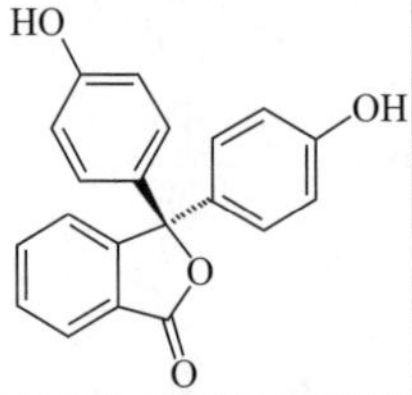 HO, OH, O, O	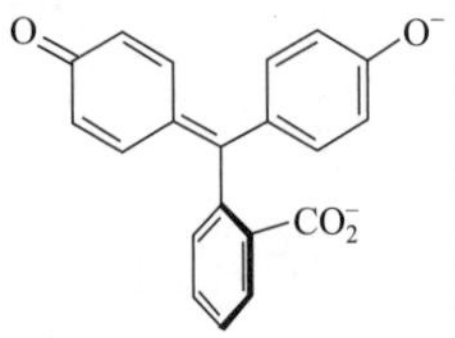 O, O^-, CO_2^-	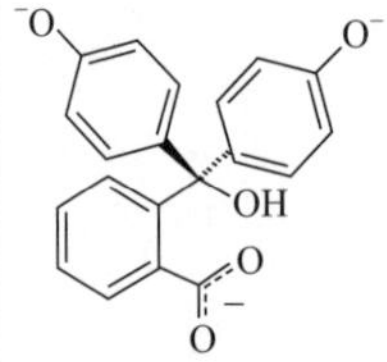 ^-O, O^-, OH, O, O, −
模型	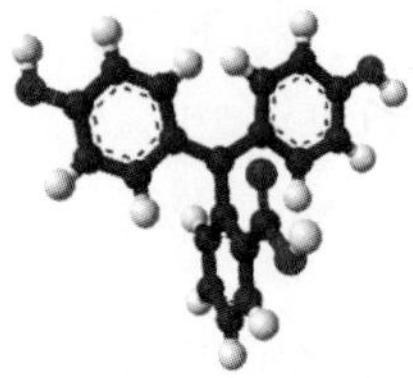		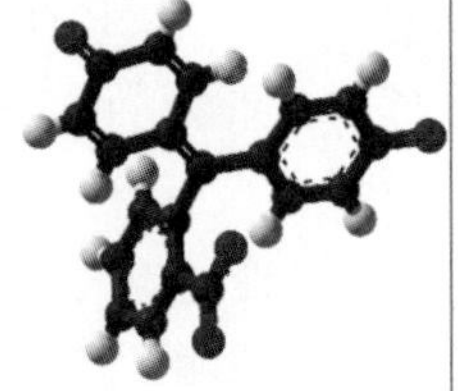	
pH	<−1	0～8.3	8.3～10.0	>10.0
条件	强酸	酸性或近中性	碱性	强碱性
颜色	橙色	无色	粉色到紫红色	无色
颜色图像				

甲基橙在溶液中的变化如图 4-7 所示。

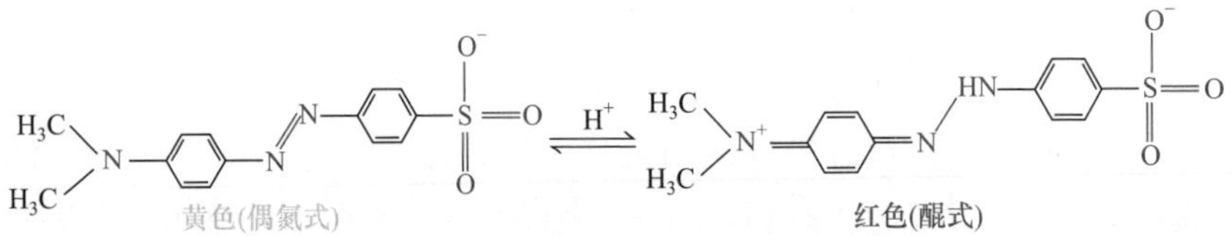

H_3C, N, N, N, S, O^-, O, O, H^+, H_3C, N^+, N, HN, S, O^-, O, O

黄色(偶氮式)　　红色(醌式)

图 4-7　甲基橙作为酸碱指示剂的原理

由上述平衡关系可见，增大溶液的酸度，甲基橙主要以红色(碱式化合物偶极离子)存在，降低溶液的酸度，则主要以黄色(偶氮式)存在。

4.6.2　酸碱指示剂的变色范围

在实际工作中，肉眼难以准确地观察出指示剂变色点颜色的微小改变。人们目测酸碱指示剂从一种颜色变为另一种颜色的过程，只能在一定的 pH 变化范围内才能发生,即只有当一种颜色相当于另一种颜色浓度的 10 倍时才能勉强辨认其颜色的变化。在这种颜色变化的同时，介质的 pH 由一个值变到另一个值。当溶液的 $pH > pK_a$ 时，$[In^-] > [HIn]$且当$[In^-]/[HIn] = 10$ 时，溶液将完全呈现碱色成分的颜色，而酸色被遮盖了，这时溶液的 $pH = K_a + 1$。

同理，当溶液的 $pH < pK_a$ 时，$[In^-] < [HIn]$且当$[In^-]/[HIn] = 1/10$ 时，溶液将完全呈现酸色成分的颜色，而碱色被遮盖了，这时溶液的 $pH = pK_a-1$。可见溶液的颜色是在从 $pH = pK_a-1$ 到 $pH = pK_a + 1$ 的范围内变化，这个范围称为指示剂的变色范围。在变色范围内，当溶液的 pH 改变时，碱色成分和酸色成分的浓度比值随之改变，指示剂的颜色也发生改变。超出这个范围，如 $pH>pK_a + 1$ 时，看到的只是碱色；而在 $pH<pK_a-1$ 时，看到的只是酸色。因此，指示剂变色范围为

$$pH = pK_a \pm 1 \tag{4-107}$$

由于人的视觉对各种颜色的敏感程度不同,加上在变色范围内指示剂呈现混合色，两种颜色互相影响观察，因此实际观察结果与理论值有差别，大多数指示剂的变色范围小于 2 个 pH 单位。表 4-14 和图 4-8 列出了几种常见指示剂的变色范围。

表 4-14　几种常见指示剂的变色范围

指示剂	颜色			$pK_a(HIn)$	变色范围 pH (18℃)
	酸型色	过渡色	碱型色		
甲基橙	红	橙	黄	3.4	3.1～4.4
甲基红	红	橙	黄	5.0	4.4～6.2
溴百里酚蓝	黄	绿	蓝	7.3	6.0～7.6
百里酚蓝	红(H_2In) 黄(HIn^-)	橙 绿	黄(HIn^-) 蓝(In^{2-})	1.65 9.20	1.2～2.8 8.0～9.6
酚酞		粉红	红	9.1	8.2～10.0

Sabnis[32]详细总结了常见指示剂的名称、结构、性质和用途等。酸碱指示剂常分为三种：双色指示剂(如甲基橙)、单色指示剂(如酚酞)和混合指示剂。

(1) 单色指示剂[33]是只具备一种颜色的指示剂。常见的有：

含硝基的指示剂，如硝基酚类、二硝基酚类、三硝基化合物等；

酞系的指示剂，如酚酞、二甲苯酚酞、百里香酚酞等；

甲氧基代三苯基甲醇衍生物指示剂，如五甲氧基、六甲氧基和七甲氧基三苯基甲醇；

三苯基甲烷衍生物指示剂，如水蓝、紫红 5PC、孔雀绿等；

氮萘系指示剂，如奎那啶红、奎那啶蓝、正色素、玫瑰红色素等；

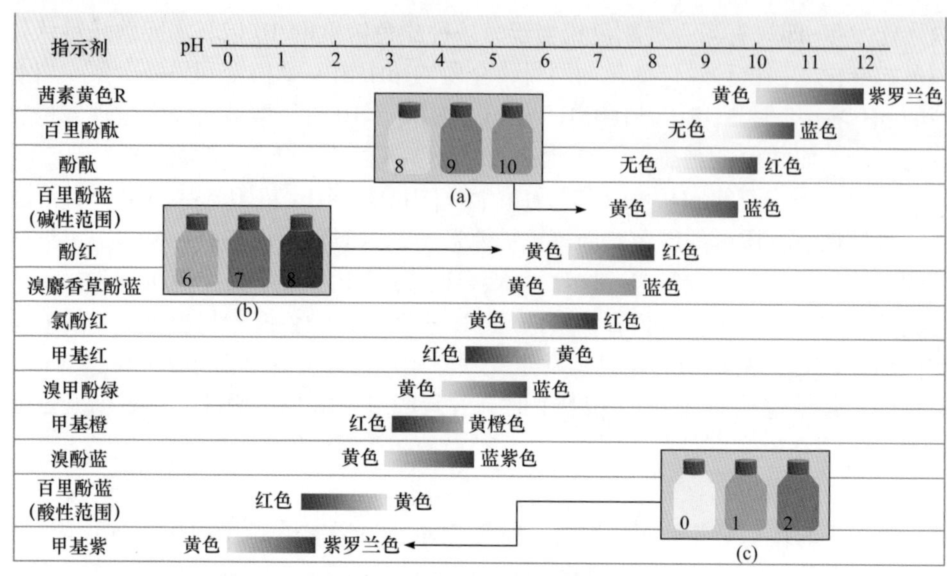

图 4-8 常见指示剂及其适用范围

(2) 双色指示剂随溶液 pH 不同显示两种颜色。甲基橙、甲基红、百里酚蓝等都是双色指示剂。

(3) 混合指示剂有两类[34]：一类是同时使用两种指示剂，利用彼此颜色之间的互补作用，使变色更加敏锐。例如，溴甲酚绿($pK_a = 4.9$)和甲基红($pK_a = 5.2$)，前者的酸式为黄色，碱式为蓝色；后者的酸式为红色，碱式为黄色。混合后，酸性条件下显橙色，碱性条件下显绿色。而在 pH ≈ 5.1 时，溶液近乎无色。

溴甲酚绿+甲基红

pH＜4.9　　黄+红→橙

pH＞5.2　　蓝+黄→绿

pH = 5.1　　绿+橙→近无色

另一类由指示剂与惰性染料组成，利用颜色的互补作用来提高变色的敏锐度。例如，甲基橙与惰性染料靛蓝二磺酸钠所组成的指示剂的变色为

pH＞4.4　　黄+蓝→绿

pH＜3.1　　红+蓝→紫

4.6.3 影响酸碱指示剂变色范围的因素

指示剂的变色是由于发生化学反应而产生的。因此，影响化学反应进行的各种因素都会影响指示剂的变色范围。其中主要有指示剂的浓度、温度、溶剂、离子强度和胶体的存在等。

1. 指示剂的浓度

对于单色指示剂，浓度的大小对其变色范围有影响。例如，某单色指示剂的分析浓度为 c_1，在某 pH 能观察到其颜色时的最低浓度值为 c_2

$$pH = pK_a(HIn) + \lg\frac{[In^-]}{[HIn]} \tag{4-108}$$

$[HIn] = c_1 - c_2$，$[In^-] = c_2$，则

$$pH = pK_a(HIn) + \lg\frac{c_2}{c_1 - c_2} \tag{4-109}$$

pK_a 是常数，在一定条件下可认为 c_2 是固定值，于是，c_1 越大，pH 越小。c_1 的大小将导致变色范围的改变。

对于双色指示剂，若两种指示剂的浓度分别为 c_1 和 c_2，且 $c_1 \geqslant c_2$，根据式(4-108)，指示剂的浓度不会影响变色范围。但是如果指示剂的浓度较大，色调的变化会不明显，而且指示剂本身也要消耗一些滴定剂，会带来误差。

由于指示剂的浓度对变色范围或观察效果有影响，一般用量都很少，通常使用 0.1%的溶液，用量比例为每 10 mL 滴定液加 1 滴。

2. 离子强度

指示剂的 pK_a 值随溶液离子强度的不同而有一些变化，因而指示剂的变色范围随之稍有偏移。各种酸碱指示剂的组成和化学性质不同，离子强度的变化对其影响的程度也有差别。总体来说，对酸型指示剂的影响是离子强度增加其 pK_a 值减小，对碱型指示剂则是离子强度增加 pK_a 值增大。在离子强度较低时，酸碱指示剂 pK 值随溶液离子强度不同变化不大，因而在实际应用中一般可以忽略不计。

3. 温度

当温度改变时，指示剂的解离常数和水的质子自递常数都会发生变化，因而指示剂的变色范围也随之改变。

4. 溶剂

不同溶剂的相对介电常数有差别，直接影响到指示剂的解离，而使指示剂的变色范围有改变。例如，乙醇的相对介电常数(3.31)比水的相对介电常数(78.3)小，一般在乙醇中酸型指示剂的变色范围向较高的 pH 方向移动，碱型指示剂向较低的 pH 方向移动。

历史事件回顾

2 弱酸解离常数测定方法简介

弱酸的解离常数是表征其性质和强度的重要物理化学常数，是理解化学现象如反应速率、生物活性、生物吸收等的重要参数。K_a 或 K_b 可以通过热力学数据或者实验方法获得(图 4-9)。

1. 热力学数据计算

平衡常数与反应的标准吉布斯自由能变化有关，对于酸解离常数，有

$$\Delta G^{\ominus} = -RT\ln K_a = 2.303RT\mathrm{p}K_a \tag{4-110}$$

$$\Delta G^{\ominus} = \Delta H^{\ominus} - T\Delta S^{\ominus} \tag{4-111}$$

因此，可通过热力学常数计算得到酸或碱的解离常数。表 4-15 列出了部分弱酸的热力学数据和平衡常数。

电位法 光谱法 溶解度法 电导法 电泳法 NMR 极谱法 伏安法 HPLC 荧光法 量热法 计算法

1900 1910 1920 1930 1940 1950 1960 1970 1980 1990 2000

年份

图 4-9 各种方法测定 $\mathrm{p}K_a$ 的时间轴示意图

表 4-15 部分弱酸的热力学数据和平衡常数

化合物	解离平衡	$\mathrm{p}K_a$	$\Delta G^{\ominus}$ /(kJ · mol^{-1})	$\Delta H^{\ominus}$ /(kJ · mol^{-1})	$-T\Delta S^{\ominus}$ /(kJ · mol^{-1})
HA =乙酸	$HA \rightleftharpoons H^+ + A^-$	4.756	27.147	−0.41	27.56
H_2A = 甘氨酸	$H_2A^+ \rightleftharpoons HA + H^+$	2.351	13.420	4.00	9.419
	$HA \rightleftharpoons H^+ + A^-$	9.78	55.825	44.20	11.6
H_2A = 顺丁烯二酸	$H_2A \rightleftharpoons HA^- + H^+$	1.92	10.76	1.10	9.85
	$HA^- \rightleftharpoons H^+ + A^{2-}$	6.27	35.79	−3.60	39.4
H_3A = 柠檬酸	$H_3A \rightleftharpoons H_2A^- + H^+$	3.128	17.855	4.07	13.78
	$H_2A^- \rightleftharpoons HA^{2-} + H^+$	4.76	27.176	2.23	24.9
	$HA^{2-} \rightleftharpoons A^{3-} + H^+$	6.40	36.509	−3.38	39.9
H_3A = 硼酸	$H_3A \rightleftharpoons H_2A^- + H^+$	9.237	52.725	13.80	38.92

续表

化合物	解离平衡	pK_a	$\Delta G^{\ominus}$ /(kJ · mol^{-1})	$\Delta H^{\ominus}$ /(kJ · mol^{-1})	$-T\Delta S^{\ominus}$ /(kJ · mol^{-1})
H_3A = 磷酸	$H_3A \rightleftharpoons H_2A^- + H^+$	2.148	12.261	−8.00	20.26
	$H_2A^- \rightleftharpoons HA^{2-} + H^+$	7.20	41.087	3.60	37.5
	$HA^{2-} \rightleftharpoons A^{3-} + H^+$	12.35	80.49	16.00	54.49
H_2A = 草酸	$H_2A \rightleftharpoons HA^- + H^+$	1.27	7.27	−3.90	11.15
	$HA^- \rightleftharpoons A^{2-} + H^+$	4.266	24.351	−7.00	31.35

2. 滴定法

以初始浓度为 c 的一元弱酸 HA 为例，若水的解离可忽略，则

$$HA \rightleftharpoons H^+ + A^-$$

$$K_a = \frac{[H^+]^2}{c - [H^+]} \tag{4-112}$$

通过滴定法确定 HA 的浓度 c，用 pH 计测定解离平衡时的 pH，代入式(4-112)可以得到 HA 的解离常数。

3. 电位法[35-39]

电位滴定是用指示电极和参比电极及被测定溶液组成电池，以适当的滴定剂滴定溶液中待测定的离子，借助电池的电位变化指示滴定终点的方法。由于电位滴定中不用指示剂指示终点，因此这个方法不受溶液有色或浑浊等限制，可用于水溶液、非水溶液以及水与有机相的混合溶液。例如，用电位分析法测定弱酸解离常数时，用玻璃电极作指示电极，饱和甘汞电极作参比电极，与待测试液组成下列原电池：

Ag|AgCl, Cl^-(0.1 mol · L^{-1}), H^+(pH = 7)|玻璃膜|试液||KCl(饱和), Hg_2Cl_2|Hg

试液的 pH 由下式表示：

$$pH = pH_{标} + \frac{E - E_{标}}{0.0592} \tag{4-113}$$

式中，$pH_{标}$ 为标准缓冲溶液的 pH；E、$E_{标}$ 分别为以待测试液和标准缓冲溶液组成原电池的电动势。

以一元弱酸为例：

$$HA \rightleftharpoons H^+ + A^-$$

$$K_a = \frac{[H^+][A^-]}{[HA]} \quad 或 \quad pH = pK_a - \lg\frac{[HA]}{[A^-]} \tag{4-114}$$

可以通过两种方式计算 pK_a：

(1) $pH = pK_a$ 的条件是 $[HA] = [A^-]$ 时消耗滴定剂 NaOH 的体积等于总消耗体积的一半。从图中即可读出此体积下的 pH。

(2) 到达滴定终点时，HAc 全部被转化为 NaAc，NaAc 的浓度 $[Ac^-] = c_{NaOH} V_{NaOH}$，溶液 $[OH^-]$ 的计算表达式为

$$[OH^-] = \sqrt{\frac{K_w}{K_a} c_{Ac^-}} = \sqrt{\frac{K_w}{K_a} c_{NaOH} V_{NaOH}} \tag{4-115}$$

因此，只要知道滴定终点消耗 NaOH 的体积，就可以求出 pK_a 数值。

采用电位滴定法测定物质解离常数时要注意数据处理的技巧，选择适当的数据处理方法能给实验数据的处理带来很大的方便，节省时间，同时能够提高数据的准确度。

电位滴定法最大的缺点是难以测定低溶解度物质的解离常数，但是其操作简单，结果准确。因此，电位滴定法在测量物质解离常数方面得到了广泛应用。

4. 分光光度法[37,40-44]

分光光度法是基于物质的分子状态和离子状态对某一波长光的吸收度不同的原理而建立起来的一种分析方法。因此，用分光光度计测得的溶液吸光度是溶液中分子和离了吸光度的综合表现(图 4-10)。

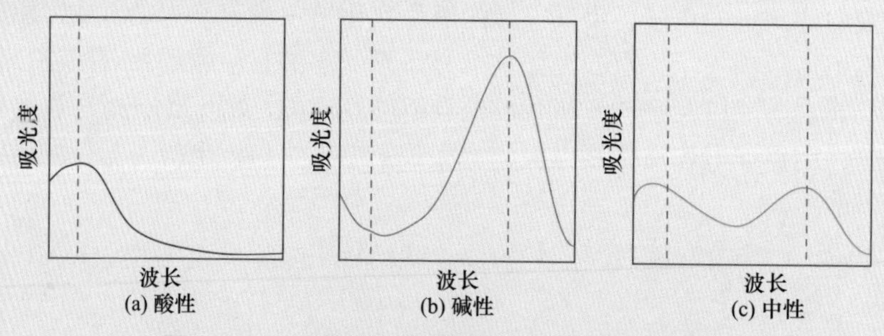

图 4-10 一元酸性物质在不同 pH 的吸光度示意图

若被测物是一元弱酸性物质，其解离平衡为

$$HL \rightleftharpoons H^+ + L^-$$

$$K_a = \frac{[H^+][L^-]}{[HL]} \tag{4-116}$$

$$pK_a = pH + \lg\frac{[HL]}{[L^-]} \tag{4-117}$$

HL 与 L⁻是共轭酸碱对，它们的平衡浓度之和等于弱酸性物质 HL 的起始浓度 c，即$[HL] + [L^-] = c$。

光的吸收遵循朗伯-比尔定律：

$$A = Kbc \tag{4-118}$$

式中，A 为吸光度；K 为比例常数；b 为液层厚度；c 为溶液浓度。

因此，当液层厚度相同时，浓度为 c 而 pH 不同的 HL 溶液，各溶液的吸光度为

$$A = \varepsilon_{HL}[HL] + \varepsilon_L[L^-] = \varepsilon_{HL}c\delta_{HL} + \varepsilon_L c\delta_{L^-} \tag{4-119}$$

在某一确定的波长下，测量各溶液的吸光度 A，并测量各溶液的 pH。根据吸收定律，在高酸度介质中可认为$[HL] \approx c$，其吸光度为定值，记为 A_{HL}，$\varepsilon_{HL} = \frac{A_{HL}}{c}$。在高碱度介质中，可认为$[L^-] \approx c$，其吸光度为定值，记为 A_L，$\varepsilon_L = \frac{A_L}{c}$。

将上面的关系式联合、整理后得

$$K_a = \frac{A_{HL} - A}{A - A_L}[H^+] \quad 或 \quad pK_a = pH + \lg\frac{A - A_L}{A_{HL} - A} \tag{4-120}$$

对于一系列 c 相同而 pH 不同的 HL 溶液，测出 A_{HL}、A_L 及 A 后，可以出 n 个 K_a 值，然后求平均值。也可以将式(4-120)变为

$$\lg\frac{A - A_L}{A_{HL} - A} = pK_a - pH \tag{4-121}$$

算出各 pH 所对应的 $\lg\frac{A - A_L}{A_{HL} - A}$ 值，作 $\lg\frac{A - A_L}{A_{HL} - A}$-pH 图，得一条，直线在 pH 轴上的截距即为 pK_a。

分光光度法对于测定在紫外-可见光区有较强吸收的物质的解离常数有很好的应用。实际测定中，根据待测物质的紫外吸收情况，分为单波长光度法和双波长分光光度法。分光光度法适用范围非常广泛，操作简单，结果准确可靠。它不但适用于解离或非解离形式紫外-可见吸收光谱显著不同的化，还适用于低溶解度化合物及非酸碱解离的情况。但是，分光光度法必须对物质的酸性解离式、碱性解离式及弱酸弱碱式的吸光度逐一进行检测，工作。

5. 电导法[45-47]

设 c 为一元弱酸的分析浓度，α 为解离度，其解离平衡为

$$
\begin{array}{llll}
 & HA \rightleftharpoons & H^+ & + \quad A^- \\
\text{起始} & c & 0 & 0 \\
\text{平衡} & c(1-\alpha) & c\alpha & c\alpha
\end{array}
$$

解离常数

$$K_a = \frac{c\alpha^2}{1-\alpha} \tag{4-122}$$

由电化学理论可知，浓度为 c 的弱电解质稀溶液的解离度 α 应等于该浓度下的摩尔电导率 λ_m 和溶液在无限稀时的摩尔电导率 λ_∞ 之比，即

$$\alpha = \frac{\lambda_m}{\lambda_\infty} \tag{4-123}$$

将式(4-123)代入式(4-122)得

$$K_a = \frac{c\lambda_m^2}{\lambda_\infty(\lambda_\infty - \lambda_m)} \tag{4-124}$$

式(4-124)中 c 为已知，λ_m 通过实验求得，λ_∞ 尽管随温度的变化而变化，但仍然可以应用离子独立运动定律计算得到。

$$\lambda_{\infty,HA} = \lambda_{\infty,H^+} + \lambda_{\infty,A^-} \tag{4-125}$$

在298 K时，$\lambda_{\infty,\,HAc} = 3.907 \times 10^{-2}\ S \cdot m^2 \cdot mol^{-1}$。当浓度 c 的单位用 $mol \cdot L^{-1}$ 表示、摩尔电导率 λ_m 的单位用 $S \cdot m^2 \cdot mol^{-1}$ 表示时，有

$$\lambda_m = 0.001 \cdot \kappa / c \tag{4-126}$$

式中电导率 κ 的单位是 $S \cdot m^{-1}$。

根据以上关系，只要在指定温度下测得不同浓度下的电导率 κ 或溶液的电阻(图4-11)，就可以计算出摩尔电导率 λ_m，再计算出解离常数 K_a。

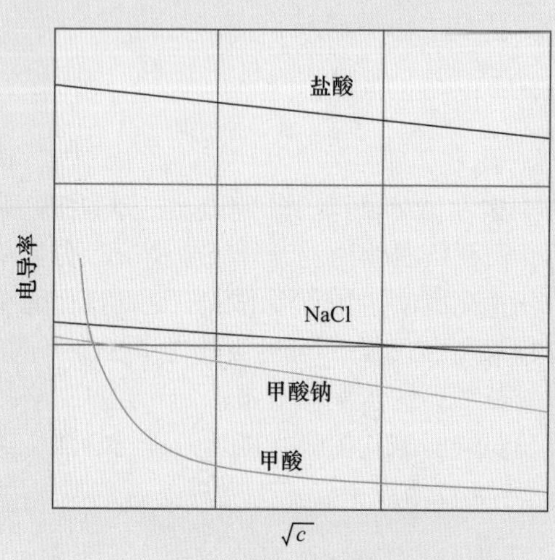

图 4-11　溶液电导率与浓度的关系示意图

电导法不仅可以用来测定弱酸的解离常数，也可以用来测定弱碱水溶液的碱性解离常数。电导法测定物质的解离常数，操作简单，结果准确，但是电导法的应用范围较窄，目前较多地用作弱酸解离常数的测定。

6. 毛细管电泳法[48-53]

毛细管电泳是以高压电场为驱动力，将毛细管作为分离通道，根据样品中各种组分之间电泳淌度或分配行为的不同而建立起来的一种液相分离分析技术(图 4-12)。

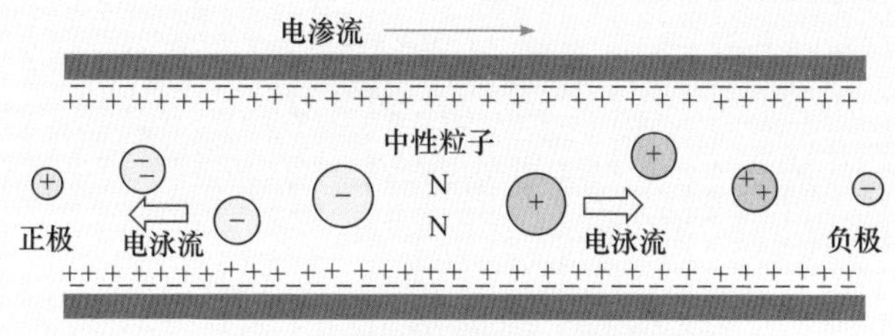

图 4-12　毛细管电泳作用示意图

对于一元弱酸 HA，溶质的有效淌度和溶液 H^+浓度之间的关系为

$$\mu_{eff} = \mu_{A^-} \frac{K_a}{[H^+] + K_a} \tag{4-127}$$

式中，μ_{eff}为溶质的有效淌度；μ_{A^-}为溶质的离子淌度；K_a为弱酸的解离常数。

$$\frac{1}{\mu_{eff}} = \frac{1}{\mu_{A^-}} + \frac{[H^+]}{\mu_{A^-} K_a} \tag{4-128}$$

以 $1/\mu_{eff}$对$[H^+]$作图，可求得 K_a 值。

μ_{eff}用下面的公式计算：

$$\frac{1}{\mu_{eff}} = \frac{L_d L_t [H^+]}{V} \left(\frac{1}{t_m} - \frac{1}{t_0} \right) \tag{4-129}$$

式中，V 为操作电压；L_d 和 L_t 分别为毛细管的有效长度和毛细管的总长度；t_m 和 t_0 分别为分析物和中性标记物的迁移时间。

毛细管电泳法可以测定在紫外-可见光区无吸收或者吸收不敏感的化合物的解离常数。采用毛细管电泳法时需要配制不同 pH 的溶液，过程比较复杂。但是，此方法需要极少样品，不需要样品的准确浓度，对水溶性较差的样品具有较高的灵敏度。另外，此方法简单快速，运行成本低，分离效率高，灵敏度高。

7. 薄层色谱 pH 法[54-55]

薄层色谱 pH 法是依据色谱体系 pH 与解离性物质的 R_f(分配系数的函数)值的关系建立起来的一种分析方法。其实质是：将等量待测物通过点样吸附到经不同

pH 的缓冲溶液处理过的薄层色板上，然后在同一溶剂系统中展开，这样就能测得待测物质一系列的 R_f 值

$$R_f = \frac{1}{1 + K\frac{V_s}{V_m}} \tag{4-130}$$

式中，R_f 为组分的比移值；K 为组分分配系数；V_s 为固定相体积；V_m 为流动相体积。

对于弱酸弱碱，其分配系数 K 是固定相 pH 的函数：

$$K = K_0\left(1 + \frac{K_a}{[H^+]}\right) \tag{4-131}$$

式中，K_a 为酸的解离常数；K_0 为未解离碱的分配系数。

根据式(4-130)和式(4-131)可得

$$R_f = \frac{1}{1 + K_0\left(1 + \frac{K_a}{[H^+]}\right)\frac{V_s}{V_m}} \tag{4-132}$$

当固定相 $[H^+] \gg K_a$ 时，$K_a/[H^+]$ 可忽略，R_f 的极限值 R_{f_0} 为

$$R_{f_0} = \frac{1}{1 + K_0\frac{V_s}{V_m}} \tag{4-133}$$

R_{f_0} 为未解离酸的比移值，则

$$R_f = \frac{R_{f_0}}{1 + (1 - R_{f_0})K_a \cdot 10^{pH}} \tag{4-134}$$

R_{f_0} 值可从 R_f-pH 曲线上求得。随着固定相 $[H^+]$ 增加，R_f 值将达到极限值，即趋于常数值。

薄层色谱 pH 法样品用量较少，实验设备简单，但是实验过程中要选择合适的溶剂系统，要严格控制薄层板的 pH 并且配制不同 pH 的缓冲溶液。

8. *核磁共振法*[41,56-58]

配制一系列等离子强度、相同分析浓度、不同 pH 的溶液(调节溶液 pH 用强酸或强碱)，对于酸 HA 来说，体系的化学位移为

$$\delta_{obs} = X_{HA}\delta_{HA} + X_{A^-}\delta_{A^-} = \frac{\delta_{A^-} + 10^{pK_a - pH}\delta_{HA}}{1 + 10^{pK_a - pH}} \tag{4-135}$$

式中，δ_{obs} 为表观化学位移；δ_{HA} 和 δ_{A^-} 分别为 HA 和 A^- 的化学位移；X_{HA} 和 X_{A^-} 分别为 HA 和 A^- 的分布分数。

整理后可得

$$pK_a = pH + \lg\frac{\delta_{A^-} - \delta_{obs}}{\delta_{obs} - \delta_{HA}} \tag{4-136}$$

因此，测定一系列不同pH的一元弱酸溶液的表观化学位移δ_{obs}，即可求得pK_a。

核磁共振滴定法已经成为pK_a测定的常用方法，甚至应用于测定聚合物中单个基团的解离常数。

用于弱电解质解离常数测定的方法还有很多，如离子选择电极法[55,59-61]、荧光法[62]、高效液相色谱法[63]、量子化学计算[64-65]等。

各种测定解离常数的方法各有其优缺点。例如，电位滴定法比较成熟，应用较多，但是不适用于低溶解性的物质；分光光度法应用范围广，但不能测定解离形式和非解离形式有相同吸光度的物质；电导法操作简单，但应用范围窄等。

参 考 文 献

[1] 林树昌, 曾泳淮. 酸碱滴定原理. 北京: 高等教育出版社, 1989.
[2] 武汉大学. 分析化学. 上册. 6 版. 北京: 高等教育出版社, 2016.
[3] 黄子卿. 电解质溶液理论导论. 北京: 科学出版社, 1983.
[4] 李卓美, 黄子卿. 化学学报, 1958, (2): 174.
[5] 杨旦, 黄子卿. 化学学报, 1981, (S1): 11.
[6] 李万杰, 谢文蕙, 黄子卿. 高等学校化学学报, 1985, (4): 351.
[7] Critchfield F, Johnson J. Anal Chem, 1959, 31(4): 570.
[8] Kolthoff I, Bosch W. J Phys Chem, 2002, 36(6): 1685.
[9] Simms H S. J Phys Chem , 2002, 32(8): 1121.
[10] Simms H S. J Phys Chem , 2002, 33(5): 745.
[11] Simms H S. J Phys Chem , 2002, 32(10): 1495.
[12] Kolthoff I M, Bosch W. Rec Trav Chim, 1927, 46(6): 430.
[13] Kolthoff I M, Bosch W. Recl Trav Chim Pays-Bas Belg, 1928, 47(10): 873.
[14] Fernbach A, Hubert L. Compt Rend, 1900, 131: 293.
[15] Perrin D. Buffers for pH and Metal Ion Control. London: Springer Science & Business Media, 2012.
[16] Clark J, Perrin D. Q Rev Chem Soc, 1964, 18(3): 295.
[17] Hamann S D, Strauss W. Trans Faraday Soc, 1955, 51: 1684.
[18] Buchanan J, Hamann S. Trans Faraday Soc, 1953, 49: 1425.
[19] Vanslyke D D. J Biol Chem, 1922, 52(2): 525.
[20] McIlvaine T. J Biol Chem, 1921, 49(1): 183.
[21] Clark W M, Lubs H A. J Biol Chem, 1916, 25(3): 479.
[22] 常文保. 简明分析化学手册. 北京: 北京大学出版社, 1981.
[23] 彭志忠. 印染, 2000, (7): 17.
[24] 席光兰. 文物修复与研究, 2007: 348.
[25] 王宏英. 表面技术, 1994, 23(4): 176.

[26] Kong L D, Liu S, Yan X W, et al. Acta Chim Sinica, 2005, 63(13): 1241.
[27] 程继贵, 石平, 李洁, 等. 中国稀土学报, 2007, 25: 39.
[28] Hui L, Zhong L, Wu J, et al. Mater Lett, 2010, 64(18): 1939.
[29] Claessens H, Van Straten M, Kirkland J. J Chromatogr A, 1996, 728(1-2): 259.
[30] Rusling J F, Zuman P. Anal Chem, 1980, 52(13): 2209.
[31] McLellan T. Anal Biochem, 1982, 126(1): 94.
[32] Sabnis R W. Handbook of Acid-base Indicators. Boca Raton: CRC Press, 2007.
[33] Михайлов Г И, 李海. 化学世界, 1955, (10): 480.
[34] 徐慧, 徐强. 化学教育, 2010, 31(9): 3.
[35] Gonçalves E M, Joseph A, Conceição A C, et al. J Chem Eng Data, 2011, 56(6): 2964.
[36] Bruckenstein S, Kolthoff I. J Am Chem Soc, 1956, 78(13): 2974.
[37] Cookson R. Chem Rev, 1974, 74(1): 5.
[38] 徐铭熙, 李海拉, 徐溢. 重庆大学学报(自然科学版), 1994, (5): 137.
[39] 倪永年. 南昌大学学报(理科版), 1985, (4): 77.
[40] Blanco S, Almandoz M, Ferretti F. Spectrochim Acta A, 2005, 61(1-2): 93.
[41] Gómez-Zaleta B, Ramírez-Silva M T, Gutiérrez A, et al. Spectrochim Acta A, 2006, 64(4): 1002.
[42] 张建华, 刘琼, 陈玉苗, 等. 物理化学学报, 2012, 28(5): 1030.
[43] 张淑芳, 秦梅. 分析化学, 1998, (8): 931.
[44] 邹时复, 买光昕, 王红丹, 等. 化学学报, 1986, (8): 826.
[45] Brockman F G, Kilpatrick M. J Am Chem Soc, 1934, 56(7): 1483.
[46] Milne J B, Parker T J. J Solution Chem, 1981, 10(7): 479.
[47] Wu Y, Feng D. J Solution Chem, 1995, 24(2): 133.
[48] Nowak P, Woźniakiewicz M, Kościelniak P. J Chromatogr A , 2015, 1377: 1.
[49] Nowak P M, Woźniakiewicz M, Piwowarska M, et al. J Chromatogr A, 2016, 1446: 149.
[50] Zrnčić M, Babić S, Mutavdžić Pavlović D. Journal of Separation Science, 2015, 38(7): 1232.
[51] Poole S K, Patel S, Dehring K, et al. J Chromatogr A, 2004, 1037(1-2): 445.
[52] Gluck S, Steele K, Benkö M. J Chromatogr A, 1996, 745(1-2): 117.
[53] Foulon C, Danel C, Vaccher C, et al. J Chromatogr A, 2004, 1035(1): 131.
[54] 袁波, 李军. 沈阳药科大学学报, 2000, 17(4): 275.
[55] Covington A, Thain J M. J Chem Educ, 1972, 49(8): 554.
[56] Tollinger M, Forman-Kay J D, Kay L E. J Am Chem Soc, 2002, 124(20): 5714.
[57] Rabenstein D L, Hari S P, Kaerner A. Anal Chem, 1997, 69(21): 4310.
[58] Szakács Z, Hägele G. Talanta, 2004, 62(4): 819.
[59] Christopoulos T K, Mitsana-Papazoglou A, Diamandis E P. Analyst, 1985, 110(12): 1497.
[60] Hassan S S, Tadros F, Selig W. Microchem J, 1981, 26(3): 426.
[61] 周激, 吴跃焕. 分析试验室, 2006, 25(5): 82.
[62] Rosenberg L S, Simons J, Schulmans S G. Talanta, 1979, 26(9): 867.
[63] Ando H Y, Heimbach T. J Pharm Biomed Anal, 1997, 16(1): 31.
[64] Banerjee S, Bhanja S K, Chattopadhyay P K. Comput Theor Chem, 2018, 1125: 29.
[65] Charif I, Mekelleche S, Villemin D, et al. J Mol Struct-Theochem, 2007, 818(1-3): 1.

第5章

酸碱滴定和误差基本概念

滴定分析法(titrimetric analysis)又称容量分析法，是一种将某已知准确浓度的标准溶液滴加到被测物质的溶液中，直到所加试剂与被测物质按化学计量关系恰好完全反应，计算出被测物质含量的分析方法。早在1659年，荷兰化学家格劳贝尔(J. R. Glauber，1604—1668)[1-2]在介绍利用硝酸和锅灰碱(主要成分是碳酸钾)制造硝石(主要成分是硝酸钾)时就指出：“逐滴地将硝酸加到锅灰碱中，直至加入硝酸后不再出现气泡，此时两种物料就都失去了它们的特性。”可见在当时，就已经有了关于酸碱反应和终点的初步概念。1729年，法国化学家日夫鲁瓦(C. J. Geoffroy，1685—1752)在测定乙酸浓度时，以碳酸钾为基准物并将未知浓度的乙酸逐滴加入碳酸钾溶液中，根据停止出现气泡来指示滴定终点，并以反应消耗的碳酸钾的量来衡量乙酸的相对浓度。1750年，法国化学家文耐尔(G. F. Venel，1723—1775)首次利用指示剂进行酸碱滴定。他在用硫酸滴定矿泉水测定其中的碱含量时，以紫罗兰浸液为指示剂，滴定到刚变红为止，并用融化的雪水进行对照滴定，从而加以校正。然而，早期的分析基本是为工业服务，并没有进行准确定量。19世纪，法国物理学家兼化学家盖·吕萨克(J. L. Gay-Lussac，1778—1850)[3]将酸碱容量滴定法引进分析化学，“滴定管”、“移液管”和“滴定”等词语就是

格劳贝尔

日夫鲁瓦

文耐尔

盖·吕萨克

他发明创造的。盖·吕萨克滴定管也在滴定法的辉煌历程中几乎独占了半个世纪，为发展酸碱滴定方法做出了贡献。

5.1 酸碱滴定分析

酸碱滴定分析是以酸碱反应为基础的滴定分析方法，在日常生活和工业生产中广泛应用。例如，盐酸、硫酸和硝酸以及氢氧化钠和碳酸钠这些重要化工原料的酸碱含量测定[4]，制造肥皂时混合碱的用量[5]的测定；粮食和食品中蛋白质含量的测定[6]；阿司匹林片中乙酰水杨酸含量的测定[7]；血液 pH 的测定[8]等。

酸碱滴定过程中，滴定剂一般选择强酸或强碱，常用的有 HCl、NaOH、KOH 等，而被滴定的是具有酸性或碱性的物质。通过酸碱反应消耗滴定剂的用量来确定被滴定物质的酸碱含量。

滴定分析中，常用到以下概念：

(1) 滴定(titration)：将标准溶液逐滴滴加到待测溶液的过程。

(2) 滴定剂(titrant)：已知准确浓度的溶液，也称为标准溶液。

(3) 化学计量点(stoichiometric point，sp)：在滴定反应中，当加入的标准溶液与待测组分按反应式的化学计量关系恰好反应完全时，反应到达化学计量点。

(4) 滴定终点(end point，ep)：滴定至化学计量点的时刻。可根据指示剂的颜色变化来确定滴定终点，也可以借助仪器，根据滴定系统中电势、电导和吸光度等的变化来判断。

(5) 终点误差(end point error，E_t)：滴定终点与化学计量点不一致引起的测定结果的误差。

5.1.1 滴定曲线与滴定突跃范围

滴定曲线是在滴定过程中，溶液的性质与滴定剂加入量之间的函数关系曲线，可反映滴定分析的进程。第一条滴定曲线诞生于 1913 年[9]，希尔德布兰德(J. H. Hildebrand，1881—1983)报道了 NaOH 滴定乙酸的滴定曲线，其形状如图 5-1 所示。

从滴定曲线可以看出，随着滴定的进行，溶液中的氢离子浓度在“中和点”(neutral point)前后发生急剧变化。酸碱滴定中，把被滴定溶液 pH 在化学计量点附近很小的范围内发生急剧变化的现象称为滴定突跃(titration jump)。滴定突跃的大小可以反映滴定反应进行的完全程度。在滴定反应中，计量点时反应的完成程度需达到 99.9%，因此滴定突跃范围定义为化学计量点前后 0.1%范围内溶液参数的突变。例如，酸碱滴定的突跃范围指的是化学计量点前后 0.1%范围内溶液 pH 的变化范围。

下面以不同类型的酸或碱的滴定为例来讨论酸碱滴定曲线。

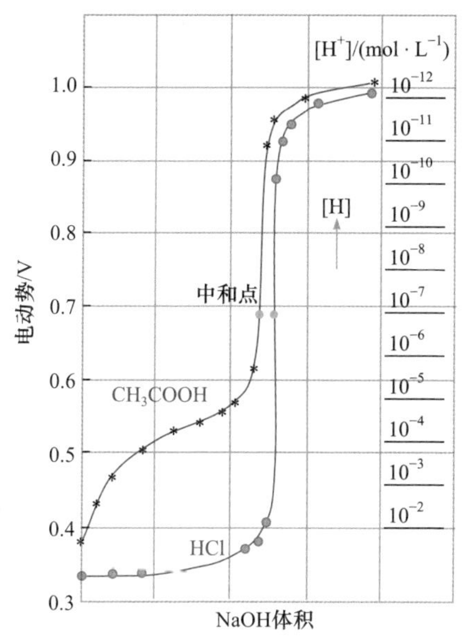

图 5-1　希尔德布兰德的滴定曲线[10]

5.1.2　一元强酸/强碱的滴定

以 0.1 mol · L^{-1} NaOH 溶液滴定 20.00 mL(V_0)等浓度 HCl 溶液为例。滴定中加入 NaOH 的体积为 V，可以分四个阶段讨论滴定过程中 pH 的变化，滴定中各阶段溶液 pH 变化的情况见表 5-1。表中同时给出 1.0 mol · L^{-1} 和 0.01 mol · L^{-1} NaOH 溶液滴定 20.00 mL(V_0)等浓度的 HCl 溶液 pH 的变化。

表 5-1　**NaOH 滴定 HCl 时溶液的 pH**

加入 NaOH 溶液的体积/mL	HCl 被滴定的百分数/%	滴定 1.0 mol · L^{-1} HCl 溶液的 pH	滴定 0.1 mol · L^{-1} HCl 溶液的 pH	滴定 0.01 mol · L^{-1} HCl 溶液的 pH
0.00	0.00	—	1.00	2.00
18.00	90.00	1.28	2.28	3.28
19.80	99.00	2.3	3.30	4.30
19.96	99.80	3.00	4.00	5.00
19.98	99.90	3.30 突跃范围	4.30 突跃范围	5.30 突跃范围
20.00	100.0	7.00	7.00	7.00
20.02	100.1	10.70	9.70	8.70
20.04	100.2	11.00	10.00	9.00
20.20	101.0	11.70	10.70	9.70
22.00	110.0	12.7	11.70	10.70
40.00	200.0	13.5	12.50	11.50

以 NaOH 的加入量或滴定分数对 pH 作图，即得 NaOH 滴定 HCl 的滴定曲线，如图 5-2 所示。

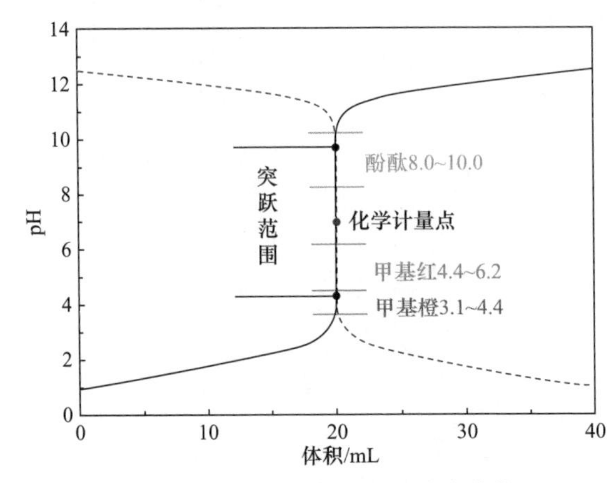

图 5-2 NaOH 滴定 HCl 的滴定曲线

(1) 滴定之前($V = 0$)：pH = 1.00。

(2) 滴定开始至化学计量点之前($V < V_0$)：随着滴定剂的加入，溶液中$[H^+]$取决于剩余 HCl 的浓度。从滴定开始至 NaOH 滴入 18.00 mL 时，滴定进行了 90%，pH = 2.28，即溶液的 pH 仅增加了 1.28 个单位，其原因是该段仍处于强酸区，因此曲线变化平坦。滴入 19.98 mL NaOH 时，滴定进行了 99.9%，pH = 4.30。

(3) 化学计量点时($V = V_0$)：滴入 20.00 mL NaOH 溶液时，pH = 7.00。

(4) 计量点后($V > V_0$)：溶液的 pH 由过量 NaOH 的浓度决定，滴入 20.02 mL NaOH 溶液时，pH = 9.70。NaOH 的加入量从 19.98 mL(0.1% HCl 未被滴定)变化至 20.02 mL(0.1% NaOH 过量)，即 0.04 mL 的溶液使溶液的 pH 由 4.30 变化至 9.70，增大了 5.40 个 pH 单位，在滴定曲线上出现近于垂直的一段，这个 pH 范围就称为突跃范围。此后继续加入 NaOH，溶液的 pH 变化逐渐变慢，进入强碱区。

图 5-2 中虚线部分代表 HCl 溶液滴定 NaOH 溶液(条件与前相同)的滴定曲线，滴定突跃由 pH = 9.70 降至 pH = 4.30。

滴定突跃的范围是选择指示剂的基本依据。最理想的指示剂应该恰好在化学计量点时变色，但实际上，凡是在突跃范围内变色的指示剂都可保证由此差别引起的终点误差不超过±0.1%。因此，用 NaOH 滴定 HCl 时，可选择酚酞和甲基红为指示剂，而甲基橙会产生稍大的误差。

当溶液浓度改变时，滴定至化学计量点前后 0.1%范围的 pH 也会发生较大的变化(表 5-1，图 5-3)。当用 1.0 mol · L^{-1} NaOH 溶液滴定 20.00 mL 1.0 mol · L^{-1} HCl 溶液时，突跃范围为 pH = 3.3～10.7。而用 0.01 mol · L^{-1} NaOH 溶液滴定 20. 00 mL 相同浓度的 HCl 溶液，突跃范围则为 pH = 5.3～8.7。滴定突跃范围不同，指示剂

选择也不尽相同。例如，滴定 0.01 mol · L^{-1} HCl 溶液时，采用甲基红为指示剂最适宜，也可用酚酞。而滴定 1.0 mol · L^{-1} HCl 溶液时，因为滴定突跃的范围很宽，此时甲基橙、甲基红和酚酞均可采用。

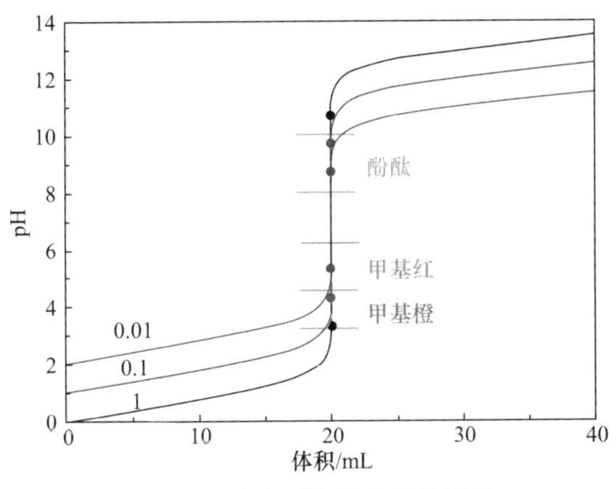

图 5-3　浓度对滴定突跃的影响

还需注意的是，由于水中溶解 CO_2 的影响，当溶液 pH＜5 时，基本没有影响，而溶液 pH 较高时，需通过煮沸溶液消除影响。

5.1.3　一元弱酸/弱碱的滴定

利用一元强酸(碱)，实现一元弱碱(酸)溶液的滴定。

现以 NaOH 溶液滴定同浓度 HAc 为例进行讨论。设 HAc 的浓度 c_0 为 0.100 mol · L^{-1}，体积为 V_0(20.00 mL)；滴定时加入 NaOH 的体积为 V(mL)。滴定中 pH 变化的情况见表 5-2。

表 5-2　**NaOH 滴定 HAc 时溶液的 pH**

加入 NaOH 溶液的体积/mL	HAc 被滴定的百分数/%	pH	
0.00	0.00	2.89	
2.00	10.00	3.80	
10.00	50.00	4.75	
18.00	90.00	5.70	
19.80	99.00	6.74	
19.98	99.90	7.74	突跃范围
20.00	100.0	8.72	
20.02	100.1	9.70	
20.20	101.0	10.70	
22.00	110.0	11.70	
40.00	200.0	12.50	

以 NaOH 的加入量或滴定分数对 pH 作图，即得 NaOH 滴定 HAc 的滴定曲线，如图 5-4 所示。

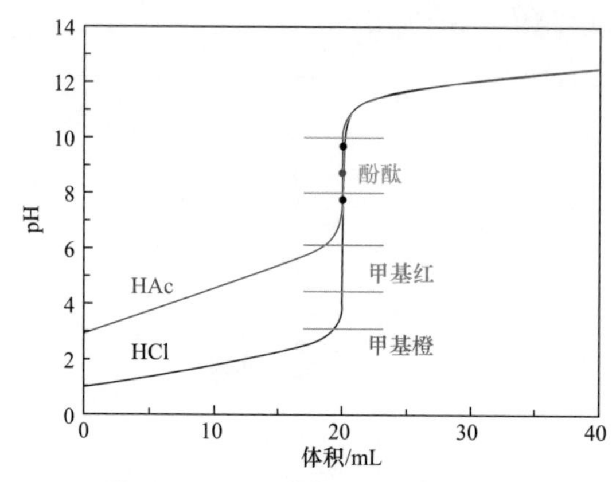

图 5-4 NaOH 滴定 HAc 的滴定曲线

1. 滴定前($V = 0$)

溶液中的 H^+主要来自 HAc 的解离，按照一元弱酸进行计算。

$$[H^+] = \sqrt{K_a c} = 1.3 \times 10^{-3}(mol \cdot L^{-1}), \quad pH = 2.89 \tag{5-1}$$

由于 HAc 是弱酸，滴定曲线起点的 pH 为 2.89，高于图 5-2 滴定曲线 1.89 个 pH 单位。

2. 滴定开始至计量点前($V < V_0$)

因为 NaOH 的滴入，溶液为 HAc 及其共轭碱 Ac^-的溶液。

滴入 19.98 mL NaOH 溶液时：

$$pH = pK_a + \lg \frac{c_{Ac^-}}{c_{HAc}} = 4.74 + \lg \frac{19.98}{20.00 - 19.98} = 7.74 \tag{5-2}$$

此时，溶液的组成为 HAc-Ac^-，在 HAc 被滴定约 10%之前(pH＜3.8)和 90%(pH＞11.7)以后，溶液的 pH 随滴定剂的加入上升较快，滴定曲线的斜率较大(图 5-3)，因为此时的组成并不在该缓冲溶液的最佳缓冲区间内。而除此以外的区间内(NaOH 体积为 2.00～18.00 mL)，由于处于 HAc-Ac^-具有较大缓冲容量的范围内(3.75～5.75)，溶液对抗 pH 变化的作用明显，因此滴定曲线区域平坦。

3. 计量点时($V = V_0$)

HAc 与 NaOH 定量反应全部生成 NaAc，按一元弱碱处理。被滴定的酸越弱，其共轭碱的碱性越强，计量点的 pH 也越大。

$$[OH^-]=\sqrt{K_b c}=\sqrt{\frac{K_w}{K_a}c}=5.0\times10^{-6}(mol\cdot L^{-1}),\quad pOH=5.28,\quad pH=8.72 \quad (5\text{-}3)$$

4. 化学计量点后($V>V_0$)

溶液由 OH^-和 Ac^-组成，即为强碱与弱碱的混合溶液。由于 NaOH 过量，Ac^-的解离受到抑制($K_b=5.6\times10^{-10}$)，溶液的碱度主要由过量的 NaOH 决定，其 pH 的计算方法与强碱滴定强酸相同。

滴定突跃范围约 2 个 pH 单位(7.74～9.70)，基本处于碱性范围内，那么在酸性范围内变色的指示剂(如甲基橙和甲基红)已不能使用。此时应选择在碱性范围内变色的指示剂，如酚酞、百里酚酞，其变色范围正好处于突跃范围内。20.02 mL 后再加入 NaOH，此时滴定曲线的变化趋势与 NaOH 滴定 HCl 溶液时基本相同。

从 NaOH 滴定 HCl 和 HAc 的滴定曲线可以看出，当酸强度不同时，滴定突跃范围有很大差异。而且，对于一元弱酸来说，当一元弱酸的解离常数 K_a 不同时，滴定突跃范围也有差别(图 5-5)。K_a 增大 10 倍，滴定突跃范围的起点降低一个 pH。另外，由强酸强碱的滴定可知，溶液浓度越小，滴定突跃的范围越窄。

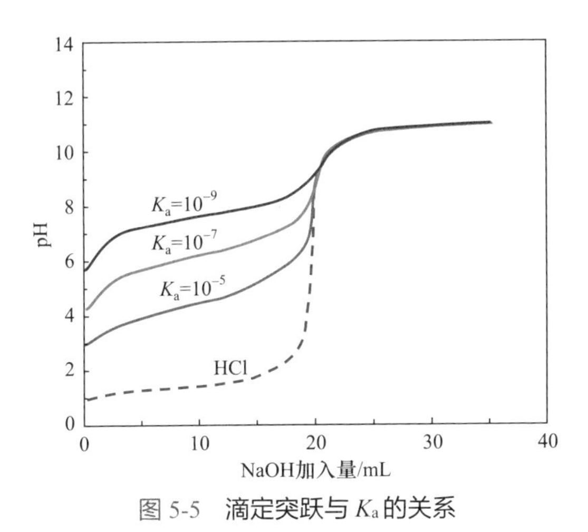

图 5-5　滴定突跃与 K_a 的关系

因此，对于弱酸来说，当弱酸的解离常数太小或者酸的浓度太低时，因为滴定突跃范围太小，就不能准确进行滴定。根据人眼判断终点的误差，要保证滴定的准确度，通常要求滴定突跃的范围大于 0.6 pH，此时对于酸来说，应满足 $cK_a\geqslant10^{-8}$。

思考题

5-1　强碱滴定一元弱酸时，当浓度和 K_a 分别变化 10 倍时，滴定突跃范围如何变化？

5-2　浓度 c_0 为 1.000 mol · L^{-1} HCl 溶液滴定同浓度 NH_3 溶液，滴定突跃范围是什么？

强酸滴定弱碱，如 HCl 溶液滴定 $NH_3 \cdot H_2O$，其计算方法与前面描述的 NaOH 滴定弱酸相同。其滴定曲线与 NaOH 滴定 HAc 的相似，但 pH 变化的方向相反。由于反应的产物是 NH_4^+，故计量点时溶液呈酸性，且整个滴定突跃也位于酸性范围(pH = 6.3～4.3)，可以选择甲基红与甲基橙为指示剂。由于反应的完全程度低于强酸与强碱的反应，故滴定突跃范围较小。

5.1.4　多元酸的滴定

多元酸可以解离出的 H^+不止一个，所以在滴定过程中涉及两个问题，一个是每一级的 H^+能否被直接准确滴定，另一个是每级之间能否进行分开滴定。滴定涉及滴定突跃和指示剂选择的问题。下面以 0.1 mol · L^{-1} NaOH 标准溶液滴定 0.1 mol · L^{-1} H_3PO_4 为例进行讨论。

H_3PO_4 的解离常数 $K_{a1} = 7.6 \times 10^{-3}$，$K_{a2} = 6.3 \times 10^{-8}$，$K_{a3} = 4.4 \times 10^{-13}$。随着 NaOH 的加入，体系中存在 H_3PO_4、$H_2PO_4^-$、HPO_4^{2-}、PO_4^{3-}，溶液 pH 的计算相对复杂，可参阅文献了解详细计算过程[10]。这里仅列出 NaOH 加入量不同时溶液的 pH(表 5-3)，根据计算结果可得到 H_3PO_4 的滴定曲线(图 5-6)。与一元酸相同，满足 $c_{sp}K_a \geqslant 10^{-8}$，每一级解离出的 H^+能被直接准确滴定。根据 H_3PO_4 的 $cK_{a1} > 10^{-8}$，$cK_{a2} = 0.21 \times 10^{-8}$，$c_{sp3}K_{a3} \ll 10^{-8}$，$H_3PO_4$ 第一级和第二级解离的 H^+均可直接滴定，第三级解离的 H^+不能直接滴定。根据滴定的终点误差要求，当多元酸满足 $K_{a1}/K_{a2} \geqslant 10^5$，两级 H^+才能实现分步滴定。对于 H_3PO_4，$K_{a1}/K_{a2} = 10^{5.1}$，$K_{a2}/K_{a3} = 10^{5.2}$，则两级解离的 H^+可被分步滴定。在滴定过程中，每一计量点前后 0.1%的范围内的 pH 为相应的滴定突跃范围。

表 5-3　NaOH 滴定 H_3PO_4 时溶液的 pH

加入 NaOH 溶液的体积/mL	H_3PO_4 被滴定的百分数/%	pH
0.00	0.00	1.62
10.00	50.00	2.26
18.00	90.00	3.14
19.80	99.00	4.14
19.98	99.90	4.62

续表

加入 NaOH 溶液的体积/mL	H_3PO_4 被滴定的百分数/%	pH
20.00	100.0	4.70
20.02	100.1	4.76
20.20	101.0	5.24
30.00	150.0	7.20
39.80	199.0	9.15
39.98	199.9	9.60
40.00	200.0	9.66
40.02	200.1	9.73
40.20	201.0	10.18
42.00	210.0	11.14
50.00	250.0	11.87

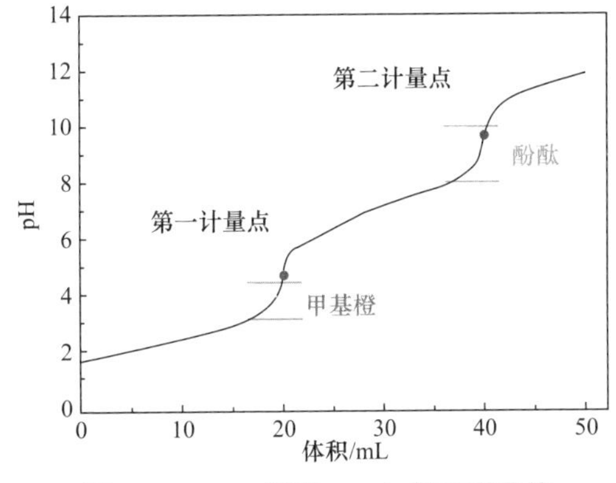

图 5-6　NaOH 滴定 H_3PO_4 的滴定曲线

(1) 在第一计量点，H_3PO_4 被滴定成 $H_2PO_4^-$，$c = 0.050\ \text{mol} \cdot \text{L}^{-1}$，按两性物质计算溶液的 pH：

$$[\text{H}^+] = \sqrt{\frac{cK_{a1}K_{a2}}{c + K_{a1}}} = 2.0 \times 10^{-5} (\text{mol} \cdot \text{L}^{-1}), \quad \text{pH} = 4.70 \tag{5-4}$$

可选择甲基橙作指示剂，滴定至试液完全呈黄色(pH = 4.4)为终点。也可选用溴甲酚绿与甲基橙的混合指示剂，其变色点 pH = 4.3，溶液由橙色变为绿色。

(2) 在第二计量点，$H_2PO_4^-$ 被进一步滴定成 HPO_4^{2-}，$c = 0.033\ \text{mol} \cdot \text{L}^{-1}$，按两性物质计算溶液的 pH：

$$[\text{H}^+] = \sqrt{\frac{K_{a2}\left(cK_{a3} + K_w\right)}{c}} = 2.2 \times 10^{-10} (\text{mol} \cdot \text{L}^{-1}), \quad \text{pH} = 9.66 \tag{5-5}$$

若用酚酞或百里酚酞(无色至浅蓝色)作指示剂，终点误差均较大。而采用酚酞与百里酚酞混合指示剂(无色至紫色)，终点变色较为明显。

由于多元酸碱滴定曲线的计算比较复杂，因此在实际工作中，通常只计算出各计量点的pH，然后选择变色点在此pH附近的指示剂指示滴定终点。有时对于多元酸的滴定，可适当放宽界限。例如，滴定突跃的范围为0.2 pH，$K_{a1}/K_{a2} \geqslant 10^4$，也认为能达到分步滴定的要求。

混合酸的滴定与多元酸的判断规则相同。例如，用0.1 mol · L^{-1}的NaOH滴定20.00 mL同浓度H_2SO_4和H_3PO_4的混合溶液。由于H_2SO_4第一级H^+完全解离，而HSO_4^-的K_a为1.0×10^{-2}，与H_3PO_4的K_{a1}接近，因此在滴定两者的混合溶液时，依然产生两个滴定突跃，第一化学计量点时，H_2SO_4被滴定至SO_4^{2-}，H_3PO_4被滴定至$H_2PO_4^-$。第二个滴定突跃与单独滴定H_3PO_4的情况相同。

思考题

5-3　用0.1 mol · L^{-1}的NaOH溶液滴定20.00 mL同浓度的H_3AsO_4和H_2SO_4的混合溶液，能产生几个滴定突跃，每个计量点的pH是多少？

5.1.5 酸碱电位滴定

酸碱滴定中，通过指示剂的变色确定滴定终点的到达，但是有些滴定反应在没有合适的指示剂或者产生较大的终点误差的情况下，可通过其他手段确定滴定终点，电位滴定法就是其中一种方法。电位滴定法属于电位法，需要使用专门的指示电极，如离子选择性电极(pH玻璃电极)，将被测离子的活度通过电位计显示读数，由能斯特方程计算其活度。能斯特(W. H. Nernst，1864—1941)在电化学历史上做出了很大的贡献，1889年，提出了基于能斯特方程的电位分析理论[11]。例如，在用电位法测定H^+活度时，能斯特方程可以表示如下：

$$E = E^{\ominus} + \frac{RT}{nF}\ln a_{H^+} \tag{5-6}$$

式中，E为电池的电动势，V；$E^{\ominus}$为标准电动势，V；R为摩尔气体常量(8.314 J · K^{-1} · mol^{-1})；T为温度，K；F为法拉第常量(96485 C · mol^{-1})；n为转移的电子数(对于H^+，$n = 1$)。

室温(25℃)时上式可简化为

$$E = 常数 + 0.0592\text{pH} \tag{5-7}$$

常数项中包括内参比电极电位、膜电位、不对称电位及液接电位等，这些参数有些无法准确测定。因此，通常在用仪器(如pH计)测定溶液pH之前，需要用标准溶液(如邻苯二甲酸氢钾、$H_2PO_4^-$-HPO_4^{2-}、硼砂等标准缓冲溶液)对仪器进行校准，再直接读出溶液 pH。

电位滴定法的电位变化代替了经典滴定法中用指示剂确定终点。进行电位滴定时，在被测液中插入合适的指示电极和参比电极组成原电池，将它们连接在电位计上，测定并记录电池的电动势(图 5-7)。随着滴定剂的加入，被测物质浓度不断变化。在化学计量点附近，被测物质浓度发生突变，电位也随之突跃，从而可以确定滴定终点。

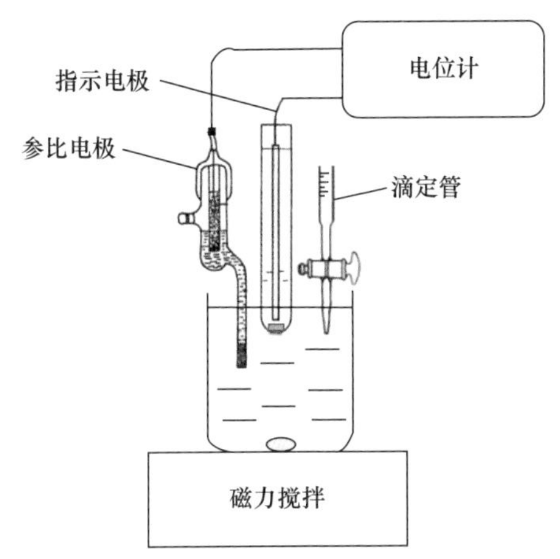

图 5-7　电位滴定装置示意图

电位滴定法与传统滴定分析法相比，有下列特点：

(1) 准确度高，确定终点更客观，不存在观测误差，结果更准确。

(2) 可用于有色液、混浊液及无优良指示剂情况下的滴定。

(3) 可用于连续滴定、自动滴定、微量滴定。

通过测定滴定过程溶液的 pH，就可以绘制相应的滴定曲线，即 pH-V 曲线。一般来说，曲线突跃范围的中点正好为化学计量点，即滴定终点。下面以 NaOH 滴定 H_3PO_4 的滴定曲线为例，简单介绍常用的确定滴定终点的方法。

(1) pH-V 曲线法。当滴定突跃比较明显时，可直接在 pH-V 曲线上作两条与滴定曲线相切的 45°倾斜的直线，等分线与直线的交点即为滴定终点[图 5-8(a)]。

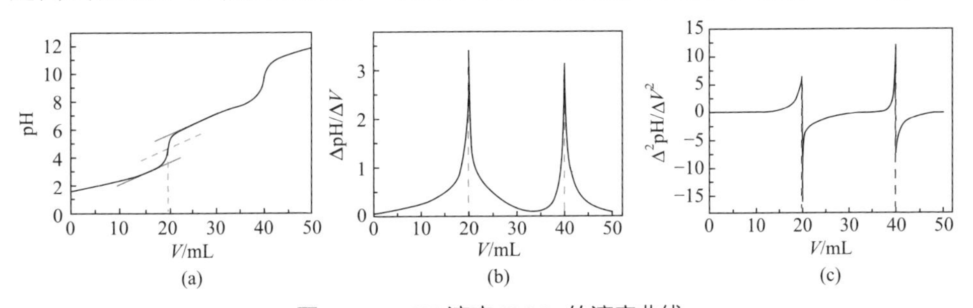

图 5-8　NaOH 滴定 H_3PO_4 的滴定曲线

(2) 一级微商法。当用 pH-V 曲线不容易作切线(滴定突跃范围太小)时，可作出ΔpH/ΔV-V 曲线即一级微商的曲线，曲线最高点所对应体积即为滴定终点体积[图 5-8(b)]。

(3) 二级微商法。ΔpH/ΔV-V 曲线上最高点所对应的是Δ^2pH/ΔV^2-V 曲线等于零的点，即为滴定终点[图 5-8(c)]。

随着仪器的发展和变革，自动电位滴定仪应运而生。自动电位滴定仪分电计和滴定系统两大部分，电位计采用电子放大控制线路，将指示电极与参比电极间的电位同预先设置的某一终点电位相比较，两信号的差值经放大后控制滴定系统的滴液速度。仪器为微机控制滴加量，达到终点预设电位后，滴定自动停止。第一台自动电位滴定仪 Titriskop 诞生于 1949 年，是一台酸度仪。目前，市场上已经出现了不同款式的自动电位滴定仪，如图 5-9 所示。

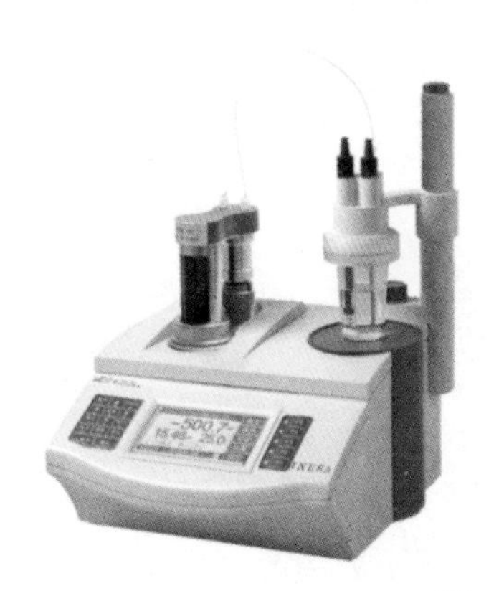

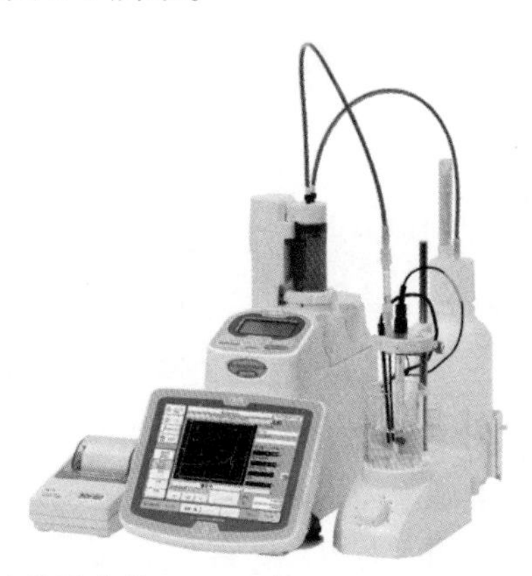

图 5-9 自动电位滴定仪

随着仪器和技术的发展，电位滴定法在酸碱滴定中的应用也更为广泛。例如，利用电位滴定方法确定酸的 pK_a 值是测定 pK_a 的一种常用方法[12-15]。当一个化合物同时出现多个酸性含氧官能团，如羧基、内酯(水解形成羧酸和羟基)和酚羟基(图 5-10)，这些基团会显著影响材料的表面化学、催化、电子和机械性能。利用电位滴定技术，测量和计算不同类型的酸解离常数可以有效地区分官能团。

1) NaOH
2) HCl

滴定前 滴定后

图 5-10 碳材料表面酸性官能团在滴定和酸化过程中的反应[16]

5.2　滴定分析中的误差

5.2.1　误差的基本概念

1. 准确度与误差

真值(true value，T)：试样中待测组分客观存在的真实含量。

准确度(accuracy)：分析结果与真值相互接近的程度。准确度通常用误差表示，误差越小，表明分析结果的准确度越高。

误差可用绝对误差(absolute error，E_a)和相对误差(relative error，E_r)表示。

绝对误差：分析结果(单次测量值 x 或多次平均测量值 $\bar{x}$)与真值之差，表示为

$$E_a = x - T \tag{5-8}$$

相对误差：绝对误差与真值的百分比：

$$E_r = \frac{E_a}{T} \times 100\% \tag{5-9}$$

绝对误差和相对误差都有正负之分。但在实际工作中，常用相对误差表示测定结果的准确度。真值客观存在却难以得知。在实际工作中，通常将纯物质中元素的理论含量，国际计量大会上确定的长度、质量等计量学约定值，或公认的权威机构认定的标准参考物质(也称为标准试样)给出的参考值等当作真值使用。

例题 5-1

用莫尔法测定氯含量的实验中，测定 NaCl 中氯的质量分数为 60.48%、60.46%、60.70%、60.65%和 60.69%。试计算测定结果的绝对误差和相对误差。

解　纯 NaCl 中氯的质量分数理论值(真值)为

$$T = \frac{M_{Cl}}{M_{NaCl}} \times 100\% = \frac{35.45}{58.44} \times 100\% = 60.66\%$$

平均值 $\bar{x} = \frac{1}{n}\sum_{i=1}^{n} x_i = \frac{60.48\% + 60.46\% + 60.70\% + 60.65\% + 60.69\%}{5} = 60.60\%$

绝对误差　　$E_a = \bar{x} - T = 60.60\% - 60.66\% = -0.06\%$

相对误差　　$E_r = \frac{E_a}{T} \times 100\% = \frac{-0.06\%}{60.66\%} \times 100\% = -0.1\%$

2. 精密度与偏差

精密度(precision)：表示多次测定值相互接近的程度。精密度通常用偏差(deviation)表示。偏差越小，说明分析结果的精密度越高。

偏差的表示方法有以下几种。

绝对偏差(absolute deviation)：各单次测定值与平均值之差。绝对偏差有正负，也可以为零。

$$d_i = x_i - \overline{x}\left(i = 1, 2, 3, \cdots, n\right) \tag{5-10}$$

平均偏差(mean deviation)：各绝对偏差绝对值的算术平均值。

$$\overline{d} = \frac{|d_1| + |d_2| + \cdots + |d_n|}{n} = \frac{1}{n}\sum_{i=1}^{n}|d_i| \tag{5-11}$$

相对平均偏差(relative mean deviation)：平均偏差与平均值的百分比。

$$\overline{d}_{\mathrm{r}} = \frac{\overline{d}}{\overline{x}} \times 100\% \tag{5-12}$$

标准偏差(standard deviation)：衡量数据值偏离平均值的程度，即数据的精密度。表达式为

$$s = \sqrt{\frac{\sum_{i=1}^{n}(x_i - \overline{x})^2}{n-1}} = \sqrt{\frac{\sum_{i=1}^{n}d_i^2}{n-1}} \tag{5-13}$$

式中，$n-1$ 为自由度(degree of freedom)，通常指独立变量的个数。

相对标准偏差(relative standard deviation，RSD)：标准偏差与计算结果平均值的比值。

$$s_{\mathrm{r}} = \frac{s}{\overline{x}} \times 100\% \tag{5-14}$$

例题 5-2

用凯氏定氮法测定某蛋白质中氮的质量分数，5 次平行测定结果为 11.78%、11.79%、11.71%、11.84%和 11.88%。计算平均值、平均偏差、相对平均偏差、标准偏差和相对标准偏差。

解 平均值为

$$\overline{x} = \frac{1}{n}\sum_{i=1}^{n}x_i = \frac{1}{5}(11.78\% + 11.79\% + 11.71\% + 11.84\% + 11.88\%) = 11.80\%$$

各单次测定值的绝对偏差分别为

$$d_1 = x_1 - \bar{x} = -0.02\% \quad d_2 = x_2 - \bar{x} = -0.01\% \quad d_3 = x_3 - \bar{x} = -0.09\%$$

$$d_4 = x_4 - \bar{x} = 0.04\% \quad d_5 = x_5 - \bar{x} = 0.08\%$$

平均偏差 $\bar{d} = \frac{1}{n}\sum_{i=1}^{n}|d_i| = \frac{1}{5}(0.02\% + 0.01\% + 0.09\% + 0.04\% + 0.08\%) = 0.05\%$

相对平均偏差　$\bar{d}_r = \frac{\bar{d}}{\bar{x}} \times 100\% = \frac{0.05\%}{11.80\%} \times 100\% = 0.4\%$

标准偏差

$$s = \sqrt{\frac{(-0.02\%)^2 + (-0.01\%)^2 + (-0.09\%)^2 + (0.04\%)^2 + (0.08\%)^2}{5-1}} = 0.06\%$$

相对标准偏差　$s_r = \frac{s}{\bar{x}} \times 100\% = \frac{0.06\%}{11.80\%} \times 100\% = 0.5\%$

3. 准确度与精密度

一般来说，测定值的精密度高，表明测定条件(包括实验者的操作情况)稳定，这是保证准确度高的先决条件。可是由于误差的存在，精密度高并不一定表示准确度也高。例如，甲、乙、丙 3 人同时测定氯化物中氯的含量(T = 35.10%)(图 5-11)，结果显示乙的测定结果最可靠，其测定值精密度和准确度均很好。

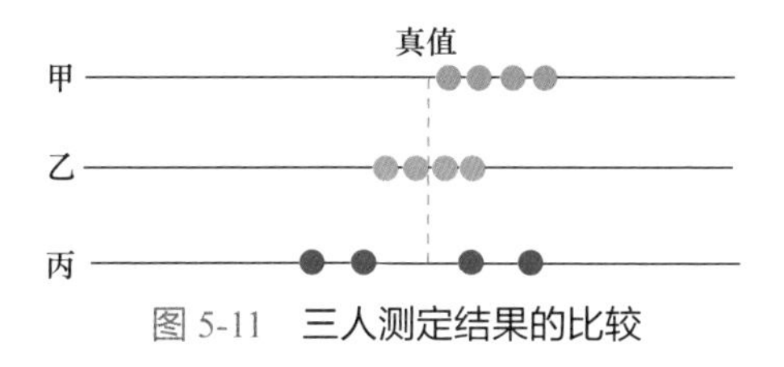

图 5-11　三人测定结果的比较

4. 系统误差和随机误差

误差根据其产生的原因及其性质分为系统误差(systematic error)和随机误差(random error)两类。

系统误差是由分析过程中某些固定的原因引起的一类误差，具有重复性、单向性和可测性的特点。例如，图 5-11 中甲的测定结果虽然精密度不错，但测定数据显著向同一方向偏离真值，这就是由系统误差导致的。了解系统误差的产生原因对消除系统误差很重要。根据产生的原因可将系统误差分为以下几种。

(1) 方法误差：由分析方法本身不够完善而造成的误差。

(2) 仪器和试剂误差：由仪器不精确或仪器未经校准而造成的误差。例如，使用未经校准的电子天平、试剂不纯或未经标定等。

(3) 操作误差：由于分析者未按正确的操作规程进行操作而引起的误差。例如，滴定终点的不同判断或滴定管读数偏低等。

随机误差又称偶然误差(accidental error)，它是由一些难以控制、无法避免的偶然因素造成的一类误差。它具有大小和正负的不确定性，也称为不确定误差，如测定时周围环境的温度、湿度等的微小变化，测量仪器自身性质的微小波动等。随机误差就是这些偶然因素综合作用的结果。随机误差的大小既可以影响分析结果的精密度，又可以影响准确度。随机误差由于必然存在于测定中，无法消除，只能通过了解其统计学的规律性，通过适当增加平行测定的次数来减小随机误差，同时利用统计学的规律正确表达测定结果。

系统误差与随机误差经常同时存在，因此在测量过程中，要分析误差产生的原因，尽量消除系统误差，同时尽量减小随机误差，获得可靠的分析结果。

过失误差是由于分析工作中粗心大意或违反操作规范所产生的错误，如读错刻度、记录或计算错误等。

5.2.2 酸碱滴定终点误差

酸碱滴定中的终点误差专指滴定过程中由于指示剂的滴定终点与化学计量点不一致而引起的误差。终点误差也称滴定误差(titration error，以 E_t 表示)，指由于指示剂的变色点(滴定终点)与化学计量点不一致而产生的误差，是滴定分析中误差的主要来源之一。

下面以一元酸碱的终点误差为例讨论终点误差的计算。

设以浓度为 c 的 NaOH 滴定浓度为 c_0、体积为 V_0 的 HCl 溶液，若滴定至终点时用去 NaOH 溶液的体积为 V，则滴定剂不足或过量$(cV-c_0V_0)$，滴定终点误差为

$$E_t=\frac{n_{NaOH}-n_{HCl}}{n_{HCl}}=\frac{cV-c_0V_0}{c_0V_0}\times 100\%=\left(\frac{cV}{c_0V_0}-1\right)\times 100\% \tag{5-15}$$

滴定会引起溶液体积变化，因此滴定终点时，用混合溶液中各物质的终点浓度表示的误差表达式为

$$E_t=\frac{(c_{NaOH,ep}-c_{HCl,ep})V_{ep}}{c_{HCl,ep}V_{ep}}\times 100\%=\frac{c_{NaOH,ep}-c_{HCl,ep}}{c_{HCl,ep}}\times 100\% \tag{5-16}$$

滴定终点时的质子平衡关系为

$$[Na^+]_{ep}+[H^+]_{ep}=[Cl^-]_{ep}+[OH^-]_{ep} \tag{5-17}$$

$$[Na^+]_{ep}-[Cl^-]_{ep}=[OH^-]_{ep}-[H^+]_{ep} \tag{5-18}$$

Na^+来自 NaOH，Cl^-来自 HCl，因此

$$[Na^+]_{ep}-[Cl^-]_{ep}=c_{NaOH,ep}-c_{HCl,ep}=[OH^-]_{ep}-[H^+]_{ep} \tag{5-19}$$

终点误差为

$$E_t = \frac{[OH^-]_{ep} - [H^+]_{ep}}{c_{HCl,\,ep}} \times 100\% \tag{5-20}$$

滴定至终点时溶液的体积增大了几乎一倍，且与计量点时的体积相差甚小，若有 $c = c_0$，则 $c_{HCl,ep} = c_0/2$。

$c_{HCl,sp}$ 是按计量点体积计算时 HCl 的分析浓度。那么，终点误差的正负由$[H^+]_{ep}$与$[OH^-]_{ep}$的相对大小来决定。

同理，可以得到强酸滴定一元强碱(如 NaOH)时终点误差的计算公式：

$$E_t = \frac{[H^+]_{ep} - [OH^-]_{ep}}{c_{NaOH,\,ep}} \times 100\% \tag{5-21}$$

若用浓度为 c 的一元强碱 NaOH 滴定浓度为 c_0、体积为 V_0 的一元弱酸 HA，误差表达式为

$$E_t = \frac{c_{NaOH,ep} - c_{HA,ep}}{c_{HA,ep}} \times 100\% \tag{5-22}$$

此时，质子条件式为

$$[Na^+]_{ep} + [H^+]_{ep} = [A^-]_{ep} + [OH^-]_{ep} \tag{5-23}$$

物料平衡为

$$c_{HA,ep} = [HA]_{ep} + [A^-]_{ep} \tag{5-24}$$

则
$$c_{NaOH,\,ep} - c_{HA,\,ep} = [OH^-]_{ep} - [H^+]_{ep} - [HA]_{ep}$$

终点时$[H^+]_{ep}$非常小，终点误差可表示为

$$E_t = \frac{[OH^-]_{ep} - [HA]_{ep}}{c_{HA,ep}} \times 100\% \tag{5-25}$$

由
$$[OH^-]_{ep} = \frac{K_w}{[H^+]_{ep}}, \quad \frac{[HA]_{ep}}{c_{HA,ep}} = \delta_{HA,ep} = \frac{[H^+]_{ep}}{[H^+]_{ep} + K_a} \approx \frac{[H^+]_{ep}}{K_a}$$

可得

$$E_t = \left(\frac{K_w/[H^+]_{ep}}{c_{HA,ep}} - \frac{[H^+]_{ep}}{K_a} \right) \times 100\% \tag{5-26}$$

同理，若有 $c = c_0$，可得 $c_{HA,ep} = c_0/2$。

例题 5-3

用 $0.100\ mol\cdot L^{-1}$ NaOH 滴定等浓度的 HAc，若滴定至 pH = 9.50，计算终点误差。已知 $K_a = 1.8\times10^{-5}$。

解 $pH_{ep} = 9.50$，$[H^+]_{ep} = 3.2\times10^{-10}\ mol\cdot L^{-1}$，$[OH^-]_{ep} = 3.1\times10^{-5}\ mol\cdot L^{-1}$，$c_{HAc,ep} = 0.050\ mol\cdot L^{-1}$，则

$$E_t = \left(\frac{3.1\times10^{-5}}{0.050} - \frac{3.2\times10^{-10}}{1.8\times10^{-5}}\right)\times100\% = 0.06\%$$

除了上述终点误差的计算公式，实际工作中经常会遇到已知 ΔpH(终点 pH 与化学计量点 pH 之差)时，此时的终点误差公式也称林邦误差公式。对于一元强酸、一元弱酸及多元弱酸的溶液，林邦误差公式的表现形式不尽相同[17-18]，下面仅给出林邦误差公式的具体表达。

一元强碱滴定一元强酸的林邦误差公式为(以 NaOH 滴定 HCl 为例)：

$$E_t = \frac{10^{\Delta pH} - 10^{-\Delta pH}}{c_{HCl,ep}\sqrt{\dfrac{1}{K_w}}}\times100\% \tag{5-27}$$

一元强碱滴定一元弱酸的林邦误差公式为(以 NaOH 滴定某一元弱酸 HA 为例)：

$$E_t = \frac{10^{\Delta pH} - 10^{-\Delta pH}}{\sqrt{c_{HA,ep}\dfrac{K_a}{K_w}}}\times100\% \tag{5-28}$$

5.2.3 提高分析结果准确度的方法

分析过程中系统误差可以消除，随机误差可以减小，因此采用一定的手段可以提高分析结果的准确度。

1. 选择合适的分析方法

按照测定结果准确度和灵敏度的要求，选择合适的分析方法。通常，常量组分的分析可采用重量分析法和滴定分析法；微量或痕量组分含量的测定则采用仪器分析法。例如，工业盐酸中铁含量的测定，因其含量低，并不属于常量分析的范畴，而采用分光光度法进行测定；铁矿石中全铁含量的测定，采用常量分析的氧化还原滴定法。

此外，对分析方法的选择还要考虑试样的组成、性质和共存离子的干扰情况，尽可能在符合所要求的准确度和灵敏度等的前提下，选择操作简便快速、选择性好的最优实验方案。

2. 减小分析过程中的误差

以计算电子天平的称量误差为例，一般电子天平的称量误差为万分之一，用减量法称量引起的绝对误差为±0.0002 g，若要称量的相对误差不大于 0.1%，则应称量的最小质量按下式计算：

$$相对误差=\frac{绝对误差}{试样质量}$$

$$试样质量=\frac{0.0002\ \text{g}}{0.001}=0.2\ \text{g}$$

可见试样的质量必须在 0.2 g 以上才能保证称量误差在 0.1%以下，以减小测定误差。因此分析化学实验中称量的量基本都控制在 0.2 g 以上。

同理，对于滴定管的读数，一次滴定所引起的读数绝对误差为±0.02 mL。为使读数的相对误差小于 0.1%，滴定时所消耗滴定剂的体积就应该在 20 mL 以上；若使用 50 mL 的滴定管，一般应将滴定剂的体积控制在 18～22 mL。

增加平行测定次数，可以减小随机误差。在消除系统误差的前提下，适当增加平行测定的次数可以减小随机误差的影响，提高测定结果的准确度。在一般的定量分析中，平行测定三四次即可，如对测定结果的准确度要求较高时，可以再增加测定次数(通常为 10 次左右)。当测定次数超过 10 次，对随机误差的贡献不大，因此一般测定要求三四次即可。

如果经对照实验表明有系统误差存在，则应设法找出产生的原因并加以消除，如通过空白实验、校准仪器和量器等消除或校正系统误差。

历史事件回顾

3 分析测试的不确定度简介

在化学定量分析中，当依据分析结果进行决策时必须充分了解分析结果本身的质量，即根据使用目的确认分析结果的可靠程度。因此，在测量过程中，引入了与误差不同概念的不确定度[19-21]。

1963 年，原美国国家标准局首先在计量校准中提出了定量表示不确定度的建议，并在 1970 年的计量保证方案中明确采用了不确定度的表示方法。此后国际计量局及相关组织通过多次探讨研究，在形成几份指南草案的基础上由国际标准化组织(International Organization for Standardization，ISO)出版发行了《测量不确定度表示指南—1993(E)》文件(缩写为 GUM)，1995 年又做了修订和重印。GUM 在术语、概念、评定方法和报告的表达方法上都已作了明确和统一的规定，它代表了当前国际上的约定做法，使各国和不同地区、不同领域在表示测量结果和不确定度时有了相互交流、取得一致的根据。

1. 不确定度的定义与分类

不确定度与误差相似，也由多个分量组成，并且这些分量可用统计方法、概率分布、经验判断等来评定，为一个正值。或者说不确定度是一种表征被测量值所处范围的评定，真值以一定置信概率落在测量平均值附近的一个范围内，即 $x=\overline{x}\pm u$ (置信概率 P)，u 为测量不确定度，区间($\overline{x}-u$, $\overline{x}+u$)称为置信区间。表达式的含义是被测量的真值以一定的置信概率 P 落在区间($\overline{x}-u$, $\overline{x}+u$)内。

用标准偏差表示测量结果的不确定度称为标准不确定度，以 u 表示。以标准差的倍数表示的不确定度称为扩展不确定度，以 U 表示。标准不确定度依其评定方法分为 A 类、B 类和合成标准不确定度。能用对观测列进行统计分析方法计算者，称为 A 类标准不确定度，以 u_A 表示；不同于 A 类的其他方法计算者，称为 B 类标准不确定度，以 u_B 表示；各标准不确定度分量的合成称为合成标准不确定度，以 u_c 表示。

2. 不确定度的计算方法

1) A 类标准不确定度的评定

对直接测量来说，如果在相同条件下对某物理量 X 进行 k 次重复独立测量，其测量值分别为 $x_1, x_2, x_3,\cdots, x_k$，用 $\overline{x}$ 表示平均值

$$\overline{x}=\frac{1}{n}\sum_{k=1}^{n}x_k \tag{5-29}$$

由于影响量的随机变化或随机效应时空影响的不同，每次独立观测值 x_k 并不一定相同，其与 $\overline{x}$ 的差称为残差 ν_k，即

$$\nu_k=x_k-\overline{x} \tag{5-30}$$

单次测量的实验标准差 $s(x_k)$ 为

$$s(x_k)=\sqrt{\frac{1}{n-1}\sum_{k=1}^{n}(x_k-\overline{x})^2} \tag{5-31}$$

$s(\overline{x})$ 为平均值的实验标准差，其值为

$$s(\overline{x})=\frac{s(x_i)}{\sqrt{n}}$$

一般来说，多次测量的平均值比一次测量值更准确，随着测量次数的增多，

平均值收敛于期望值。因此，通常以样本的算术平均值 $\bar{x}$ 作为被测量值的最优值，以平均值的实验标准差 $s(\bar{x})$ 作为测量结果的 A 类标准不确定度，可得

$$u_A = s(\bar{x}) = \sqrt{\frac{1}{n(n-1)}\sum_{k=1}^{n}(x_k - \bar{x})^2} \tag{5-32}$$

当测量次数 n 不是很小时，对应的置信概率为 68.3%。当测量次数 n 较小时，测量结果偏离正态分布而服从 t 分布，则 A 类不确定度分量 u_A 由 $s(\bar{x})$ 乘以 t_p 因子求得：

$$u_A = t_p s(\bar{x}) \tag{5-33}$$

t_p 因子与置信概率和测量次数有关(表 5-4)。一般情况下，为了简便，取 $t_p = 1$，这样，A 类不确定度可简化计算为 $u_A = s(\bar{x})$，但需注意 u_A 与 $s(\bar{x})$ 概念不同。

表 5-4　t_p 因子表

测量次数 n	2	3	4	5	6	7	8	9	10	20	30	∞
$P = 0.683$	1.84	1.32	1.20	1.14	1.11	1.09	1.08	1.07	1.06	1.03	1.02	1.00
$P = 0.950$	12.7	4.30	3.18	2.78	2.57	2.45	2.36	2.31	2.26	2.09	2.05	1.96

2) B 类标准不确定度的评定

由于 B 类不确定度在测量范围内无法用统计方法评定，一般可根据经验或其他有关信息进行估计，如由仪器误差影响引起的 B 类不确定度 u_B。在某些情况下，可依据仪器说明书、准确度等级、仪器的分度或经验等信息来获得该项系统误差的极限 Δ (有的标出容许误差或示值误差)，而不是标准不确定度。它们之间的关系为

$$u_B = \frac{\Delta}{C} \tag{5-34}$$

式中，C 为置信概率 $P = 0.683$ 时的置信系数，对仪器的误差服从正态分布、反正弦分布、均匀分布、三角分布时，C 分别为 3($P = 99.73\%$)或 1($P = 68.3\%$)、$\sqrt{2}$、$\sqrt{3}$、$\sqrt{6}$。在缺乏信息的情况下，对大多数普通物理实验测量可认为一般仪器误差概率分布函数服从均匀分布，即 $C = \sqrt{3}$。

3) 合成标准不确定度评定

对于受多个误差来源影响的某直接测量量，被测量量 X 的不确定度可能不止一项，设其有 k 项，且各不确定度分量彼此独立，其协方差为零，则用方和根方式合成，称为合成标准不确定度 u_c：

$$u_c = \sqrt{\sum_{k=1}^{n} u(x_k)^2} \tag{5-35}$$

式中，$u(x_k)$可以是A类评定标准不确定度，也可以是B类评定标准不确定度或者两者都有。

事实上，在大多数情况下遇到的每一类不确定度只有一项，因此合成标准不确定度的计算可简化为

$$u_c = \sqrt{u_A^2 + u_B^2} = \sqrt{s(\bar{x})^2 + \frac{\Delta^2}{3}} \tag{5-36}$$

在物理实验中，通常由于条件不许可或测量准确度要求不高等，对一个物理量只进行了一次直接测量，这时不能用统计方法求标准偏差，不确定度计算可简化为：$u_A = 0$，$u_B = \Delta/\sqrt{3}$，$u_c = u_B$。

4) 间接测量不确定度的评定

在实际生产和研究中，许多量无法或者很难进行直接测量，或者直接测量难以保证测量精度，因而要用到间接测量。设间接测量量 N 是由直接测量量 $x, y, z, \cdots$通过函数关系 $N = f(x, y, z, \cdots)$计算得到的，其中$x, y, z, \cdots$是彼此独立的直接测量量。设$x, y, z, \cdots$的不确定度分别为$u(x)$, $u(y)$, $u(z)$, …，它们必然影响间接测量结果，使N也有相应的不确定度。由于不确定度是微小的量，相当于数学中的“增量”，因此间接测量的不确定度的计算公式与数学中的全微分公式类似。考虑到用不确定度代替全微分，以及不确定度合成的统计性质，可以用下式简化计算间接测量量N的不确定度$u(N)$

$$u(N) = \sqrt{\left(\frac{\partial f}{\partial x}\right)^2 u^2(x) + \left(\frac{\partial f}{\partial y}\right)^2 u^2(y) + \left(\frac{\partial f}{\partial z}\right)^2 u^2(z) + \cdots} \tag{5-37}$$

如果先取对数，再求全微分可得下面另一简化计算式

$$\frac{u(N)}{N} = \sqrt{\left(\frac{\partial \ln f}{\partial x}\right)^2 u^2(x) + \left(\frac{\partial \ln f}{\partial y}\right)^2 u^2(y) + \left(\frac{\partial \ln f}{\partial z}\right)^2 u^2(z) + \cdots} \tag{5-38}$$

由式(5-37)和式(5-38)知，间接测量量 N 的不确定度与各直接测量量的不确定度[$u(x)$等]及各不确定度传递系数($\frac{\partial f}{\partial x}$等)有关。

当间接测量所依据的数学公式较为复杂时，计算不确定度的过程也较为烦琐。如果间接测量量N是各直接测量量的和或差函数，则利用式(5-37)计算$u(N)$比较方便；如果间接测量量N是各直接测量量的积或商函数，则利用式(5-38)先计算N的相对不确定度$u(N)/N$，然后通过相对不确定度再计算$u(N)$比较方便。

值得注意的是，由于不确定度本身只是一个估计值，因此在一般情况下，表示最后结果的不确定度只取一位有效数字，最多不超过两位(首位为1或2时保留两位)。

3. 不确定度与误差的区别

按照 CNAS-GL006-2019《化学分析中不确定度的评估指南》的标准，不确定度定义为与测量结果相关联的参数，它表征了可以合理地赋予被测量的量值分散程度。不确定度是用于表达分析质量优劣的一个指标，是合理地表征测量值或其误差离散程度的一个参数。不确定度又称为可疑程度或“不可靠程度”，它定量地表述了分析结果的可疑程度，定量地说明了定量分析实验室分析能力水平。因此，它常作为计量认证、质量认证以及实验室认可等活动的重要依据之一。不确定度以一个范围或者区间的形式表示。当需要明确某一测量结果的不确定度时，可应用标准不确定度、合成标准不确定度和扩展不确定度等词语。

误差定义为测量值与真实值之间的差值。在实际工作中，误差是一个理想的概念，任何真值都难以得知，因此观测到的测量误差是观测值与参考值之差。所以无论是理论的还是观测的，误差是单个数值。原则上已知误差的数值可以用来修正结果，修正后的分析结果在很偶然的情况下可能非常接近于被测量的数值，从这一点来说，误差的值很小。通常情况下，不能用不确定度数值来修正测量结果，因为不确定度是以范围或区间的形式表示，如果进行定量分析测定结果的评估，不确定度可适用于其所描述的所有测量值。

因此，不确定度表述的是可观测量，即测量结果及其变化，而误差表述的却是不可知量，即真值与误差。误差与不确定度是有明显差别的(表 5-5)。

表 5-5　测量误差与测量不确定度的主要区别

序号	测量误差	测量不确定度
1	有正号或负号的量值，其值为测量结果减去被测量的真值	无符号的参数，用标准差或标准差的倍数或置信区间的半宽表示
2	表明测量结果偏离真值	表明被测量值的分散性
3	客观存在，不以人的认识程度而改变	与人们对被测量、影响量及测量过程的认识有关
4	由于真值未知，往往不能准确得到。当用约定真值代替真值时，可以得到其估计值	可根据实验、资料、经验等信息进行评定，从而定量确定。评定方法有 A、B 两类
5	按性质可分为随机误差和系统误差两类，随机误差和系统误差都是无穷多次测量情况下的理想概念	不确定度分量评定时，一般不必区分其性质
6	已知系统误差的估计值时，可以对测量结果进行修正，得到已修正的测量结果	不能用不确定度对测量结果进行修正，在已修正测量结果的不确定度中应考虑修正不完善而引入的不确定度

4. 不确定度评定步骤

在实际工作中，结果的不确定度可能有很多来源，如被测量定义不完整、抽样、基体效应和干扰、环境条件、质量和容量仪器的不确定度、参考值、测量方法和程序中的估计和假定以及随机变异等因素。不确定度的评估在原理上很简单(图 5-12)，测量不确定度的程序有以下几步[20-21]。

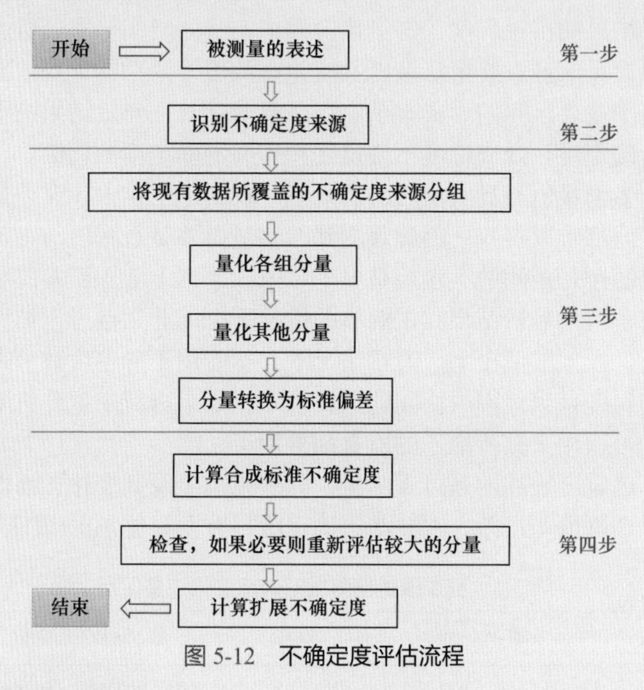

图 5-12　不确定度评估流程

第一步：规定被测量。

清楚地写明需要测量什么，包括被测量和被测量所依赖的输入量(如被测量、常数、校准标准值等)的关系。只要可能，还应当包括对已知系统影响的修正。这些信息应在标准操作程序(standard operation procedure，SOP)或其他方法描述中给出。

第二步：识别不确定度的来源。

列出不确定度的可能来源。包括第一步所规定的关系式中所含参数的不确定度来源，也可以有其他的来源。必须包括由化学假设所产生的不确定度来源。

第三步：不确定度分量的量化。

评估识别出的每一个潜在的不确定度来源相关的不确定度分量的大小。可以使用方法确认研究的数据、质量控制数据等来评估与大量独立来源有关的不确定度的单个分量。使用这些数据可以大大减少不确定度评估的工作量，因为它利用实际的实验数据，可以使不确定度的评估结果可信度更高。另外很重要的是：需考虑现有的数据是否足以反映所有的不确定度来源，是否需要安排其他的实验和研究来确保所有的不确定度来源都得到充分的考虑。

第四步：计算合成不确定度。

第三步所述的对总不确定度有贡献的量化分量，它们可能与单个来源有关，也可能与几个不确定度来源的合成效应有关。这些分量必须以标准偏差的形式表示，并根据有关规则进行合成，以得到合成标准不确定度。应当使用适当的包含因子给出扩展不确定度。

参 考 文 献

[1] 应礼文. 化学发现和发明. 北京: 科学普及出版社, 1985.
[2] 化学发展简史编写组. 化学发展简史. 北京: 科学出版社, 1980.
[3] Szabadváry F. Talanta, 1978, 25(11): 611.
[4] Guynn R W. Anal Biochem, 1977, 79(1-2): 406.
[5] Johansson A. Anal Chim Acta, 1988, 206: 97.
[6] Cannan R K. Chem Rev, 1942, 30(3): 395.
[7] Moss M, Elliott J, Hall R. Anal Chem, 1948, 20(9): 784.
[8] Severinghaus J W, Astrup P B. J Clin Monitor Comput, 1985, 1(4): 259.
[9] Hildebrand J H. J Am Chem Soc, 1913, 35(7): 847.
[10] 曾泳淮, 林树昌. 化学通报, 1985, (8): 37.
[11] Lubert K H, Kalcher K. Electroanalysis, 2010, 22(17-18): 1937.
[12] Wiedenbeck E, Gebauer D, Cölfen H. Anal Chem, 2020, 92(14): 9511.
[13] Goldman J A, Meites L. Anal Chim Acta, 1964, 30: 28.
[14] Fitch C A, Platzer G, Okon M, et al. Protein Sci, 2015, 24(5): 752.
[15] Ribeiro A R, Schmidt T C. Chemosphere, 2017, 169: 524.
[16] Zhang Z, Flaherty D W. Carbon, 2020, 166: 436.
[17] 陈凤. 化学通报, 1984, (6): 43.
[18] 雷良萍. 大学化学, 1988, (1): 55.
[19] 钱绍圣. 测量不确定度: 实验数据的处理与表示. 北京: 清华大学出版社, 2002.
[20] 施昌彦. 测量不确定度评定与表示指南. 北京: 中国计量出版社, 2000.
[21] 宋明顺. 测量不确定度评定与数据处理. 北京: 中国计量出版社, 2000.

练 习 题

第一类：学生自测练习题

1. 是非题(正确的在括号中填“√”，错误的填“×”)

(1) 溶液中的离子浓度越大，活度系数越大。 ( )

(2) 在 0.10 L 0.10 mol · L^{-1} HAc 溶液中，加入 0.10 mol NaCl 晶体，溶液的 pH 将不变。 ( )

(3) 根据软硬酸碱原理，CaF_2 较难溶于水。 ( )

(4) 根据酸碱质子理论，HSO_4^- 是酸。 ( )

(5) PH_3 属于路易斯酸。 ( )

(6) 根据稀释定律，弱电解质的浓度越小，电离度越大，因此对某弱酸来说，其溶液越稀，$[H^+]$越大，pH 越小。 ( )

(7) 酚酞指示剂在酸性溶液中呈无色，在碱性溶液中呈红色。 ( )

(8) 根据酸碱电子理论，在 $Ag^+ + Cl^- \xlongequal{} AgCl$ 反应中，酸为 Cl^-。 ( )

(9) 在多元酸溶液中，由于同离子效应，第二步、第三步的解离度降低。( )

(10) 0.50 mol · L^{-1} HAc 的电离度是 0.60%[$K_a(HAc) = 1.8 \times 10^{-5}$]。 ( )

2. 选择题

(1) 用 NaOH 滴定下列溶液，滴定突跃最大的是 ( )

A. 0.10 mol · L^{-1} HAc　　B. 0.010 mol · L^{-1} HAc

C. 0.10 mol · L^{-1} HCl　　D. 0.010 mol · L^{-1} HCl

(2) 根据酸碱质子理论，下列叙述错误的是 ( )

A. 同一种物质既可作为酸又可作为碱的是两性物质

B. 质子理论适用于水溶液和一切非水溶液

C. 酸碱质子理论中没有盐的概念

D. 酸可以是中性分子和阴离子、阳离子

(3) 下列物质中，既是质子酸又是质子碱的是　　　　　　　　　　　(　　)

A. OH^-　　B. NH_4^+　　C. S^{2-}　　D. PO_4^{3-}

(4) 乙酸在液氨和液态 HF 中分别是　　　　　　　　　　　　　　(　　)

A. 弱酸和强碱　　B. 强酸和强碱　　C. 强酸和弱碱　　D. 弱酸和强酸

(5) 在 0.1 mol · L^{-1} H_3PO_4溶液中，下述关系错误的是　　　　　　(　　)

A. $[H^+]>0.1$ mol · L^{-1}　　B. $[OH^-]>[PO_4^{3-}]$

C. $[H_2PO_4^-]>[HPO_4^{2-}]$　　D. $[H_3PO_4]<0.1$ mol · L^{-1}

(6) 有人用一种称为“超酸”的化合物 $H(CB_{11}H_6Cl_6)$与 C_{60}反应，使 C_{60}获得一个质子，得到一种新型离子化合物$[HC_{60}]^+[CB_{11}H_6Cl_6]^-$。该反应与下面哪一个化学反应类似？　　　　　　　　　　　　　　　　　　　　(　　)

A. $CO_2 + H_2O = H_2CO_3$　　B. $NH_3 + HCl = NH_4Cl$

C. $Zn + H_2SO_4 = ZnSO_4 + H_2\uparrow$　　D. $C_6H_5OH + NaOH = C_6H_5ONa + H_2O$

(7) 0.1 mol · L^{-1} NaCl 溶液中，Na^+或 Cl^-的活度应为　　　　　　(　　)

A. 0.1 mol · L^{-1}　　B. 0.5 mol · L^{-1}

C. ＜0.1 mol · L^{-1}　　D.＞0.1 mol · L^{-1}

(8) 下列各种物质中，既是路易斯酸又是路易斯碱的是　　　　　　(　　)

A. BF_3　　B. CCl_4　　C. H_2O　　D. SO_2

(9) 下列对强电解质在水溶液中的解离过程的叙述错误的是　　　　(　　)

A. 强电解质在水溶液中是完全解离的

B. 强电解质在水溶液中不能完全解离

C. 强电解质在水溶液中存在较大的离子相互作用

D. 强电解质在水溶液中不存在未解离的分子

(10) 将浓度相同的 NaCl、NH_4Ac、NaAc、NaCN 溶液，按 H^+浓度排列的顺序为　　　　　　　　　　　　　　　　　　　　　　　　(　　)

A. NaCl＞NaAc＞NH_4Ac＞NaCN　　B. NaAc＞NaCl ≈ NH_4Ac＞NaCN

C. NaCl ≈ NH_4Ac＞NaAc＞NaCN　　D. NaCN＞NaAc＞NaCl ≈ NH_4Ac

3. 填空题

(1) 在水溶液中，将下列物质按酸性由强至弱排列为____________________。

H_4SiO_4，$HClO_4$，C_2H_5OH，NH_3，NH_4^+，HSO_4^-

(2) 在乙酸溶剂中，高氯酸的酸性比盐酸________，因为乙酸是________溶剂；在水中，高氯酸的酸性与盐酸的酸性________，这是因为水是________溶剂。

(3) 现有强酸、强碱的稀溶液，若将 pH = 9.0 和 pH = 11.0 的溶液等体积混合，溶液的 pH 为________；若将 pH = 5.0 和 pH = 9.0 的溶液等体积混合，溶液的 pH 为________。

(4) 已知 $BF_3 + F^- = [BF_4]^-$, $AlCl_3 + Cl^- = [AlCl_4]^-$, 路易斯酸是________，路易斯碱是________。

(5) 已知氢硫酸的 $K_{a1} = 6.3 \times 10^{-8}$, $K_{a2} = 4.4 \times 10^{-13}$, 则 $S^{2-} + H_2O \rightleftharpoons HS^- + OH^-$的平衡常数 K =________，其共轭酸碱对为________。

(6) 由鲍林规则，可以判断出 H_3PO_4、$H_2PO_4^-$ 和 HPO_4^{2-} 的 pK_a 分别为________、________和________。

(7) pH = 3 的 HAc($K_a = 1.8 \times 10^{-5}$)溶液的浓度为________$mol \cdot L^{-1}$, 将它与等体积等浓度的 NaOH 溶液混合后，溶液的 pH 约为________。

(8) $(CH_3)_2N—PF_2$ 有两个碱性原子 P 和 N，与 BH_3 形成配合物时，________原子与 B 结合。与 BF_3 形成配合物时，________原子与 B 结合。

(9) 某同学测定某标样中蛋白的含量(推荐值为 0.3150 $mg \cdot g^{-1}$)，测定结果为 0.3180 $mg \cdot g^{-1}$, 测定结果的绝对误差为________，相对误差为________。

(10) 当将强电解质溶液稀释时，其离子强度变________，表观电离度变________。

4. 简答题

(1) 以下哪些物种是酸碱质子理论的酸？哪些是碱？哪些具有两性？分别写出它们的共轭碱和共轭酸。

SO_4^{2-}，S^{2-}，$H_2PO_4^-$，NH_3，HSO_4^-，$[Al(H_2O)_5OH]^{2+}$，CO_3^{2-}，NH_4^+，H_2S，H_2O，OH^-，H_3O^+，HS^-，HPO_4^{2-}

(2) 利用软硬酸碱规则解释为什么碱金属和碱土金属的元素在自然界常以硫酸盐、碳酸盐、磷酸盐的形式存在，汞、铅、铜等元素常以硫化物形式存在。

(3) 比较下列物质的酸性，并说明理由：

① HCF_3 和 $HCH_2(NO_2)$；② C_2H_5OH 和 CH_3COOH。

(4) 试从 HA 酸在解离过程中的能量变化分析影响其酸性强度的一些主要因素。

(5) 已知酸碱指示剂溴酚绿的 K_a 值是 1×10^{-5}。它的酸型是黄色的，它的碱型是蓝色的。在 pH 分别为 1、3、4、5、7、10 的溶液中溴酚绿各显什么颜色？对于 NaOH 和 HCl、NaOH 和 NH_4Cl、NH_3 和 HNO_3 三组滴定，哪一组滴定用溴酚绿作指示剂最合适？

(6) 利用软硬酸碱规则解释苯在 $AlCl_3$ 催化下的烷基化反应：

$$C_6H_6 + RCl \xrightarrow{AlCl_3} C_6H_5R + HCl$$

(7) 以下说法是否正确？若有错误请予纠正并说明理由。

① 将氨水的浓度稀释为原来的 1/2，溶液中的 OH^-浓度减小到原来的 1/2；

② 0.1 $mol \cdot L^{-1}$ HAc 溶液中 HAc 的解离常数为 1.75×10^{-5}，0.2 $mol \cdot L^{-1}$ HAc 溶液中 HAc 的解离常数为 $2 \times 1.75 \times 10^{-5}$；

③ 将 NaOH 溶液的浓度稀释为原来的 1/2，则溶液中的 OH^-浓度减小到原来的 1/2；

④ 若 HCl 溶液的浓度为 HAc 溶液的 2 倍，则 HCl 溶液中的氢离子浓度也为 HAc 溶液中氢离子浓度的 2 倍。

(8) 解释下列各组酸强度的变化顺序：

① HI＞HBr＞HCl＞HF；

② $HClO_4 > H_2SO_4 > H_3PO_4 > H_4SiO_4$；

③ $HNO_3 > HNO_2$；

④ $HIO_4 > H_5IO_6$；

⑤ $H_2SeO_4 > H_6TeO_6$。

(9) 从结构观点分析含氧酸强弱和结构之间的关系。用鲍林规则判断下列酸的强弱。

① HClO；② $HClO_2$；③ H_3AsO_3；④ HIO_3；⑤ H_3PO_3；

⑥ $HBrO_3$；⑦ $HMnO_4$；⑧ H_2SeO_4；⑨ HNO_3；⑩ H_6TeO_6。

(10) 判断下列化学反应的方向，并用酸碱质子理论说明其原因。

① $HAc + CO_3^{2-} = HCO_3^- + Ac^-$

② $H_3O^+ + HS^- = H_2S + H_2O$

③ $H_2O + H_2O = H_3O^+ + OH^-$

④ $HS^- + H_2PO_4^- = H_3PO_4 + S^{2-}$

⑤ $H_2O + SO_4^{2-} = HSO_4^- + OH^-$

⑥ $HCN + S^{2-} = HS^- + CN^-$

第二类：课后习题

1. 写出下列物种的共轭酸和共轭碱：NH_3、NH_2^-、H_2O、HI、HSO_4^-。

2. 下列各对中哪一个酸性较强？说明理由。

(1) $[Fe(H_2O)_6]^{3+}$和$[Fe(H_2O)_6]^{2+}$；(2) $HClO_3$ 和 $HClO_4$。

3. 为什么 NaOH 溶液能直接滴定乙酸，不能直接滴定硼酸？说明理由。
4. 什么是溶剂的拉平效应和区分效应？分别举例说明。
5. 苯甲酸(可用弱酸的通式 HA 表示，摩尔质量为 122 g · mol^{-1})的酸常数 $K_a = 6.4 \times 10^{-5}$。
   (1) 中和 1.22 g 苯甲酸需用 0.4 mol · L^{-1} 的 NaOH 溶液多少毫升？
   (2) 试求其共轭碱的碱常数 K_b。
   (3) 已知苯甲酸在水中的溶解度为 2.06 g · L^{-1}，求饱和溶液的 pH。
6. 某弱酸 HA，浓度为 0.015 mol · L^{-1} 时电离度为 0.80%，浓度为 0.10 mol · L^{-1} 时电离度多大？
7. 某未知浓度的一元弱酸用未知浓度的 NaOH 滴定，当用去 3.26 mL NaOH 时，混合溶液的 pH = 4.00，当用去 18.30 mL NaOH 时，混合溶液的 pH = 5.00，求该弱酸的电离常数。
8. 有 3 种酸 $ClCH_2COOH$、HCOOH 和$(CH_3)_2AsO_2H$，它们的电离常数分别为 1.40×10^{-3}、1.77×10^{-4} 和 6.40×10^{-7}。
   (1) 配制 pH = 3.50 的缓冲溶液选用哪种酸最好？
   (2) 需要多少毫升浓度为 4.0 mol · L^{-1} 的酸和多少克 NaOH 才能配成 1 L 共轭酸碱对的总浓度为 1.0 mol · L^{-1} 的缓冲溶液？
9. 硼砂在水中的溶解反应为

$$Na_2B_4O_7 \cdot 10H_2O(s) \longrightarrow 2Na^+(aq) + 2[B(OH)_4]^-(aq) + 2B(OH)_3(aq) + 3H_2O$$

   硼酸在水中的解离反应为

$$B(OH)_3(aq) + 2H_2O(l) \longrightarrow [B(OH)_4]^-(aq) + H_3O^+(aq)$$

   (1) 将 28.6 g 硼砂溶解在水中，配制成 1.0 L 溶液，计算该溶液的 pH；
   (2) 在上述溶液中加入 100 mL 的 0.10 mol · L^{-1} HCl 溶液，其 pH 又为多少？
   已知硼酸的 $K_a = 5.8 \times 10^{-10}$，硼砂的摩尔质量 $M = 381.2$ g · mol^{-1}。
10. 在下列物种中，哪些是路易斯酸？哪些是路易斯碱？
    H^+，Zn^{2+}，F^-，OH^-，CN^-，NH_3，SO_3，BF_3。
11. 已知 H_3PO_4 的 pK_{a1}、pK_{a2}、pK_{a3} 分别是 2.12、7.20、12.3。若用 H_3PO_4 和 NaOH 配制 pH = 7.20 的缓冲溶液，H_3PO_4 和 NaOH 的物质的量之比是多少？
12. HAc 在下列哪种溶剂中解离常数最大？在哪种溶剂中解离常数最小？为什么？
    (1) 液氨；(2) 液态氢氟酸；(3) 水。
13. 将下列物质按酸性由强至弱进行排序。
    $H_2PO_4^-$，H_2O，OH^-，H_2SO_4，NH_3。
14. 将下列物质按碱性由强至弱进行排序。
    NH_3，OH^-，HSO_4^-，H_2O，HPO_4^{2-}。
15. 在稀乙酸溶液中加入少量盐酸，乙酸的解离度有什么变化？在稀乙酸溶液中加入乙酸钠，乙酸的解离度有什么变化？当加水进一步稀释有什么变化？

16. 尿素[$CO(NH_2)_2$]在水中不显酸碱性，但在浓硫酸(H_2SO_4)和液氨(NH_3)中却显示一定的酸碱性。说明尿素在浓硫酸和液氨中的存在形式和酸碱性，并用方程式表示。
17. 用软硬酸碱规则判断 LiX 和 AgX(X = F、Cl、Br 和 I)在 SO_2 中的溶解度。
18. 比较同一周期最高氧化态含氧酸，如 NaOH、$Mg(OH)_2$、$Al(OH)_3$、$Si(OH)_4$、H_3PO_4、H_2SO_4、$HClO_4$ 的酸性强弱。比较同一主族最高氧化态含氧酸，如 HNO_3、H_3PO_4、H_3AsO_4、$HSb(OH)_6$ 的酸性强弱，并说明理由。
19. 将 Na_2CO_3 和 $NaHCO_3$ 混合物 30 g 配成 1 L 溶液，测得溶液的 pH = 10.62，计算溶液中含 Na_2CO_3 和 $NaHCO_3$ 各多少克。
20. 在 1.0 L HAc 溶液中，溶解 0.10 mol 的 MnS，计算所需 HAc 的初始浓度。已知：$K_{sp, MnS} = 1.4 \times 10^{-15}$，$H_2S$ 的 $K_{a1} = 5.7 \times 10^{-8}$、$K_{a2} = 1.2 \times 10^{-15}$，HAc 的 $K_a = 1.76 \times 10^{-5}$。

第三类：英文选做题

1. Complete the following reactions(if the reactions occur).

   (1) $NH_4^+ + H_2O \longrightarrow$

   (2) $HCO_3^- + H_2O \longrightarrow$

   (3) $S^{2-} + NH_4^+ \longrightarrow$

2. Calculate the concentration of hydronium ion and the pH in a 0.534 mol · L^{-1} solution of formic acid.
3. At equilibrium, a solution contains [CH_3COOH] = 0.0787 mol · L^{-1} and [H_3O^+] = [CH_3COO^-] = 0.00118 mol · L^{-1}. What is the value of K_a for acetic acid?
4. Degree of ionization is a function of weak acid concentration. Calculate the degree of ionization of acetic acid in 1.0 mol · L^{-1} and 0.10 mol · L^{-1} CH_3COOH.
5. The concentration of H_2S in a saturated aqueous solution at room temperature is approximately 0.1 mol · L^{-1}. Calculate [H_3O^+], [HS^-], and [S^{2-}] in the solution.

参考答案

学生自测练习题答案

1. 是非题

(1) (×)	(2) (×)	(3) (√)	(4) (×)	(5) (×)
(6) (×)	(7) (×)	(8) (×)	(9) (√)	(10)(√)

2. 选择题

(1) (C)	(2) (B)	(3) (A)	(4) (C)	(5)(A)
(6) (B)	(7) (C)	(8) (D)	(9) (B)	(10) (C)

3. 填空题

(1) $HClO_4$，HSO_4^-，NH_4^+，H_4SiO_4，C_2H_5OH，NH_3

(2) 强，区分；相近，拉平

(3) 10.7；7.0

(4) BF_3、$AlCl_3$，F^-、Cl^-

(5) 2.3，HS^--S^{2-}

(6) 2，7，12

(7) 0.056，8.6

(8) P，N

(9) 0.0030，0.95%

(10) 小，大

4. 简答题

(1) 酸：NH_4^+，H_2S，H_3O^+。

碱：SO_4^{2-}，S^{2-}，CO_3^{2-}，OH^-。

两性：$H_2PO_4^-$，HSO_4^-，$[Al(H_2O)_5OH]^{2+}$，H_2O，HS^-，HPO_4^{2-}，NH_3。

共轭酸	物质	共轭碱	共轭酸	物质	共轭碱
	NH_4^+	NH_3	H_3PO_4	$H_2PO_4^-$	HPO_4^{2-}
	H_2S	HS^-	H_2SO_4	HSO_4^-	SO_4^{2-}
	H_3O^+	H_2O	$[Al(H_2O)_6]^{3+}$	$[Al(H_2O)_5OH]^{2+}$	$[Al(H_2O)_4(OH)_2]^+$
HSO_4^-	SO_4^{2-}		H_3O^+	H_2O	OH^-
HS^-	S^{2-}		H_2S	HS^-	S^{2-}
HCO_3^-	CO_3^{2-}		$H_2PO_4^-$	HPO_4^{2-}	PO_4^{3-}
H_2O	OH^-		NH_4^+	NH_3	NH_2^-

(2) 碱金属和碱土金属的离子为硬酸，而SO_4^{2-}、CO_3^{2-}、PO_4^{3-}为硬碱，属于硬-硬结合，结合稳定；Hg^{2+}、Pb^{2+}、Cu^{2+}为软酸，S^{2-}为软碱，属于软-软结合，所以稳定。

(3) ① HCF_3与$HCH_2(NO_2)$都可被认为是二元氢化物CH_4的取代物，前者三个氢被F取代，后者一个氢被NO_2基取代。按照诱导效应，取代基F的电负性明显大于NO_2基团；但是，在CF_3^-中，由于F的半径小，电子云密度已经很大，且它同C是以σ键键合，没有π重叠，即H^+解离后在C上留下来的负电荷不能向F上流动，结果影响了HCF_3上的H^+的解离；而对于$HCH_2(NO_2)$，由于NO_2基团上存在π^*反键分子轨道，因而C上的负电荷容易离域到π^*反键轨道中，结果反而是硝基甲烷的酸性大于HCF_3。

② C_2H_5OH和CH_3COOH都可以看作H_2O分子上的氢被乙基和乙酰基取代的产物，由于$C_2H_5O^-$中只有σ键，而CH_3COO^-中存在三中心π键，因而氧原子上的负电荷可以通过这个三中心π键得到离域化，所以CH_3COOH的酸性远大于乙醇。

(4) 非金属元素氢化物在水溶液中的酸碱性与该氢化物在水中给出或接受质子的能力的相对强弱有关。影响酸性强度的因素有HA的水合能和解离能、A(g)的电子亲和能、A^-(g)的水合能、H(g)的电离能和H^+(g)的水合能。

(5) 因为在$pH = pK_i$时，是酸碱指示剂的变色点，pH小于变色点，则指示剂呈酸型色；pH大于变色点，指示剂呈碱型色。pH为1、3、4时溶液中溴酚绿显黄色，pH为5时溴酚绿显绿色(即黄色和蓝色的中间色)，pH为

7、10 时溴酚绿显蓝色。NaOH 和 HCl 滴定的化学计量点 pH = 7，NH_3 和 HNO_3 滴定的化学计量点 pH 为 5 左右，因此它们选溴酚绿作指示剂都是可以的。NaOH 滴定 NH_4Cl 不可用溴酚绿作指示剂。

(6) 反应机理为：　　$RCl + AlCl_3 \longequal R^+ + AlCl_4^-$

R^+为软酸，Cl^-为硬碱，Al^{3+}为更硬的酸，所以 Al^{3+}趋向于与硬碱 Cl^-结合，同时释放出软酸 R^+。软酸 R^+与软碱 $C_6H_5^-$ 结合，即形成烷基苯，属于软-软结合稳定，同时释放出硬酸 H^+。最后，$H^+ + AlCl_4^- \longequal HCl + AlCl_3$ 释放出催化剂 $AlCl_3$，反应完成。

(7) ①错。因为氨水是弱电解质，在稀释时解离度增大。所以，当浓度降低为原来的 1/2 时，$[OH^-]$将减小到原来的 $1/\sqrt{2}$ 。②错。因为在一定温度下弱电解质的解离常数在稀溶液中不随浓度而变。③对。因为 NaOH 是强电解质，在水中完全解离，所以将 NaOH 溶液的浓度稀释为原来的 1/2，溶液中的 OH^-浓度就减小到原来的 1/2。④错。因为 HCl 是强电解质，在水中完全解离，所以$[H^+] = [HCl]$。而 HAc 是弱电解质，在水中仅有小部分解离。若以$[HAc] = c_0$、$[HCl] = 2c_0$、$K_a(HAc) = 1.8 \times 10^{-5}$计，两者的浓度比为 $471\sqrt{c_0}$ 。

(8) ①从氟到碘电负性逐渐减弱，与氢的结合能力逐渐减弱，分子逐渐容易解离出氢离子，故酸性逐渐增强。②从氯到硅电负性逐渐增强，与它相连的氧的电子密度逐渐增大，O—H 键逐渐增强，从而酸性逐渐减弱。非羟基氧数目分别为 3、2、1、0，所以酸性逐渐减弱。③硝酸分子的非羟基氧多于亚硝酸分子中的非羟基氧，HNO_3 中 N—O 配键多，N 的正电性强，对羟基中的氧原子的电子吸引作用较大，使氧原子的电子密度减小更多，O—H 键减弱，酸性增强。④H_5IO_6 分子随着解离的进行，酸根的负电荷越大，与质子间的作用力增强，解离作用向形成分子的方向进行，因此酸性弱于 HIO_4。⑤H_2SeO_4 和 H_6TeO_6 非羟基氧的数目分别为 2 和 0，所以酸性 $H_2SeO_4 > H_6TeO_6$。

(9) 非羟基氧数目与酸性判断结果如下：

① $HClO$	$n = 0$	酸性很弱	② $HClO_2$	$n = 1$	弱酸
③ H_3AsO_3	$n = 1$	弱酸	④ HIO_3	$n = 2$	强酸
⑤ H_3PO_3	$n = 1$	弱酸	⑥ $HBrO_3$	$n = 2$	强酸
⑦ $HMnO_4$	$n = 3$	酸性很强	⑧ H_2SeO_4	$n = 2$	强酸
⑨ HNO_3	$n = 2$	强酸	⑩ H_6TeO_6	$n = 0$	酸性很弱

(10) 酸碱质子理论认为，质子传递反应是由强碱和强酸作用生成较弱的酸和碱。

① 反应方向 $HAc + CO_3^{2-} \longrightarrow HCO_3^- + Ac^-$

HAc 的酸性大于 HCO_3^-，而 CO_3^{2-} 的碱性大于 Ac^-。

② 反应方向 $H_3O^+ + HS^- \longrightarrow H_2S + H_2O$

H_3O^+是水中的最强酸，H_2S 的酸性比它小得多。

③ 反应方向 $H_3O^+ + OH^- \longrightarrow H_2O + H_2O$

H_3O^+是水中的最强酸，而 OH^-是水中的最强碱。

④ 反应方向 $H_3PO_4 + S^{2-} \longrightarrow HS^- + H_2PO_4^-$

酸性 H_3PO_4＞HS^-；碱性 S^{2-}＞ $H_2PO_4^-$。

⑤ 反应方向 $HSO_4^- + OH^- \longrightarrow H_2O + SO_4^{2-}$

OH^-是水中的最强碱，HSO_4^- 的酸性强于 H_2O。

⑥ 反应方向 $HCN + S^{2-} \longrightarrow HS^- + CN^-$

酸性 HCN＞HS^-；碱性 S^{2-}＞CN^-。

课后习题答案

1.

	共轭酸	共轭碱		共轭酸	共轭碱
NH_3	NH_4^+	NH_2^-	NH_2^-	NH_3	NH^{2-}
H_2O	H_3O^+	OH^-	HI	H_2I^+	I^-
HSO_4^-	H_2SO_4	SO_4^{2-}			

2. (1) 前者，中心离子电荷高，对 O 的极化能力大，H^+易解离；

   (2) 非羟基氧原子越多，酸性越强，所以后者酸性强。

3. 因为乙酸的 $pK_a = 4.74$，满足准确滴定条件，故可用 NaOH 标准溶液直接滴定；硼酸的 $pK_a = 9.24$，不满足准确滴定条件，故不可用 NaOH 标准溶液直接滴定。

4. 溶剂能使不同强度的强酸(或强碱)变成与溶剂酸(或溶剂碱)同等强度的酸(或碱)，这种现象称为溶剂的拉平效应。例如，HCl、HNO_3、$HClO_4$ 都是强酸，它们在水中都完全解离，无法比较它们的强弱。若将这些酸置于乙酸中，则可以区分。

5. (1) 1.22 g 苯甲酸的物质的量 n(苯甲酸) = 1.22/122 = 0.01(mol)。

   因为苯甲酸是一元酸，所以需要 $0.4\ mol \cdot L^{-1}$ 的 NaOH 溶液体积为

$$V(NaOH) = 0.01\ mol/0.4\ mol \cdot L^{-1} = 0.025\ L = 25\ mL$$

   (2) 共轭碱的碱常数 $K_b = K_w/K_a = 1 \times 10^{-14}/(6.4 \times 10^{-5}) = 1.6 \times 10^{-10}$。

   (3) 饱和苯甲酸的浓度为 $2.06/122 = 1.69 \times 10^{-2} (mol \cdot L^{-1})$。

   因为 $c/K_a = 1.69 \times 10^{-2}/(6.4 \times 10^{-5}) = 264 < 400$，应使用近似式计算：

$$[H^+]=\frac{-K_a+\sqrt{K_a^2+4K_ac}}{2}$$
$$=\frac{-6.4\times10^{-5}+\sqrt{(6.4\times10^{-5})^2+4\times6.4\times10^{-5}\times1.69\times10^{-2}}}{2}$$
$$=1.01\times10^{-3}(\text{mol}\cdot\text{L}^{-1})$$

$$\text{pH}=3.0$$

6. 0.015 mol · L^{-1} HA 的电离度为 0.80%，则

	HA	══	H^+	+	A^-
平衡时的浓度/(mol · L^{-1})	0.015 × (1–0.80%)		0.015 × 0.80%		0.015 × 0.80%

解离常数 $K_a=\frac{c(H^+)c(A^-)}{c(HA)}=\frac{(0.015\times0.80\%)\times(0.015\times0.80\%)}{0.015\times(1-0.80\%)}=9.68\times10^{-7}$

设 0.10 mol · L^{-1} HA 的电离度为α，则有

$$9.68\times10^{-7}=\frac{0.10\alpha\times0.10\alpha}{0.10(1-\alpha)}$$

解得
$$\alpha=3.11\times10^{-3}=0.31\%$$

7. 设该弱酸溶液的物质的量为 a mol，电离常数为 K_a，NaOH 溶液的浓度为 b mol · L^{-1}。

根据题意，该弱酸中加入 NaOH 会形成一个缓冲溶液体系。

$$4.00=\text{p}K_a-\lg\frac{a-3.26\times10^{-3}b}{3.26\times10^{-3}b}$$

$$5.00=\text{p}K_a-\lg\frac{a-18.30\times10^{-3}b}{18.30\times10^{-3}b}$$

解得
$$a=37.5\times10^{-3}b$$

$$K_a=9.52\times10^{-6}$$

所以，该弱酸的电离常数为 9.52×10^{-6}。

8. 三种酸的 pK_a 分别为

pK_a($ClCH_2COOH$) = 2.85，pK_a(HCOOH) = 3.75，pK_a[$(CH_3)_2AsO_2H$] = 6.19

(1) 根据选择缓冲溶液体系的原则，pK_a 与 pH 越接近越好，因此选择 HCOOH 最好。

(2) 根据公式 pH = pK_a + lg$c(A^-)$ – lg$c$(HA)，对于该 HCOOH-HCOONa 体系有

$$3.50=3.75+\lg c(\text{HCOONa})-\lg c(\text{HCOOH})$$

解得
$$c(\text{HCOONa})=0.56c(\text{HCOOH})$$

因为 $c(\mathrm{HCOONa}) + c(\mathrm{HCOOH}) = 1.0\ \mathrm{mol\cdot L^{-1}}$，所以

$$c(\mathrm{HCOONa}) = 0.36\ \mathrm{mol\cdot L^{-1}},\ c(\mathrm{HCOOH}) = 0.64\ \mathrm{mol\cdot L^{-1}}$$

需要加入的 NaOH 的量为 $0.36\ \mathrm{mol\cdot L^{-1}} \times 1\ \mathrm{L} \times 40\ \mathrm{g\cdot L^{-1}} = 14.4\ \mathrm{g}$。

需要 $4.0\ \mathrm{mol\cdot L^{-1}}$ HCOOH 的量为

$$1.0\ \mathrm{mol\cdot L^{-1}} \times 1\ \mathrm{L} \div 4.0\ \mathrm{mol\cdot L^{-1}} = 0.25\ \mathrm{L} = 250\ \mathrm{mL}$$

9. (1) 硼砂的物质的量为 $n = m/M = 28.6\ \mathrm{g}/381.2\ \mathrm{g\cdot mol^{-1}} = 0.0750\ \mathrm{mol}$

硼砂溶于水后生成等物质的量的 $B(OH)_3$ 和 $[B(OH)_4]^-$，所以硼砂水溶液是一种缓冲溶液。

$$[B(OH)_3] = [B(OH)_4^-] = 2 \times 0.0750\ \mathrm{mol}/1.0\ \mathrm{L} = 0.150\ \mathrm{mol\cdot L^{-1}}$$

所以 $\mathrm{pH} = \mathrm{p}K_a - \lg([B(OH)_3]/[B(OH)_4^-]) = -\lg(5.8 \times 10^{-10}) = 9.24$

(2) 在上述溶液中加入 HCl 溶液后

$$[B(OH)_3] = (0.150 \times 1.0 + 0.10 \times 0.10)/(1.0 + 0.1) = 0.145(\mathrm{mol\cdot L^{-1}})$$

$$[B(OH)_4^-] = (0.150 \times 1.0 - 0.10 \times 0.10)/(1.0 + 0.1) = 0.127(\mathrm{mol\cdot L^{-1}})$$

$$\mathrm{pH} = \mathrm{p}K_a - \lg([B(OH)_3]/[B(OH)_4^-])$$
$$= -\lg(5.8 \times 10^{-10}) - \lg(0.145/0.127) = 9.18$$

10. 属于路易斯酸的有：H^+，Zn^{2+}，SO_3，BF_3。
属于路易斯碱的有：F^-，OH^-，CN^-，NH_3。

11. 因为 pH = 7.20 的缓冲溶液应由 $H_2PO_4^-$-HPO_4^{2-} 共轭酸碱对组成，$[H_2PO_4^-] = [HPO_4^{2-}]$ 时，该缓冲溶液 $\mathrm{pH} = \mathrm{p}K_{a2} = 7.20$。若用 H_3PO_4 和 NaOH 配制该缓冲溶液，则 H_3PO_4 需和 NaOH 反应先全部转化为 NaH_2PO_4，然后部分 NaH_2PO_4 与 NaOH 反应生成 NaH_2PO_4。根据 $[H_2PO_4^-] = [HPO_4^{2-}]$，则 $n(H_3PO_4) : n(\mathrm{NaOH}) = 1 : 1.5$。

12. HAc 在解离的过程中放出质子，凡能加合质子的物质将促进 HAc 的解离。因此，HAc 在液氨中的解离常数最大，在液态氢氟酸中的解离常数最小。因为液氨加合质子的能力最大，液态氢氟酸加合质子的能力最小。

13. 酸性由强至弱的顺序为：$H_2SO_4 > H_2PO_4^- > H_2O > NH_3 > OH^-$。

14. 碱性由强至弱的顺序为：$OH^- > NH_3 > HPO_4^{2-} > H_2O > HSO_4^-$。

15. 乙酸中加入盐酸时，由于盐酸是强电解质，因此溶液中加入了大量 H^+，由于同离子效应，乙酸的解离平衡将向左移动，即乙酸的解离度将减小。
当加入强电解质 NaAc 后，由于 NaAc 解离出的乙酸根对乙酸的解离平衡起同离子效应，将降低乙酸的解离度。
当加入水时，根据稀释定律，解离度增大。

16. 在浓硫酸中：$CO(NH_2)_2 + H_2SO_4 \longrightarrow H_2NCONH_3^+ + HSO_4^-$

在液氨中：$CO(NH_2)_2 + NH_3 \longrightarrow H_2NCONH^- + NH_4^+$

因此，尿素在浓硫酸中为碱，形成 $H_2NCONH_3^+$；在液氨中为酸，形成 H_2NCONH^-。

17. SO_2 是较软的碱，因此硬-硬结合的 LiF、LiCl 在 SO_2 溶剂中的溶解度较小，而 LiI 是硬-软结合，I^-是比 SO_2 较软的碱，因此在 SO_2 溶剂中，LiI 的溶解度大。相反，软-软结合的 AgI 在 SO_2 溶剂中的溶解度小，而 AgF 是软-硬结合，F^-是比 SO_2 较硬的碱，因此在 SO_2 溶剂中，AgF 的溶解度大。

18. 同一周期从左到右，化合物的中心原子电荷增大、半径减小，离子势增大，M—O—H 从碱式解离到酸式解离。而且化合物中的非羟基氧原子数增多，酸性增强。同一主族从上到下，化合物非羟基氧的个数减少，酸性减弱。

19. Na_2CO_3 和 $NaHCO_3$ 混合物的溶液将形成一个缓冲体系，其 K_a 应选用 H_2CO_3 的二级解离常数 $K_{a2} = 4.69 \times 10^{-11}$。

$$[H^+] = K_{a2,H_2CO_3} \frac{[HCO_3^-]}{[CO_3^{2-}]}$$

$$2.40 \times 10^{-11} = 4.69 \times 10^{-11} \times \frac{[HCO_3^-]}{[CO_3^{2-}]}$$

$$[HCO_3^-] = 0.51[CO_3^{2-}]$$

设 30 g 混合物中含有 Na_2CO_3 x(g)，则 $NaHCO_3$ 有 $30 - x$(g)，那么

$$(30 - x)/84.01 = 0.51x/105.99$$

解得 $x = 21.4(g)$，$30 - x = 30 - 21.4 = 8.6(g)$

所以，混合物中 Na_2CO_3 为 21.4 g，$NaHCO_3$ 为 8.6 g。

20. 溶解反应 $MnS + 2HAc \Longrightarrow Mn^{2+} + 2Ac^- + H_2S$

平衡常数 $K = \frac{[Mn^{2+}][Ac^-]^2[H_2S]}{[HAc]^2}$，上下同乘以 $[H^+]^2$，则

$$K = \frac{K_{sp,MnS}(K_a)^2}{K_{a1}K_{a2}} = \frac{1.4 \times 10^{-15} \times (1.76 \times 10^{-5})^2}{5.7 \times 10^{-8} \times 1.2 \times 10^{-15}} = 6.34 \times 10^{-3}$$

$$[HAc] = \sqrt{\frac{0.10 \times 0.20^2 \times 0.10}{6.34 \times 10^{-3}}} = 0.25(mol \cdot L^{-1})$$

所需 HAc 的初始浓度为

$$0.25 + 2 \times 0.10 = 0.45(mol \cdot L^{-1})$$

英文选做题答案

1. (1) $NH_4^+ + H_2O \longrightarrow NH_3 \cdot H_2O + H^+$

(2) $HCO_3^- + H_2O \longrightarrow H_2CO_3 + OH^-$

(3) $S^{2-} + NH_4^+ + H_2O \longrightarrow HS^- + NH_3 \cdot H_2O$

2. $HCOOH(aq) + H_2O(l) \rightleftharpoons H_3O^+(aq) + HCOO^-(aq)$

$$K_a = 1.8 \times 10^{-4}$$

$$K_a = \frac{x^2}{0.534 - x} = 1.8 \times 10^{-4}$$

$$x = 9.8 \times 10^{-3}$$

$$pH = 2.01$$

3.

$$CH_3COOH\ (aq) + H_2O(l) \rightleftharpoons H_3O^+(aq) + CH_3COO^-(aq)$$

$$K_a = \frac{[H_3O^+][CH_3COO^-]}{[CH_3COOH]} = \frac{0.00118 \times 0.00118}{0.0787} = 1.77 \times 10^{-5}$$

4.

	$CH_3COOH + H_2O$	$\rightleftharpoons$	H_3O^+	$+ CH_3COO^-$
initial concentration/$(mol \cdot L^{-1})$	1.0		0	0
equilibrium concentration/$(mol \cdot L^{-1})$	$1.0 - x$		x	x

$$K_a = \frac{[H_3O^+][CH_3COO^-]}{[CH_3COOH]} = \frac{x \cdot x}{1.0 - x} \approx \frac{x^2}{1.0} = 1.8 \times 10^{-5}$$

$$x = [H_3O^+] = [C_2H_3O_2^-] = \sqrt{1.8 \times 10^{-5}} = 4.2 \times 10^{-3} (mol \cdot L^{-1})$$

The degree of ionization of 1.0 $mol \cdot L^{-1}$ CH_3COOH is

$$\alpha = \frac{[H_3O^+]}{[CH_3COOH]} \times 100\% = \frac{4.2 \times 10^{-3}}{1.0} \times 100\% = 0.42\%$$

The assumption that x is much smaller than to 1.0 is clearly valid: x is only 0.42% of 1.0 $mol \cdot L^{-1}$. The calculations for 0.10 $mol \cdot L^{-1}$ CH_3COOH are very similar. In 0.10 $mol \cdot L^{-1}$ CH_3COOH, 1.3% of the acetic acid molecules are ionized and in 0.010 $mol \cdot L^{-1}$ CH_3COOH, 4.2% are ionized.

5. $H_2S(aq) + H_2O(l) \rightleftharpoons H_3O^+(aq) + HS^-(aq) \qquad K_{a1} = 8.9 \times 10^{-8}$

$$HS^-(aq) + H_2O(l) \rightleftharpoons H_3O^+(aq) + S^{2-}(aq) \qquad K_{a2} = 1.0 \times 10^{-19}$$

$[H_2S] = 0.1\ mol \cdot L^{-1}$, $[H_3O^+] = [HS^-] = 0.0001\ mol \cdot L^{-1}$, $[S^{2-}] = 1 \times 10^{-19}\ mol \cdot L^{-1}$

The concentration of the sulfide ion is the same as K_{a2}. This is due to the fact that each subsequent dissociation occurs to a lesser degree (as acid gets weaker).

附　表

附表 1　部分无机酸的解离常数

名称	分子式	解离步骤	t/℃	pK_a	名称	分子式	解离步骤	t/℃	pK_a
铵根	NH_4^+		25	9.25	次溴酸	HBrO		25	8.55
砷酸	H_3AsO_4	1	25	2.26	次氯酸	HClO		25	7.40
		2	25	6.76	次碘酸	HIO		25	10.5
		3	25	11.29	碘酸	HIO_3		25	0.78
亚砷酸	H_3AsO_3	1	25	9.29	亚硝酸	HNO_2		25	3.25
硼酸	H_3BO_3	1	20	9.27	原硅酸	H_4SiO_4	1	30	9.9
碳酸	H_2CO_3	1	25	6.35			2	30	11.8
		2	25	10.33	偏高碘酸	HIO_4		25	1.64
亚氯酸	$HClO_2$		25	1.94	亚磷酸	H_3PO_3	1	20	1.3
铬酸	H_2CrO_4	1	25	0.74			2	20	6.70
		2	25	6.49	磷酸	H_3PO_4	1	25	2.16
氰酸	HOCN		25	3.46			2	25	7.21
焦磷酸	$H_4P_2O_7$	1	25	0.91			3	25	12.32
		2	25	2.10	硒酸	H_2SeO_4	2	25	1.7
		3	25	6.70	亚锗酸	H_2GeO_3	1	25	9.01
		4	25	9.32			2	25	12.3
氢氟酸	HF		25	3.20	叠氮酸	HN_3		25	4.6
过氧化氢	H_2O_2		25	11.62	氢氰酸	HCN		25	9.21

续表

名称	分子式	解离步骤	t/℃	pK_a	名称	分子式	解离步骤	t/℃	pK_a
硒化氢	H_2Se	1	25	3.89	亚硫酸	H_2SO_3	1	25	1.85
		2	25	11.0			2	25	7.2
硫化氢	H_2S	1	25	7.05	碲(Ⅵ)酸	H_6TeO_6	1	18	7.68
		2	25	19			2	18	11.0
碲化氢	H_2Te	1	18	2.6	亚碲酸	H_2TeO_3	1	25	6.27
		2	25	11			2	25	8.43
亚硒酸	H_2SeO_3		25	2.62	四氟硼酸	HBF_4		25	0.5
硫酸	H_2SO_4	2	25	1.99	水	H_2O		25	13.995

资料来源：Haynes W M, Lide D R, Bruno T J. CRC Handbook of Chemistry and Physics. 97th ed. Boca Raton: CRC Press, 2017.

附表 2　常用酸碱指示剂

名称	英文名称	pH 范围	溶剂	酸性到碱性的颜色变化
结晶紫	crystal violet	0.0～2.0	水	黄色到蓝紫色
五甲氧基红	pentamethoxy red	1.2～2.3	70%乙醇	红紫色到无色
百里酚蓝	thymol blue	1.2～2.8	水	红色到黄色
4′-苯胺偶氮苯-4-磺酸钠	4′-anilinoazobenzene-4-sulfonic acid, sodium salt	1.3～3.2	水	红色到黄色
2,4-二硝基酚	2,4-dinitrophenol	2.4～4.0	50%乙醇	无色到黄色
4-(二甲胺基)偶氮苯	4-(dimethylamino)azobenzene	2.9～4.0	90%乙醇	红色到黄色
甲基橙	methyl orange	3.1～4.4	水	红色到橙色
溴酚蓝	bromophenol blue	3.0～4.6	水	黄色到蓝紫色
四溴酚蓝	tetrabromophenol blue	3.0～4.6	水	黄色到蓝色
刚果红	congo red	3.0～5.0	水	蓝紫色到红色
茜素红 S	alizarin red S	3.7～5.2	水	黄色到紫色
4-乙氧基橘红	etoxazene	3.5～5.5	水	红色到黄色
溴甲酚绿	bromocresol green	4.0～5.6	水	黄色到蓝色
甲基红	methyl red	4.4～6.2	水	红色到黄色
溴甲酚紫	bromocresol purple	5.2～6.8	水	黄色到紫色
4-硝基酚	4-nitrophenol		水	无色到黄色
氯酚	chlorophenol	5.4～6.8	水	黄色到红色
石蕊精	azolitmin	5.0～8.0	水	红色到蓝色
溴麝香草酚蓝	bromothymol blue	6.0～7.6	70%乙醇	黄色到蓝色
溴酚蓝	bromophenol blue	6.2～7.6	水	黄色到蓝色
酚红	phenol red	6.4～8.0	水	黄色到红色
玫红酸	aurin rosolic acid	6.8～8.0	90%乙醇	黄色到红色
甲酚红	cresol red	7.2～8.8	水	黄色到红色
对萘酚苯甲醇	*p*-naphtholbenzein	7.3～8.7	70%乙醇	玫瑰色到绿色
金橙 I	orange I	7.6～8.9	水	黄色到藕粉色
百里酚	thymol	8.0～9.6	水	黄色到蓝色
酚酞	phenolphthalein	8.0～10.0	70%乙醇	无色到红色

续表

名称	英文名称	pH 范围	溶剂	酸性到碱性的颜色变化
百里酚酞	thymolphthalein	9.4～10.6	90%乙醇	无色到蓝色
耐尔蓝	Nile blue	10.1～11.1	水	蓝色到红色
茜素黄 R	alizarin yellow R	10.0～12.0	水	黄色到淡紫色
4-羟基-3′-硝基偶氮苯-3-羧酸钠	4-hydroxy-3′-nitroazobenzene-3-carboxylic acid, sodium salt	10.0～12.0	90%乙醇	黄色到橙棕色
4-[(2,4-二羟基苯基)偶氮]苯磺酸钠	4-[(2,4-dihydroxyphenyl)azo] benzenesulfonic acid, sodium salt	11.0～13.0	水	黄色到橙棕色
2,4,6-三硝基苯甲酸	2,4,6-trinitrobenzoic acid	12.0～13.4	水	无色到橙红色

资料来源：Haynes W M, Lide D R, Bruno T J. CRC Handbook of Chemistry and Physics. 97th ed. Boca Raton: CRC Press, 2017.

新化学元素周期表

原子序数 → 1；元素中文名称 → 氢；$1s^{1}$ ← 电子结构；H ← 元素符号；hydrogen ← 元素英文名称

【说明】

- 元素的底色表示原子结构分区：蓝色为s区，黄色为d区，淡红色为p区，绿色为f区。
- 元素的符号颜色：黑色为固体，蓝色为液体，绿色为气体，红色为放射性元素。
- 族号1/ⅠA，前者为IUPAC推荐使用方法[Fluck E. Pure Appl. Chem., 1988, 60(3): 431]，后者为CAS表示法。
- 氢元素的位置采用单独放在表的上方中央[Cronyn M W. J. Chem. Edu., 2003, 80(8): 947]

1/ⅠA	2/ⅡA	3/ⅢB	4/ⅣB	5/ⅤB	6/ⅥB	7/ⅦB	8/Ⅷ	9/Ⅷ	10/Ⅷ	11/ⅠB	12/ⅡB	13/ⅢA	14/ⅣA	15/ⅤA	16/ⅥA	17/ⅦA	18/ⅧA
																	$1s^{2}$ 2 氦He helium
$[He]2s^{1}$ 3 锂Li lithium	$[He]2s^{2}$ 4 铍Be beryllium											$[He]2s^{2}2p^{1}$ 5 硼B boron	$[He]2s^{2}2p^{2}$ 6 碳C carbon	$[He]2s^{2}2p^{3}$ 7 氮N nitrogen	$[He]2s^{2}2p^{4}$ 8 氧O oxygen	$[He]2s^{2}2p^{5}$ 9 氟F fluorine	$[He]2s^{2}2p^{6}$ 10 氖Ne neon
$[Ne]3s^{1}$ 11 钠Na sodium	$[Ne]3s^{2}$ 12 镁Mg magnesium											$[Ne]3s^{2}3p^{1}$ 13 铝Al aluminum	$[Ne]3s^{2}3p^{2}$ 14 硅Si silicon	$[Ne]3s^{2}3p^{3}$ 15 磷P phosphorus	$[Ne]3s^{2}3p^{4}$ 16 硫S sulfur	$[Ne]3s^{2}3p^{5}$ 17 氯Cl chlorine	$[Ne]3s^{2}3p^{6}$ 18 氩Ar argon
$[Ar]4s^{1}$ 19 钾K potassium	$[Ar]4s^{2}$ 20 钙Ca calcium	$[Ar]3d^{1}4s^{2}$ 21 钪Sc scandium	$[Ar]3d^{2}4s^{2}$ 22 钛Ti titanium	$[Ar]3d^{3}4s^{2}$ 23 钒V vanadium	$[Ar]3d^{5}4s^{1}$ 24 铬Cr chromium	$[Ar]3d^{5}4s^{2}$ 25 锰Mn manganese	$[Ar]3d^{6}4s^{2}$ 26 铁Fe iron	$[Ar]3d^{7}4s^{2}$ 27 钴Co cobalt	$[Ar]3d^{8}4s^{2}$ 28 镍Ni nickel	$[Ar]3d^{10}4s^{1}$ 29 铜Cu copper	$[Ar]3d^{10}4s^{2}$ 30 锌Zn zinc	$[Ar]3d^{10}4s^{2}4p^{1}$ 31 镓Ga gallium	$[Ar]3d^{10}4s^{2}4p^{2}$ 32 锗Ge germanium	$[Ar]3d^{10}4s^{2}4p^{3}$ 33 砷As arsenic	$[Ar]3d^{10}4s^{2}4p^{4}$ 34 硒Se selenium	$[Ar]3d^{10}4s^{2}4p^{5}$ 35 溴Br bromine	$[Ar]3d^{10}4s^{2}4p^{6}$ 36 氪Kr krypton
$[Kr]5s^{1}$ 37 铷Rb rubidium	$[Kr]5s^{2}$ 38 锶Sr strontium	$[Kr]4d^{1}5s^{2}$ 39 钇Y yttrium	$[Kr]4d^{2}5s^{2}$ 40 锆Zr zirconium	$[Kr]4d^{4}5s^{1}$ 41 铌Nb niobium	$[Kr]4d^{5}5s^{1}$ 42 钼Mo molybdenum	$[Kr]4d^{5}5s^{2}$ 43 锝Tc technetium	$[Ar]4d^{7}5s^{1}$ 44 钌Ru ruthenium	$[Kr]4d^{8}5s^{1}$ 45 铑Rh rhodium	$[Ar]4d^{10}$ 46 钯Pd palladium	$[Ar]4d^{10}5s^{1}$ 47 银Ag silver	$[Ar]4d^{10}5s^{2}$ 48 镉Cd cadmium	$[Kr]4d^{10}5s^{2}5p^{1}$ 49 铟In indium	$[Kr]4d^{10}5s^{2}5p^{2}$ 50 锡Sn tin	$[Kr]4d^{10}5s^{2}5p^{3}$ 51 锑Sb antimony	$[Kr]4d^{10}5s^{2}5p^{4}$ 52 碲Te tellurium	$[Kr]4d^{10}5s^{2}5p^{5}$ 53 碘I iodine	$[Kr]4d^{10}5s^{2}5p^{6}$ 54 氙Xe xenon
$[Xe]6s^{1}$ 55 铯Cs cesium	$[Xe]6s^{2}$ 56 钡Ba barium	镧系元素 lanthanide 57~71	$[Xe]4f^{14}5d^{2}6s^{2}$ 72 铪Hf hafnium	$[Xe]4f^{14}5d^{3}6s^{2}$ 73 钽Ta tantalum	$[Xe]4f^{14}5d^{4}6s^{2}$ 74 钨W tungsten	$[Xe]4f^{14}5d^{5}6s^{2}$ 75 铼Re rhenium	$[Xe]4f^{14}5d^{6}6s^{2}$ 76 锇Os osmium	$[Xe]4f^{14}5d^{7}6s^{2}$ 77 铱Ir iridium	$[Xe]4f^{14}5d^{9}6s^{1}$ 78 铂Pt platinum	$[Xe]4f^{14}5d^{10}6s^{1}$ 79 金Au gold	$[Xe]4f^{14}5d^{10}6s^{2}$ 80 汞Hg mercury	$[Xe]4f^{14}5d^{10}6s^{2}6p^{1}$ 81 铊Tl thallium	$[Xe]4f^{14}5d^{10}6s^{2}6p^{2}$ 82 铅Pb lead	$[Xe]4f^{14}5d^{10}6s^{2}6p^{3}$ 83 铋Bi bismuth	$[Xe]4f^{14}5d^{10}6s^{2}6p^{4}$ 84 钋Po polonium	$[Xe]4f^{14}5d^{10}6s^{2}6p^{5}$ 85 砹At astatine	$[Xe]4f^{14}5d^{10}6s^{2}6p^{6}$ 86 氡Rn radon
$[Rn]7s^{1}$ 87 钫Fr francium	$[Rn]7s^{2}$ 88 镭Ra radium	锕系元素 actinide 89~103	$[Rn]5f^{14}6d^{2}7s^{2}$ 104 𬬻Rf rutherfordium	$[Rn]5f^{14}6d^{3}7s^{2}$ 105 𬭊Db dubnium	$[Rn]5f^{14}6d^{4}7s^{2}$ 106 𬭳Sg seaborgium	$[Rn]5f^{14}6d^{5}7s^{2}$ 107 𬭛Bh bohrium	$[Rn]5f^{14}6d^{6}7s^{2}$ 108 𬭶Hs hassium	$[Rn]5f^{14}6d^{7}7s^{2}$ 109 鿏Mt meitnerium	$[Rn]5f^{14}6d^{9}7s^{1}$ 110 𫟼Ds darmstadtium	$[Rn]5f^{14}6d^{10}7s^{1}$ 111 𬬭Rg roentgenium	$[Rn]5f^{14}6d^{10}7s^{2}$ 112 鿔Cn copernicium	$[Rn]5f^{14}6d^{10}7s^{2}7p^{1}$ 113 鿭Nh nihonium	$[Rn]5f^{14}6d^{10}7s^{2}7p^{2}$ 114 𫓧Fl flerovium	$[Rn]5f^{14}6d^{10}7s^{2}7p^{3}$ 115 镆Mc moscovium	$[Rn]5f^{14}6d^{10}7s^{2}7p^{4}$ 116 𫟷Lv livermorium	$[Rn]5f^{14}6d^{10}7s^{2}7p^{5}$ 117 鿬Ts tennessine	$[Rn]5f^{14}6d^{10}7s^{2}7p^{6}$ 118 鿫Og oganesson
			$[Xe]4f^{0}5d^{1}6s^{2}$ 57 镧La lanthanum	$[Xe]4f^{1}5d^{1}6s^{2}$ 58 铈Ce cerium	$[Xe]4f^{3}5d^{0}6s^{2}$ 59 镨Pr protactinium	$[Xe]4f^{4}5d^{0}6s^{2}$ 60 钕Nd neodymium	$[Xe]4f^{5}5d^{0}6s^{2}$ 61 钷Pm promethium	$[Xe]4f^{6}5d^{0}6s^{2}$ 62 钐Sm samarium	$[Xe]4f^{7}5d^{0}6s^{2}$ 63 铕Eu europium	$[Xe]4f^{7}5d^{1}5s^{2}$ 64 钆Gd gadolinium	$[Xe]4f^{9}5d^{0}6s^{2}$ 65 铽Tb terbium	$[Xe]4f^{10}5d^{0}6s^{2}$ 66 镝Dy dysprosium	$[Xe]4f^{11}5d^{0}6s^{2}$ 67 钬Ho holmium	$[Xe]4f^{12}5d^{0}6s^{2}$ 68 铒Er erbium	$[Xe]4f^{13}5d^{0}6s^{2}$ 69 铥Tm thulium	$[Xe]4f^{14}5d^{0}6s^{2}$ 70 镱Yb ytterbium	$[Xe]4f^{14}5d^{1}6s^{2}$ 71 镥Lu lutetium
			$[Rn]5f^{0}6d^{1}7s^{1}$ 89 锕Ac actinium	$[Rn]5f^{0}6d^{1}7s^{1}$ 90 钍Th thorium	$[Rn]5f^{2}6d^{1}7s^{2}$ 91 镤Pa protactinium	$[Rn]5f^{3}6d^{1}7s^{2}$ 92 铀U uranium	$[Rn]5f^{4}6d^{1}7s^{2}$ 93 镎Np neptunium	$[Rn]5f^{6}6d^{0}7s^{2}$ 94 钚Pu plutonium	$[Rn]5f^{7}6d^{0}7s^{2}$ 95 镅Am americium	$[Rn]5f^{7}6d\,7s^{2}$ 96 锔Cm curium	$[Rn]5f^{9}6d^{0}7s^{2}$ 97 锫Bk berkelium	$[Rn]5f^{10}6d^{0}7s^{2}$ 98 锎Cf californium	$[Rn]5f^{11}6d^{0}7s^{2}$ 99 锿Es einsteinium	$[Rn]5f^{12}6d^{0}7s^{2}$ 100 镄Fm fermium	$[Rn]5f^{13}6d^{0}7s^{2}$ 101 钔Md mendelevium	$[Rn]5f^{14}6d^{0}7s^{2}$ 102 锘No nobelium	$[Rn]5f^{14}7s^{2}7p^{1}$ 103 铹Lr lawrencium

高胜利 杨奇 编著

（2019年）

科学出版社